Einfluß oberflächenaktiver Substanzen auf Stoffaustauschmechanismen und Sauerstoffeintrag

Vom Fachbereich 13 - Wasser und Verkehr -
zur Erlangung der Würde eines
Doktor-Ingenieurs
genehmigte

DISSERTATION

von
Dipl.-Ing. Martin Wagner
aus Oestrich/Rhg.

D 17

Darmstadt, im August 1991

Wagner, Martin:

Einfluß oberflächenaktiver Substanzen auf Stoffaustauschmechanismen und Sauerstoffeintrag./ Hrsg. Verein zur Förderung des Instituts für Wasserversorgung, Abwasserbeseitigung und Raumplanung der TH Darmstadt e.V../Martin Wagner.

Darmstadt: Eigenverlag, 1991

(Schriftenreihe WAR 53)

ISSN-Nr.: 0721-5282
ISBN-Nr.: 3-923419-46-5

| Berichterstatter: | Professor Dr.-Ing. H. J. Pöpel |
| Mitberichterstatter: | Professor Dr.-Ing. M. Zlokarnik |

| Tag der Einreichung: | 17.12.1990 |
| Tag der mündlichen Prüfung: | 15.02.1991 |

Vertrieb: Bibliothek des Instituts für Wasserversorgung, Abwasserbeseitigung und Raumplanung der TH Darmstadt, Petersenstraße 13, 6100 Darmstadt.

Telefon: 06151/163659, 162748
Telefax: 06151/163758

I

Inhaltsverzeichnis   Seite

Gliederung

III

V

Verzeichnis der Abbildungen   **Seite**

VIII

X

Verzeichnis der wichtigsten Symbole

a	spezifische Grenzfläche	$1/m$
A	Summe aller Grenzflächen	m
Ar_B	Archimedes-Zahl	-
c	Tensidkonzentration	g/m^3
c_G	Sättigungskonzentration des Gases in der Gasphase	g/m^3
c_S	Sauerstoffsättigungskonzentration	g/m^3
$c_{S,m}$	Sauerstoffsättigungskonzentration in halber Tauchtiefe	g/m^3
c_{SV}	Sauerstoffsättigungskonzentration unter Versuchsbedingungen	g/m^3
$d_{b,e}$	volumenäquivalenter mittlerer Luftblasendurchmesser	m, mm
$d_{B,Kap.}$	mittlerer Durchmesser der Blase beim Entstehen	m, mm
$d_{B,mit.}$	mittlerer Blasendurchmesser im Schwarm	m, mm
D_d	Düsendurchmesser	m, mm
d_{32}	Sauterdurchmesser	m, mm
D_m	molekularer Diffusionskoeffizient	m^2/s
D_T	Durchmesser der Teilchen in Gleichung 3.8	m
d_V	"mittlerer-Volumen-Radius"	m, mm
Eo_B	Eotvos-Zahl	-
ET	Eintauchtiefe	m
Fr_B	Froude-Zahl	-
g	Erdbeschleunigung	m/s^2
Ha	Hadamard-Rybczynski-Korrekturfaktor	-
H_G	Flüssigkeitserhöhung infolge Belüftung	m
H_W	Flüssigkeitshöhe ohne Belüftung	m
k	Verteilungskoeffizient	-
k_G	gasseitiger Sauerstoffaustauschkoeffizient	m/s

K_F	Flüssigkeits-Kennzahl	-
k_L	flüssigkeitsseitiger Sauerstoffaustauschkoeffizient	m/s
K	Gesamter Stoffaustauschkoeffizient	m/s
$k_L a$	Belüftungskoeffizient	1/h
$k_{L,Schw.}$	Stoffaustauschkoeffizient im Schwarm	m/s
LVS	Luftvolumenstrom	m^3/s, m^3/h
N	Avogadro'sche-Zahl	pro mol
M	Morton-Zahl	-
OC	Oxygenation Capacity, Sauerstoffzufuhrvermögen	$g/m^3 \cdot h$
ON	Sauerstoffertrag	kg/kWh
pdV	technische Arbeit	
P	Leistungsaufnahme	W, kW
Q_L	Luftvolumenstrom	m^3/s, m^3/h
R	universelle Gaskonstante	$J \cdot K^{-1} \cdot mol^{-1}$
Re_B	Reynoldszahl der Blase	-
S	Entropie	
Sc	Schmidt-Zahl	-
Sh	Sheerwood-Zahl	-
t_C	Existenzzeit der Grenzfläche	s
T	Temperatur	°C, K
U	innere Arbeit des Systems	
V_{BB}	Volumen des Belebungsbeckens	m^3
V_{Ab}	Ablösevolumen beim Entstehen von Blasen	mm^3
V_{Ex}	Expansionsvolumen beim Entstehen von Blasen	mm^3
v_B	Absolutgeschwindigkeit der Blasen	cm/s
v_{Fl}	Geschwindigkeit des Wassers	cm/s
v_S	Schlupfgeschwindigkeit	cm/s
v_{Sch}	Schwarmgeschwindigkeit	cm/s
We_B	Weber-Zahl	-
We_C	kritische Weber-Zahl	-

XIII

Verzeichnis der griechischen Symbole

α (-Wert)	Verhältnis des Belüftungskoeffizienten unter Betriebsbedingungen und in Reinwasser	-
Γ	Konzentration von Tensiden an der Grenzfläche	mol/m^2
$\Delta\rho$	Dichtedifferenz zwischen der gasförmigen und flüssigen Phase	kg/m^3
ϵ	mittlerer relativer Luftanteil	-
ϵ_{max}	Energiedissipation, bei der Blasen redispergiert werden	W/kg
η_L	kinematische Viskosität der flüssigen Phase	m^2/s
μ_G	dynamische Viskosität der gasförmigen Phase	Ns/m^2
μ_L	dynamische Viskosität der flüssigen Phase	Ns/m^2
ρ_L	Dichte der flüssigen Phase	kg/m^3
σ	Oberflächenspannung	N/m

Vorwort

Die vorliegende Dissertation entstand während meiner Tätigkeit als wissenschaftlicher Mitarbeiter am Institut für Wasserversorgung, Abwasserbeseitigung und Raumplanung der Technischen Hochschule Darmstadt. Die durchgeführten Untersuchungen wurden durch die Oswald-Schulze-Stiftung, (Gladbeck) der Fritz und Margot Faudi Stiftung (Oberursel) und den Verein zur Förderung des Instituts für Wasserversorgung, Abwasserbeseitigung und Raumplanung der Technischen Hochschule Darmstadt in dankenswerter Weise gefördert.

Anlaß zur vertieften Untersuchung zum Einfluß von oberflächenaktiven Substanzen auf Stoffübergang und Sauerstoffeintrag ergab sich einerseits aufgrund der Tatsache, daß infolge der geforderten Nitrifikation das notwendige Sauerstoffzufuhrvermögen sehr stark ansteigt und damit die Leistungssteigerung von Belüftungssystemen zunehmende Bedeutung erlangt. Andererseits ist bei den heute vorrangig eingesetzten Druckluftbelüftungssystemen im Abwasser eine deutliche Reduzierung der Sauerstoffeintragsleistung im Betrieb im Vergleich zu Reinwasser festzustellen. Die Ursache für diese Reduzierung ist in der Anwesenheit von Tensiden im Abwasser zu sehen. Mit der vorliegenden Arbeit soll der Einfluß der Tenside auf den Sauerstoffübergang und den Sauerstoffeintrag geklärt werden.

Meinem Referenten, Herrn Prof. Dr.-Ing. H.J. Pöpel, bin ich für die zahlreichen Hinweise und Ratschläge sowie das Interesse, daß er meiner Arbeit entgegenbracht hat, zu besonderem Dank verpflichtet. Es war mir eine große Hilfe, daß er mir jederzeit als Ansprechpartner zur Verfügung stand. Herrn Prof. Dr.-Ing. M. Zlokarnik danke ich für die Übernahme des Korreferats.

Weiterhin gilt mein Dank allen Mitarbeiterinnen und Mitarbeitern des Institutes, die mich während der Bearbeitung des Themas unterstützt haben. Besonders hervorheben möchte ich Herrn Dr.-Ing. L. Härtel, mit dem ich jederzeit konstruktiv über meine Arbeit diskutieren konnte. In gleicher Hinsicht möchte ich Herrn Ing. grad. U. Rütze Dank sagen. Herrn H. Schmitt, Frau E. Starck und Frau H. Zacheiß sowie den Mitarbeiterinnen und Mitarbeitern des Labors und der Werkstatt danke ich für die vielfältige Unterstützung bei der Durchführung meiner Arbeit.

Den studentischen Hilfskräften Dipl.-Ing. M. Müller, Dipl.-Ing. J. Hogrebe, cand. ing. E. Reichert, cand. ing. R. Ringshausen und cand. ing. F. Weidmann danke ich für ihre Mitarbeit.

Ein besonderer Dank gilt meiner Frau, Dipl.-Volkswirtin Gabriele Wagner sowie meiner Tochter für ihre Unterstützung und ihr Verständnis während der Anfertigung meiner Arbeit.

Groß-Gerau, im August 1991

Martin Wagner

Kurzfassung

Auf Abwasserreinigungsanlagen wird das Sauerstoffzufuhrvermögen von Druckluftbelüftungssystemen unter Betriebsbedingungen im Vergleich zu Reinwasser durch oberflächenaktive Stoffe, vorrangig durch Tenside, sehr stark reduziert.

Nach einer kurzen Zusammenstellung der Arten und des Vor-
kommens von Tensiden im Abwasser sowie ihres Einflusses
auf die Eigenschaften des Wassers werden die Grundlagen
des Sauerstoffeintrags dargelegt. Anschließend wird der
heutige Kenntnisstand über Eigenschaften und Verhalten
von Luftblasen in Wasser mit und ohne Tenside zusammenge-
tragen und im Hinblick auf die den Sauerstoffeintrag bestimmenden Parameter ausgerichtet.

Durch umfangreiche Versuche wird der Einfluß verschiedener Tenside und ihrer Konzentration bei unterschiedlichen
Wassereigenschaften (Elektrolytgehalt, Wasserhärte) im
einzelnen erfaßt.

Aufgrund der erarbeiteten Zusammenhänge kann nachgewiesen
werden, daß die bekannten Hypothesen zur Beschreibung der
Koaleszenz- und Stoffstromhemmung nicht zutreffend sind.
Umgekehrt konnten keine neuen Arbeitshypothesen formu-
liert werden.

Schlußfolgerungen, insbesondere im Hinblick auf wesentliche Änderungsvorschläge zur Meßtechnik des Sauerstoffzufuhrvermögens bilden den praxisbezogenen Abschluß der Arbeit.

Summary

The rate of oxygen transfer of air diffusion systems in activated sludge treatment plants is strongly reduced under operational conditions by surfactants when compared to values obtainable in clean water.

After summarizing the different types of surfactants and their concentrations in sewage as well as their influence on the properties of water the fundamentals of oxygen transfer are discussed. Then, the present knowledge about the properties and behaviour of air bubbles in water with and without surfactants is compiled, mainly with respect to the parameters influencing the rate of oxygen transfer.

The influence of different surfactants and of their concentrations is investigated at various properties of pure water (content of electrolytes, hardness) by means of extensive experiments.

On the basis of the experimental results it can be shown that the well known hypotheses describing the influence of surfactants on the coalescence of bubbles and on the inhibition of mass transfer are incorrect. A new hypothesis could not be formulated, however.

Finally, essential proposals for improving the technique of measuring the rate of oxygens transfer are formulated for application in practice.

Verzeichnis der Abbildungen im Anhang   Seite

Verzeichnis der Tabellen im Anhang   Seite

1.   Einführung

In der Bundesrepublik Deutschland sind etwa 90 % aller
Einwohner an biologische Abwasserreinigungsanlagen angeschlossen, die zur Entfernung organischer Schmutzstoffe
(BSB_5-Abbau) konzipiert wurden (GILLES, 1987). Aufgrund
neuer gesetzlicher Regelungen (RAHMEN-ABWASSERVWV, 1989)
müssen diese Anlagen zur Zeit mit dem Reinigungsziel der
weitgehenden Nitrifikation und Denitrifikation ausgebaut
werden. Dazu wird vorrangig das Belebtschlammverfahren
angewendet, das zur Erreichung der geforderten niedrigen
und prozeßstabilen Ablaufkonzentrationen von Ammonium-
und Nitratstickstoff besonders geeignet ist. Es läßt sich
zeigen, daß die zur Erzielung der Nitrifikation notwendige Senkung der Schlammbelastung im Belebungsbecken auf
Werte von 0,08 bis 0,15 kg/(kg·d) bei üblichen Abwasser-
temperaturen den mittleren Sauerstoffbedarf für den Abbau
organischer Schmutzstoffe um etwa 35 % steigert. Der Sauerstoffbedarf für die Nitrifikation im geforderten Umfang
bringt eine zusätzliche Erhöhung um etwa 70 %. Insgesamt
ist also eine Zunahme auf das 2,3-fache (1,35·1,7) zu erwarten. Der stark angestiegene Sauerstoffbedarf muß der
Nitrifikation wegen bei erhöhtem Sauerstoffgehalt
(1,5 bis 2,0 g/m^3) eingetragen werden. Hierdurch wird der
Energiebedarf zusätzlich um 15 bis 20 % erhöht, so daß
insgesamt mit einer Steigerung der Energiekosten für Belüftungssysteme auf Abwasserreinigungsanlagen auf das
2,7-fache des bisher üblichen zu rechnen ist. Eine weitgehende Denitrifikation bringt dies im günstigsten Fall
auf das 2,3-fache zurück. Effizienten Belüftungssystemen
kommt daher zunehmende Bedeutung zu (PÖPEL, 1988).

Die Sauerstoffversorgung der Mikroorganismen beim Belebtschlammverfahren kann durch zwei grundsätzlich verschiedene Belüftungssysteme erreicht werden: zum einen durch

Oberflächenbelüftung, zum anderen durch Druckluftbelüftung. Nachdem zu Anfang der sechziger Jahre sehr viele Abwasserreinigungsanlagen mit Oberflächenbelüftern ausgerüstet wurden, zeigte sich seit den siebziger Jahren ein vermehrter Einsatz von feinblasigen Druckluftbelüftungssystemen. Diese Tendenz ist bis heute zu beobachten und hat im wesentlichen zwei Ursachen: einerseits werden bei der Druckluftbelüftung Nachteile der Oberflächenbelüftung wie Lärm- und Geruchsemissionen vermieden; andererseits sind moderne Druckluftbelüftungssysteme günstiger in bezug auf den Energieverbrauch.

Sowohl bei mechanischen als auch bei Druckluftbelüftungssystemen wird in Abwasser gegenüber den Werten in Reinwasser eine Verminderung der Sauerstoffeintragsleistung festgestellt. Zahlenmäßig wird diese Verringerung durch den sogenannten α-Wert ausgedrückt, der das Verhältnis zwischen der Sauerstoffeintragsleistung unter Betriebsbedingungen und in Reinwasser angibt. Bei Oberflächenbelüftungssystemen beträgt der α-Wert zwischen 0,90 und 0,95, während bei Druckluftbelüftungssystemen α-Werte von 0,3 bis 0,85 festgestellt werden (BOYLE, 1987; BOYLE, 1989; STENSTROM, 1981; HWANG, 1983; PÖPEL, 1989). Die Ursachen für die stark schwankenden Zahlenwerte des α-Wertes bei feinblasigen Belüftungssystemen konnten bisher noch nicht eindeutig geklärt werden. Es wurde jedoch schon früh vermutet, daß oberflächenaktive Substanzen im Abwasser für die große Spannbreite des α-Wertes verantwortlich sind (ECKENFELDER, 1968).

Für Hersteller von Belüftungseinrichtungen sowie für Planer und Betreiber von Abwasserreinigungsanlagen ist zur Bemessung der Belüftungssysteme die Kenntnis des Sauerstoffzufuhrvermögens sowohl in Reinwasser als auch im Abwasser notwendig. Während Messungen zur Bestimmung der

Leistungsfähigkeit in Reinwasser relativ einfach durchzu-
führen und auszuwerten sind, ergeben sich bei Messungen
unter Betriebsbedingungen Schwierigkeiten, die auf meß-
technische Probleme und schwankende Abwasserzusammensetzung zurückzuführen sind. Außerdem sind die Messungen wesentlich schlechter reproduzierbar als in Reinwasser. Aus
diesen Gründen sind Sauerstoffzufuhrmessungen unter Betriebsbedingungen (noch) nicht normiert. Dagegen sind
Durchführung und Auswertung von Sauerstoffzufuhrmessungen
in Reinwasser international in Arbeitsanleitungen bzw.
Normen vorgeschrieben (ATV, 1979; ÖNORM M 5888, 1979; US-
Norm, 1984; US-Norm-Überarbeitung, 1989).

Zur Vermeidung der vielfältigen Schwierigkeiten bei der
Bestimmung des Sauerstoffzufuhrvermögens in Abwasser ist
in den verschiedenen Arbeitsanleitungen bzw. Normen vorgeschrieben, ein anionenaktives Tensid ins Reinwasser zu-
zugeben, so daß die Tensidkonzentration 5 g/m^3 beträgt.
Dadurch sollen Betriebsbedingungen auf Abwasserreinigungsanlagen simuliert und Einflüsse von oberflächenaktiven Substanzen auf das Sauerstoffzufuhrvermögen ermittelt
werden. Bei diesen Messungen werden allerdings ähnlich
große Unterschiede des α-Wertes unter ansonsten identischen Bedingungen wie bei Sauerstoffzufuhrmessungen in
Abwasser beobachtet (EPA, 1983 und eigene Untersuchungen).

Die Gründe der festgestellten großen Unterschiede der Ergebnisse von Sauerstoffzufuhrmessungen in Abwasser und in
Tensidlösungen sind einer theoretischen Klärung nicht zu-
gänglich, da Theorien zur Beschreibung des Einflusses von
oberflächenaktiven Stoffen auf das Sauerstoffzufuhrvermögen aufgrund der Komplexität der Zusammenhänge bisher
nicht aufgestellt wurden. Eine Darstellung der Vorgänge
und des quantitativen Einflusses von oberflächenaktiven

Stoffen auf den Sauerstoffübergang kann deshalb nur empirisch durch Versuche erfolgen. Als Repräsentanten der Vielzahl von oberflächenaktiven Stoffen im Abwasser werden Tenside herangezogen, da anzunehmen ist, daß besonders diese Stoffgruppe aufgrund ihrer hohen Konzentration im Abwasser für die Beeinflussung des Sauerstoffeintrags verantwortlich sind. Da bei Neu- oder Umplanungen von Abwasserreinigungsanlagen hauptsächlich feinblasige Druckluftbelüftungssysteme vorgesehen werden, ist es sinnvoll, diese Systeme für Untersuchungen zur Ermittlung des Tensideinflusses auf den Sauerstoffübergang einzusetzen. Oberflächenbelüftungssysteme werden aufgrund des geringeren Einflusses von oberflächenaktiven Stoffen auf den Sauerstoffeintrag (α-Werte zwischen 0,95 und 1,00) nicht in die Untersuchungen einbezogen.

Neben der Klärung des Einflusses von Tensiden auf den Sauerstoffeintrag erscheint es aufgrund des stark gestiegenen Sauerstoffbedarfs infolge der gesetzlich geforderten Stickstoffelimination auf Abwasserreinigungsanlagen notwendig, Belüftungssysteme zu optimieren. Dazu sind grundlegende Untersuchungen über die Mechanismen des Sauerstoffeintrags ins Wasser notwendig. So ist beispielsweise von Bedeutung, wo im Belebungsbecken und aus welchen Gründen die an den Belüftungselementen gebildeten vielen kleinen Luftblasen wieder zu wenigen größeren zusammenlaufen. Dieser als Koaleszenz bezeichnete Vorgang reduziert in hohem Maße die Grenzfläche, so daß insgesamt der Sauerstoffeintrag verringert wird. Zum anderen ist von Interesse, ob in Belebungsbecken mit flächendeckender Druckluftbelüftung eine Redispergierung der Luftblasen stattfindet, was sich positiv auf den Sauerstoffeintrag auswirken würde. Aus diesen Gründen werden in der vorliegenden Arbeit Koaleszenz- und Redispergierungsvorgänge in Druckluftbelüftungsbecken untersucht.

Zur Klärung der dargelegten Problematik bezüglich den Vorgängen beim Sauerstoffübergang in Wasser und Tensidlösungen werden in Kapitel 2 zunächst die im Abwasser vorkommenden oberflächenaktiven Substanzen beschrieben. In den beiden anschließenden Kapiteln werden die Grundlagen des Sauerstoffeintrags bei der Druckluftbelüftung behandelt sowie grundlegende Untersuchungen über Luftblasen in Wasser und Tensidlösungen angestellt. Im 5. Kapitel werden die bisherigen Ergebnisse zum Einfluß von Tensiden auf den Sauerstoffübergang zusammengefaßt und offene Fragestellungen bezüglich dieses Themenkomplexes erarbeitet. Die Meßmethodik der zur Klärung dieser Fragen vorgesehenen Versuche wird im Kapitel 6 erörtert. Daran anschliessend werden Durchführung und Auswertung der Versuche beschrieben und die erhaltenen Meßergebnisse zusammengefaßt. In Kapitel 8 werden diese Ergebnisse ausgewertet und im 9. Kapitel Schlußfolgerungen aus den Untersuchungen gezogen. Damit werden das theoretische Verständnis bezüglich den Vorgängen beim Sauerstoffeintrag erweitert und für die Praxis bedeutsame Fragestellungen geklärt.

2. Oberflächenaktive Stoffe
2.1 Allgemeines

Im kommunalen Rohabwasser sind eine Vielzahl von Fetten, Ölen, Eiweißen, Alkoholen, verschiedene Säuren, Detergentien und Tenside enthalten, die als oberflächenaktive Stoffe bezeichnet werden. Während des biochemischen Abbaus organischer Substanzen (Kohlenhydrate, Proteine und Aminostoffe) im Belebungsbecken werden zusätzlich im geringen Maße oberflächenaktive Stoffe gebildet. So werden beispielsweise bei der bakteriellen Umwandlung von Kohlenhydraten Propionsäure und beim Abbau von Proteinen Isobuttersäure sowie Isovaleriansäure erzeugt (KOPPE, 1986).

Eine Beurteilung des Einflusses aller im Abwasser vorkommenden oberflächenaktiven Substanzen auf den Sauerstoffübergang in Wasser ist aufgrund der großen Anzahl der Stoffe nicht möglich. Deshalb werden in der vorliegenden Arbeit stellvertretend dafür nur charakteristische Tenside untersucht.

2.2 Tenside
2.2.1 Einteilung der Tenside

Tenside sind definiert als chemische Verbindungen, die in einer Flüssigkeit gelöst oder dispergiert sind und an Grenzflächen (z.B. Wasser/Luft) bevorzugt adsorbiert werden (DIN 53900, 1972). Entsprechend dieser Definition können neben den eigentlichen Tensiden alle anderen Stoffe als Tenside bezeichnet werden, die sich aufgrund ihrer oberflächenaktiven Eigenschaften an Grenzflächen anlagern. In der amerikanischen Literatur wird dieser Tatsa-

che Rechnung getragen, indem alle oberflächenaktiven
Stoffe als "surfactants" bezeichnet werden. Der Begriff
Tensid ist nicht gleichbedeutend mit der oft synonym be-
nutzten Bezeichnung Detergentien, die Waschmittel sind
und neben Zusatz- und Füllstoffen Tenside enthalten. Tenside werden im privaten Bereich zur Körperreinigung und
zur Säuberung von Textilien und Haushaltsgegenständen
eingesetzt. Im Gewerbe und in der Industrie finden sie
breite Anwendung als Netzmittel, Emulgatoren, Dispergier-
und Flotationsmittel.

Die wichtigste physikalische Eigenschaft von Tensiden
liegt in ihrer Fähigkeit sich an Grenzflächen flüssig/
fest, flüssig/flüssig und flüssig/gasförmig anzulagern
(adsorbieren). Damit ergibt sich eine (wesentliche) Erniedrigung der Oberflächenspannung des betreffenden Lö-
sungsmittels (hier: Wasser).

Vom molekularen Aufbau her gesehen bestehen Tenside aus
einem **wasserfreundlichen (hydrophilen)** und einem **wasser-
abstossenden (hydrophoben)** Teil. Der hydrophile Teil ist
dabei fettabweisend, der hydrophobe fettfreundlich. In
Abbildung 2.1 (nach STACHE, 1979) ist am Beispiel von Na-
triumalkylsulfat der prinzipielle Aufbau eines Tensids
mit hydrophilen und hydrophoben Teil dargestellt.

Die **hydrophobe** Komponente wird bei allen Tensiden aus einer längeren Alkyl- oder Alkylarylkette gebildet (KOPPE,
1986). Als Alkyle werden einwertige Alkanreste der allgemeinen Form C_nH_{2n+1} (häufig in der Literatur durch R symbolisiert) bezeichnet. Alkylaryl ist die Gruppenbezeich-
nung für durch Alkylgruppen substituierte Arylreste. Der
hydrophile (wasserfreundliche) Teil im Molekül bestimmt
den ionischen oder nichtionischen Charakter eines Ten-

sides. Entsprechend dieser Unterscheidung lassen sich Tenside in vier **Gruppen** einteilen:

- anionische Tenside
- kationische Tenside
- amphotere (an- oder kationische) Tenside
- nichtionische Tenside.

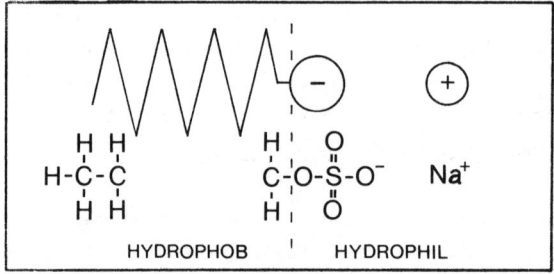

Abbildung 2.1: Prinzipieller Aufbau eines Tensidmoleküls (nach STACHE, 1979)

Bei **anionischen Tensiden** besteht der hydrophile Teil meistens aus einer Sulfonat- ($-SO_3^-$), Sulfat- ($-O-SO_3^-$) oder einer Carboxylgruppe ($-COO^-$). Das Kation innerhalb des hydrophilen Teil des Moleküls ist beispielsweise ein Natrium- oder Lithiumion. Zu den anionischen Tensiden zählen Seifen (Natriumsalze höherer Carbonsäuren), Alkylsulfonate, Olefinsulfonate, Estersulfonate, Alkyl-Arylsulfonate und sulfatierte Fettalkohole (STACHE, 1979). Seifen gehören zu den bekanntesten natürlichen anionischen Tensiden, während 85 % aller künstlich hergestellten Tenside vom Typ Alkylbenzolsulfonat sind (HARTIG, 1975).

Kationische Tenside enthalten als hydrophile Gruppe hauptsächlich ein quartäres Ammoniumion ($-N^+(R_3)$). Wie bei allen anderen Tensidgruppen besteht die hydrophobe Komponente aus einer längeren Alkyl- oder Alkylarylkette. Typische kationische Tenside sind quartäre Ammoniumsalze, Acylierte Polyamine und Benzylammoniumsalze.

Amphotere Tenside sind Verbindungen mit elektropostiven und -negativen Molekülteilen, die je nach pH-Bereich als Anion- oder Kationtensid wirken. Bekannte amphotere Tenside sind Betaine und Aminosäuren.

Bei **nichtionischen Tensiden** wird die Hydrophilität durch eine Polyethergruppe bestimmt. Typische Vertreter der nichtionischen Tenside sind Alkylphenolethoxylate, Carbonsäureethoxylate und Carbonsäurealkyloamide. Gegenüber anionischen besitzen nichtionische Tenside überlegene anwendungstechnische Eigenschaften. Diese liegen vor allem darin, daß bei nichtionischen Tensiden neben der hydrophoben Gruppe im Gegensatz zu ionischen Tensiden auch die hydrophile Gruppe entsprechend den Anforderungen geändert werden kann.

2.2.2 Verbrauchsmengen von Tensiden

Seit Beginn der Produktion um das Jahr 1930 werden Tenside im zunehmenden Umfang hergestellt und verbraucht. In Tabelle 2.1 sind in Abhängigkeit der einzelnen Tensidgruppen die produzierten Mengen in den Jahren 1979 (STACHE, 1979) und 1987 (UMWELTPOLITIK, 1989) in der Bundesrepublik Deutschland zusammengefaßt.

Aus Tabelle 2.1 läßt sich ableiten, daß anionische und nichtionische Tenside in der Bundesrepublik weitaus am

häufigsten produziert werden, während kationische und amphotere Tenside nur in geringem Umfang eingesetzt werden.
Die prozentuale Verteilung der Tenside auf die einzelnen
Gruppen hat sich in den beiden Erhebungsjahren erheblich
geändert. Während 1979 etwa 70 % anionische und 25 %
nichtionische Tenside hergestellt wurden, zeigt sich 1987
ein völlig verändertes Bild. In diesem Erhebungsjahr ist
die Produktion an nichtionischen Tensiden mit 46 % um 3
Prozentpunkte höher als die Herstellungsmengen an anionischen Tensiden mit 43 % der Gesamtmenge. Somit hat sich
der Anteil der nichtionischen Tenside am gesamten Tensid-
verbrauch in weniger als zehn Jahren fast verdoppelt,
während prozentual gesehen weniger anionische Tenside
produziert werden. Die vermehrte Verwendung nichtionischer Tenside ist auf den in letzter Zeit beobachteten
Rückgang der Waschtemperaturen (60°-Wäsche) zurückzuführen. Bei diesen niedrigen Temperaturen müssen zur Siche-
rung der Fettauswaschbarkeit den Waschmitteln nichtionische Tenside zugesetzt werden (FACHGRUPPE WASSERCHEMIE,
1989).

Tabelle 2.1: Produktionsmengen an Tensiden in der
             Bundesrepublik Deutschland

	1979		1987	
	t/a	%	t/a	%
anionische Tenside	–	65-70	165.000	43
kationische Tenside	–	5	34.200	9
amphotere Tenside	–	1-2	8.900	2
nichtionische Tens.	–	25	174.400	46
zusammen		100	382.500	100

Weltweit wird in den kommenden Jahren mit einer weiteren
Steigerung der Tensidproduktion gerechnet (FALBE, 1987),
wobei zu vermuten ist, daß die prozentuale Steigerung bei

nichtionischen Tensiden aufgrund der anwendungstechni-
schen Vorteile größer als bei anionischen Tensiden sein
wird.

2.2.3 Tensidkonzentrationen in kommunalen Abwasser-reinigungsanlagen

Zur Beurteilung des Einflusses von Tensiden auf den Sauerstoffeintrag in Wasser ist die Kenntnis der Tensidkonzentration im Einlauf von biologischen Abwasserreinigungsanlagen bzw. im Zulauf zur biologischen Stufe notwendig. Entsprechend den geringen Herstellungsmengen können kationische und amphotere Tenside im Abwasser kaum
nachgewiesen werden. Ausgehend von den in Tabelle 2.1 angegebenen Verbrauchsmengen an Tensiden für 1987, einem
einwohnerspezifischen Wasserverbrauch von 200 l/E·d und
60 Millionen Einwohnern in der Bundesrepublik Deutschland
ergibt sich rein rechnerisch eine Zulaufkonzentration von
rund 38 g/m^3 für anionische und ungefähr 41 g/m^3 für
nichtionische Tenside.

In Tabelle 2.2 sind Konzentrationen anionischer und
nichtionischer Tenside angegeben, die im Zulauf zur biologischen Stufe von kommunalen Abwasserreinigungsanlagen
gemessen wurden (KOPPE, 1979; WAGNER, 1978). Neuere Un-
tersuchungsergebnisse hierzu wurden nicht veröffentlicht.

Die in Tabelle 2.2 gezeigten Tensidkonzentrationen im Zulauf der biologischen Stufe liegen weit unter den Werten,
die aufgrund der Verbrauchsmengen an Tensiden und dem
entsprechenden Wasserverbrauch im Zulauf von Abwasserreinigungsanlagen zu erwarten sind. Dies liegt zum einen

Tabelle 2.2 : Tensidkonzentrationen im Zulauf zur biologischen Stufe von kommunalen Abwasserreinigungsanlagen

	anionisch	nichtionisch
	g/m^3	g/m^3
KOPPE (1979)	6,6	1,1
WAGNER (1978)	11,9 (4,7)	3,1 (1,4)

() Standardabweichung

daran, daß die Untersuchungen zur Bestimmung der Zulauf-
konzentrationen zu den biologischen Stufen bereits im
Jahr 1979 mit weit geringeren Produktionsmengen an Tensiden als 1987 durchgeführt wurden. Außerdem können große
Fremdwassermengen (Grund- oder Drainagewasser) oder Zu-
flüsse tensidfreier Industrieabwässer die Tensidkonzentrationen verringern. Eine weitere Ursache für Unterschiede zwischen gemessenen und berechneten Konzentra-
tionswerten können Adsorptionsvorgänge im Kanalnetz und
anderen Bauwerken von Abwasserreinigungsanlagen sowie
insbesondere Adsorption von Tensiden an Roh- oder Primär-
schlamm sein. Weiterhin kann verantwortlich sein, daß mit
den Analysenmethoden zur Bestimmung der Konzentration von
Tensiden in wässrigen Lösungen bestimmte Tenside nicht
erfaßt werden können. So werden beispielsweise mit der
Standardmethode zur Bestimmung der Konzentration von anionischen Tensiden (DIN 38409, 1980) nur diejenigen erfaßt, die vom Typ Sulfonate und Sulfate sind.

2.2.4 Abbaubarkeit von Tensiden

In der Bundesrepublik Deutschland wurden bis 1961 hauptsächlich anionische Tenside vom Typ Tetrapropylenbenzolsulfonat (TBS) als Grundstoffe in Wasch- und Reinigungsmitteln eingesetzt. Aufgrund erheblicher Beeinträchti-
gungen der Abwasserreinigungsanlagen und Vorfluter durch
zum Teil meterhohe Schaumberge wurde am 5.9.1961 das Gesetz über Detergentien in Wasch- und Reinigungsmitteln
erlassen. Die auf der Grundlage dieses Gesetzes verfügte
Detergentienverordnung vom 1.12.1962 sah eine Mindestab-
baubarkeit der anionischen Tenside von 80 % vor. Aufgrund
ihres unproblematischeren biologischen Abbaus wurden ab
diesem Zeitpunkt unverzweigte Tenside (lineare Alkylbenzolsulfonate, LAS) entwickelt und als Waschmittelrohstoffe eingesetzt. In der Folgezeit wurden zusätzliche Geset-
ze erlassen, welche die bestehenden Regelungen erweiter-
ten, um die Gewässer vor schädigenden Einwirkungen von
Wasch- und Reinigungsmitteln zu schützen. Anzuführen sind
das Waschmittelgesetz von 1975 und die Verordnung über
die Abbaubarkeit anionischer und nichtionischer grenzflä-
chenaktiver Stoffe in Wasch- und Reinigungsmitteln von
1977, zuletzt geändert durch Verordnung vom 4.7.1986
(WASSERRECHT, 1958).

Beim **Abbau von Tensiden** in Abwasserreinigungsanlagen ist
der eigentliche biologische Abbau und die Adsorption an
Schlamm zu unterscheiden. Nach JANICKE (1989) zeigt sich,
daß je nach Tensidgruppe unterschiedliche (stark schwankende) Adsorptionsraten zu erwarten sind. Die **Adsorption**
von anionischen Tensiden (Alkylbenzolsulfonate) beträgt
bis zu 65 % der Gesamtelimination. Meist werden jedoch
nur Adsorptionswerte von 4 % bei schwer abbaubaren Tensiden vom Typ Tetrapropylenbenzolsulfonat und 2 % bei LAS-
Tensiden gefunden. Mit nichtionischen Tensiden vom Etho-

xylattyp werden Adsorptionsraten bis zu 30 % der Gesamtelimination, überwiegend jedoch unter 4 % (Alkylphenolethoxylate) erreicht. Kationische Tenside (quartäre Ammo-
niumverbindungen) weisen die höchsten Adsorptionsraten
auf, die bis zu 35 % der Gesamtelimination betragen. Für
die stark differierenden Adsorptionsraten können unterschiedliche Strukturen der Tenside, Zeitabhängigkeit des
Anlagerungsvorganges, pH-Wert-Einflüsse, Elektrolytgehalt
sowie Tensidkonzentration, Schlammgehalt und -art verantwortlich sein.

Der **biologische Abbau** von Tensiden wurde besonders intensiv am anionischen Tensid (lineares) Alkylbenzolsulfonat
untersucht. Bei Versuchen mit einer Laborabwasserreini-
gungsanlage wurde festgestellt, daß aus 100 % Alkylbenzolsulfonat 50 % Mineralisierungsprodukte (z.B. CO_2, H_2O)
entstehen. Außerdem können 7 % aliphatische und 37 % aro-
matische Zwischenprodukte nachgewiesen werden. Unverän-
dert verlassen 6 % des Alkylbenzolsulfonates die Abwas-
serreinigungsanlage (HÜLS, 1988 a). Ähnlich unschädliche
Abbauprodukte werden auch bei Versuchen mit verschiedenen
anderen anionischen und nichtionischen Tensiden festgestellt (BOCK, 1977).

**2.2.5   Änderung der Eigenschaften des Wassers durch
          Tenside**

Durch Tenside werden die Eigenschaften des Wassers dahingehend beeinflußt, daß die **Oberflächenspannung** des Wassers verringert wird. Unter dem Begriff Oberflächenspannung wird allgemein die Grenzflächenspannung von Festkör-
pern und Flüssigkeiten gegenüber der Dampfphase bzw. Luft
verstanden. In Abbildung 2.2 sind die Kräfte dargestellt,

die auf Wassermoleküle in der Flüssigkeit und an der
Grenzfläche Luft/Flüssigkeit wirken (nach KOPPE, 1986).
In der Flüssigkeit heben sich die Anziehungskräfte zwischen den einzelnen Molekülen auf (Fall a), so daß die
resultierende Kraft gleich Null ist. Im Gegensatz dazu
ergibt sich an Flüssigkeitsoberflächen eine resultierende
Kraft, die ins Innere der Flüssigkeit gerichtet ist (Fall
b). Wenn ein Wasserteilchen aus dem Innern der Flüssigkeit an die Oberfläche gelangen will, muß Arbeit (pro
Flächeneinheit) geleistet werden, um die Oberfläche zu
vergrößern. Diese aufzuwendende Arbeit pro Flächeneinheit
(J/m^2 oder N/m) wird als Oberflächenspannung bezeichnet.

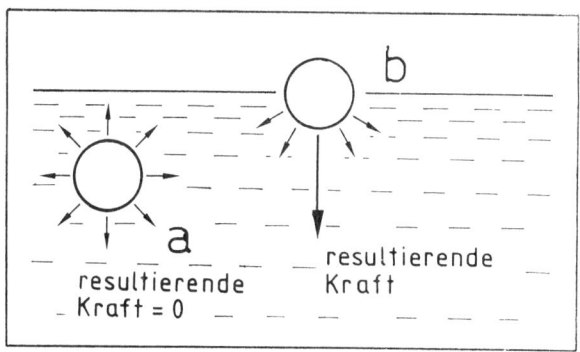

Abbildung 2.2: Kräfte auf Wassermoleküle in Flüssigkeiten
und an der Grenzfläche Luft/Flüssigkeit

Die Dimension der Oberflächenspannung ist Newton/Meter
(N/m), wobei sich die Darstellung der Ergebnisse in der
Einheit Millinewton/Meter (mN/m) wegen der Größe der Zah-
lenwerte als geeigneter erweist.

Tenside in Wasser bewegen sich vom Innern der Flüssigkeit
an die Phasengrenzfläche Wasser/Luft. Ist dieser Vorgang
abgeschlossen, herrscht ein Gleichgewicht zwischen der
Anzahl der Tensidmoleküle im Innern der Flüssigkeit und

an der Phasengrenzfläche. Die Oberflächenspannung in diesem Gleichgewichtszustand wird mit dem Begriff **statische Oberflächenspannung** gekennzeichnet. Die Oberflächenspannung unmittelbar nach der Zugabe von Tensiden zum Wasser wird als **dynamische Oberflächenspannung** bezeichnet. Aufgrund der einfacheren Messung im Gleichgewichtszustand wird in der vorliegenden Arbeit stets die **"statische Oberflächenspannung"** bestimmt und vereinfacht als **"Oberflächenspannung"** bezeichnet.

Mit steigender Wassertemperatur nimmt die Wirkung der Anziehungskräfte zwischen den Molekülen ab. Aus diesem Grund verringert sich auch die Oberflächenspannung des Wassers. Beispielsweise hat reines Wasser bei einer Temperatur von 10 °C eine Oberflächenspannung gegen Luft von 74,22 mN/m und bei 20 °C von 72,75 mN/m.

Die Verringerung der Oberflächenspannung des Wassers durch Tensidzugabe ist umso stärker ausgeprägt, je höher die Konzentration der Tenside im Wasser ist. Zusätzlich wird der Absolutwert der Oberflächenspannung von der Tensidart beeinflußt. In Abbildung 2.3 ist die Oberflächenspannung (linear) gegen die Tensidkonzentration (logarithmisch) für unterschiedliche anionische und nichtionische Tenside aufgetragen, wobei die Meßwerte der Literatur (HÜLS, 1988 a, b und c) entnommen wurden.

Im halblogarithmischen Maßstab nimmt die Oberflächenspannung linear bis zu einer charakteristischen Tensidkonzentration ab, die als kritische Mizellkonzentration (CMC) bezeichnet wird (STACHE, 1979; FALBE, 1987). Bei dieser Konzentration agglomerieren Tensidmoleküle zu größeren Gebilden, die Mizellen genannt werden. Die Struktur dieser Mizellen ist sehr umstritten. Neben kugelförmigen, zylindrischen, faden- oder stäbchenförmigen Mizellen wur-

den auch andere Mizellformen postuliert (STACHE, 1979).
Bei der kritischen Mizellkonzentration ändern sich plötz-
lich die physikalischen Eigenschaften der Wasser/Tensid-
mischung, wie z.B. die hier diskutierte Oberflächenspannung, die elektrische Leitfähigkeit und das Schaumvermögen. Die kritische Mizellkonzentration von nichtionischen
Tensiden ist im Vergleich zu anionischen Tensiden oft um
den Faktor 10 geringer (ANDREE, 1975). Demgegenüber ist
für anionische Tenside charakteristisch, daß die kritische Mizellkonzentration durch Elektrolytzusatz (Salze)
stärker als bei nichtionischen Tensiden herabgesetzt wird
(LANGE, 1980).

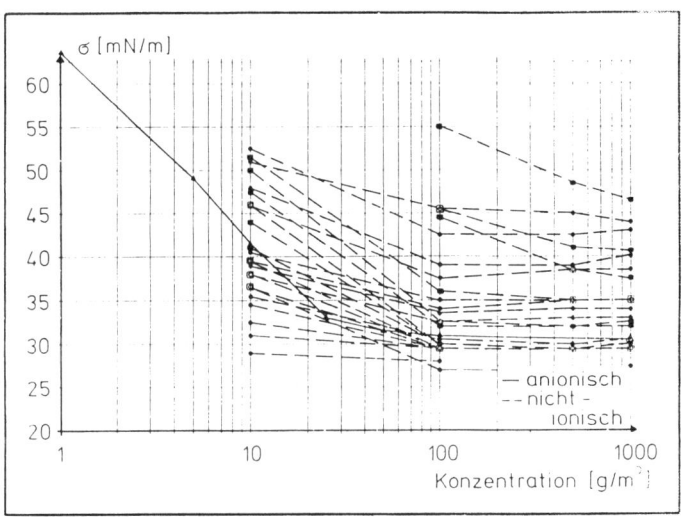

Abbildung 2.3: Oberflächenspannung unterschiedlicher Tenside

Die **Viskosität** des Wassers wird durch die Zugabe von Tensiden in den hier behandelten Konzentrationsbereichen
nicht oder meßtechnisch kaum nachweisbar beeinflußt.

2.2.6 Adsorption von Tensiden an der Flüssigkeits-
oberfläche

Tenside reichern sich in Form von Adsorptionsschichten an
der Phasengrenzfläche Wasser/Luft an. Im Wasser löst sich
einerseits der ionische oder nichtionische Molekülteil
durch Hydratisierung unter Abnahme der freien Energie des
Systems. Die hydrophoben Reste verursachen andererseits
eine hohe freie Energie des Systems. Entsprechend dem Be-
streben aller chemischen Systeme die geringste freie
Energie einzunehmen wird der hydrophobe Molekülteil aus
der Lösung heraus an die Oberfläche gedrängt. Dort findet
eine Zusammenlagerung und Ausrichtung der hydrophoben
Gruppen statt, indem der hydrophobe Teil in den Gasraum
(Luft) ragt, während die hydrophilen Gruppen im Wasser
verbleiben (CHWALA, 1977). In Abbildung 2.4 ist die Anordnung der Tensidmoleküle in einem Oberflächenfilm bei
verschieden dichter Belegung dargestellt.

Die Konzentration der Tenside an der Grenzfläche (Γ) kann
unterhalb der kritischen Mizellkonzentration mit Hilfe
des Gibbs'schen Satzes berechnet werden, wenn die Tenside
völlig dissoziiert sind:

$$\Gamma = - \frac{1}{n \cdot R \cdot T} \cdot \frac{d\sigma}{d(\ln c)} \quad [mol/m^2] \qquad (2.1)$$

R = universelle Gaskonstante $[J \cdot K^{-1} \cdot mol^{-1}]$
T = absolute Temperatur $[K]$

19

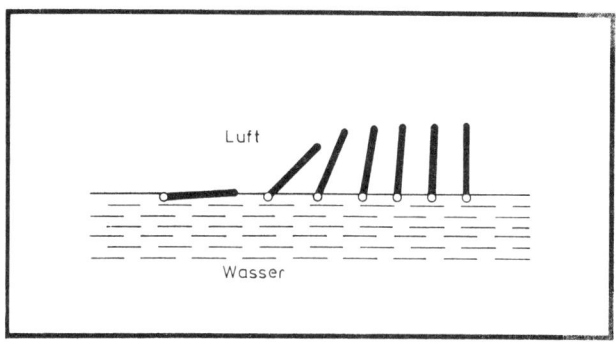

Abbildung 2.4: Anordnung von Tensiden in einem Oberflächenfilm

Der Ausdruck dσ/d(ln c) in Gleichung 2.1 gibt die Abhängigkeit der Oberflächenspannung vom Logarithmus der Konzentration im Kern der Flüssigkeit an und entspricht der Steigung der Geraden im halblogarithmischen Netz (s. Abbildung 2.3). Der Divisor n in Gleichung 2.1 nimmt nach LANGE (1980) für ionogene Tenside mit einwertigem Anion und Kation den Wert 2 und für nichtionische Tenside den Wert 1 an. In der Literatur wird die Notwendigkeit eines unterschiedlichen Faktors n für ionische und nichtionische Tenside kontrovers diskutiert. Während einige Autoren die Einführung des Faktors für notwendig erachten, sehen andere dies nicht, bzw. geben Zwischenwerte an (RUBIN, 1962; PETHICA, 1954; GRIEVES, 1982). Im Rahmen der vorliegenden Arbeit sollen diese Probleme nicht geklärt werden, so daß für nichtionische Tenside in Gleichung 2.1 der Faktor n mit dem Zahlenwert 1 und für ionische Tenside mit dem Wert 2 angesetzt wird.

Aus durchgeführten Berechnungen mit Gleichung 2.1 geht hervor, daß die Tensidkonzentration an der Oberfläche um etwa das 100 bis 1000-fache höher ist als im Innern der Lösung. Der Platzbedarf der adsorbierten Moleküle an der Oberfläche beträgt in Abhängigkeit der Geometrie des Moleküls und der Dichte des Oberflächenfilms durchschnittlich zwischen 0,4 bis 1,0 nm^2 (CHWALA, 1977).

Durch die Reduzierung der Oberflächenspannung infolge von oberflächenaktiven Stoffen im Wasser wird der Sauerstoffeintrag verringert. Die zum Verständnis des Sauerstoffeintrags notwendigen Grundlagen werden im folgenden Kapitel für Druckluftbelüftungssysteme vorgestellt.

3. Grundlagen des Sauerstoffeintrags bei der Druckluftbelüftung

3.1 Allgemeines

Der Sauerstoffeintrag in Wasser läßt sich mit den bekannten Gesetzmäßigkeiten des Lösens von Gasen in Flüssigkeiten beschreiben. Besondere Bedeutung für den Stoffübergang in Wasser haben die Löslichkeit der Gase und die Diffusion von Gasen in Flüssigkeiten. Beide Vorgänge werden nachfolgend allgemeingültig für alle Gase beschrieben, jedoch wird speziell auf die Verhältnisse beim Sauerstoffeintrag in Wasser eingegangen, wobei besonders die Aspekte bei der Druckluftbelüftung behandelt werden.

3.2 Theoretische Aspekte des Stoffaustauschs in Flüssigkeiten

3.2.1 Löslichkeit von Gasen in Flüssigkeiten

Wenn Gas in Wasser gelöst wird, bewegen sich Gasmoleküle aus der Gasphase in die flüssige Phase. Dieser Vorgang geht so lange vonstatten, bis sich ein Gleichgewicht zwischen den beiden Phasen eingestellt hat. Dieses Gleichgewicht wird als Sättigungskonzentration des Gases in der Flüssigkeit bezeichnet. Je höher die Gaskonzentration in der Gasphase ist, desto größer ist die Sättigungskonzentration des Gases in der flüssigen Phase. Dieser Zusammenhang läßt sich durch eine lineare Beziehung beschreiben:

$$c_S = k \cdot c_G \qquad (3.1)$$

mit
c_S = Sättigungskonzentration des Gases in der flüssigen Phase
c_G = Sättigungskonzentration des Gases in der Gasphase
k = Verteilungskoeffizient

Die Größe des Verteilungskoeffizienten k (Tabellenwerte: s. D'ANS/LAX, 1967 und WEAST, 1979) ist abhängig von der Art des Gases (Sauerstoff, Stickstoff etc.), der Zusammensetzung der flüssigen Phase (Wasser, Tensidlösung etc.) und der Wassertemperatur.

Neben dem Verteilungskoeffizienten k werden die Henry-Konstante k_H und der Bunsen'sche Absorptionskoeffizient k_B zur Beschreibung der Löslichkeit von Gasen und damit zur Bestimmung der Sättigungskonzentration der Gase in Flüssigkeiten herangezogen.

Die Sättigungskonzentration des hier vorrangig interessierenden Sauerstoffs in reinem Wasser (Reinwasser) ist in Abhängigkeit der Wassertemperatur, des Luftdruckes und teilweise des Salzgehaltes tabelliert (neuere Veröffentlichungen: DIN 38408, 1986; STANDARD METHODS, 1980; HITCHMAN, 1978).

Findet der Sauerstoffübergang durch die Wasseroberfläche und unter Atmosphärenbedingungen statt, kann die Sauerstoffsättigungskonzentration mittels den oben aufgeführten Gleichungen bzw. Tabellen bestimmt werden. Beim Sauerstoffeintrag mit Druckluftbelüftungssystemen muß jedoch zusätzlich der hydrostatische Druck, der auf die Luftblasen wirkt, berücksichtigt werden, da durch diese Druckkomponente die Sauerstoffsättigungskonzentration erhöht und damit der Stoffübergang ins Wasser intensiviert wird. Vereinfacht wird zur Beschreibung dieses Einflusses eine mittlere Sauerstoffsättigungskonzentration $c_{S,m}$ eingeführt. Dazu wird der auf die halbe Eintauchtiefe druckkorrigierte theoretische Sättigungswert berechnet:

$$c_{S,m} = c_S \cdot \frac{10,33 + ET/2}{10,33} = c_S \cdot (1 + \frac{ET}{20,7}) \quad [g/m^3] \quad (3.2)$$

ET   = Eintauchtiefe der Druckbelüftungselemente [m]
10,33 = Druck in der Einheit [m WS] bei 1013,25 hPa

Einfluß der Temperatur auf die Löslichkeit: Die Löslichkeit von Gasen wird mit steigender Temperatur geringer. Berechnungsansätze, die auf dem Gesetz von van't Hoff beruhen, sind bei BRDICKA (1965) und SCHWABE (1986) angegeben. Genauere Ergebnisse lassen sich nur experimentell erzielen.

Einige Autoren geben empirische Gleichungen zur Berechnung der Sauerstoffsättigungskonzentration in Abhängigkeit der Wassertemperatur an. Das Committee of Sanitary Engineering Research (COMMITTEE, 1960) hat einen Potenzansatz zur Bestimmung der Sauerstoffsättigungskonzentration aufgestellt:

$$c_S = 14,652 - 0,41022 \cdot T + 0,7991 \cdot 10^{-2} \cdot T^2 - 0,7774 \cdot 10^{-4} \cdot T^3 \quad [g/m^3] \quad (3.3)$$

T = Wassertemperatur [°C]

Eine andere Berechnungsmöglichkeit stellt die Gleichung von MORTIMER (1981) dar:

$$c_S = \frac{2.234,34}{(T + 45,93)^{1,31403}} \quad [g/m^3] \quad (3.4)$$

T = Wassertemperatur [°C]

Die beiden angeführten Gleichungen beziehen sich auf
einen Luftdruck von 1.013,25 hPa. Sie gelten nur für Wasser. Ändern sich die Eigenschaften des Wassers durch Zugabe anderer Inhaltsstoffe, müssen Tabellen oder evtl.
Gleichungen herangezogen werden, die diese Änderungen berücksichtigen.

Einfluß von Wasserinhaltsstoffen auf die Löslichkeit: Die
Löslichkeit von Gasen in Wasser wird von den darin enthaltenen Inhaltsstoffen beeinflußt, wobei Salze (Elektrolyte) besondere Bedeutung haben. Bei gleicher Temperatur
und gleichem Druck sinkt die Sauerstoffsättigungskonzentration mit steigender Salzkonzentration. Tabellenwerte
der Sauerstoffsättigungskonzentration in Abhängigkeit der
Salzkonzentration sind bei HITCHMAN (1978) zu finden. Bei
Sauerstoffzufuhrmessungen kann in der Regel der extrem
geringe Einfluß der Salzkonzentration auf die Sauerstoffsättigungskonzentration vernachlässigt werden.

3.2.2 Diffusion

Unter dem Begriff Diffusion wird der Vorgang verstanden,
daß sich eine Substanz (z.B. Sauerstoff) gleichmäßig in
einem Flüssigkeitsvolumen (z.B. Wasser) verteilt. Voraussetzung dafür ist, daß die zu verteilende Substanz ört-
lich in einer höheren Konzentration vorliegt als im Flüssigkeitsvolumen.

Die Diffusion von Stoffen in Flüssigkeiten ist ein Natur-
vorgang, der vom zu lösenden Stoff und den Eigenschaften
der Flüssigkeit abhängig ist. Der Diffusionsvorgang kann
daher nicht beschleunigt oder verlangsamt werden. Vielmehr können nur diejenigen Bedingungen durch verfahrens-

technische Maßnahmen verbessert oder verschlechtert werden, die die Diffusion beeinflussen. Beispielsweise ist eine wesentliche Verbesserung des Stoffübergangs durch Schaffung neuer Grenzflächen infolge hoher Turbulenz im Belüftungsreaktor oder durch Einstellung eines hohen Luftanteils im Wasser zu erzielen.

Zur Diffusion von Stoffen in Flüssigkeiten tragen drei unterschiedliche Arten der Diffusion bei: molekulare Diffusion, Wirbeldiffusion und Diffusion aufgrund großräumiger Mischung. Der eigentliche Stoffübergang von der Gasphase in den Flüssigkeitskörper wird ausschließlich durch **molekulare Diffusion** bewirkt. Durch **Wirbeldiffusion** (SHERWOOD, 1975), die im turbulenten Bereich von Flüssigkeiten auftritt, werden ebenso wie durch Diffusion infolge **großräumiger Mischung** (z.B. durch Rührer oder Mischer) nur neue Grenzflächen erzeugt. Aufgrund dieser erhöhten Grenzflächenerneuerungsrate wird der Stoffübergang durch molekulare Diffusion intensiviert.

Die Gasmasse dM, die pro Zeiteinheit dt über die Fläche A in einen ruhenden unendlich großen Flüssigkeitskörper mit unbegrenzter Tiefe übertritt kann mittels des Fick'schen Gesetzes berechnet werden:

$$\frac{dM}{dt} = - D_m \cdot A \cdot \frac{\delta c}{\delta x} \quad [g/s] \qquad (3.5)$$

D_m = molekularer Diffusionskoeffizient
x = Abstand von der Grenzfläche A
$\delta c / \delta x$ = Konzentrationsgradient

Als partielle Differentialgleichung berücksichtigt das Fick'sche Gesetz die Änderung des Konzentrationsgradienten während des Diffusionsvorganges. Das Minuszeichen in der Gleichung zeigt an, daß die Richtung der Diffusion entgegengesetzt des positiven Konzentrationsgradienten verläuft.

Als Konsequenz der molekularen Diffusion steigt die Gaskonzentration in der flüssigen Phase an. Die Konzentration $c(t,x)$ im Wasserkörper ist abhängig vom Abstand x von der Grenzfläche A und der verstrichenen Zeit t. Dies kann quantitativ beschrieben werden, wenn Gleichung 3.5 partiell integriert wird. Dabei wird eine Anfangsgaskonzentration c_0 im Innern der Flüssigkeit und eine Sättigungskonzentration c_S an der Grenzfläche A angenommen. Gleichung 3.5 läßt sich nun angeben:

$$c(t,x) = c_0 + \frac{c_S - c_0}{\sqrt{(\pi \cdot D_m \cdot t)}} \int_x^\infty \exp(-x^2/(4 \cdot D_m \cdot t)) \cdot dx \qquad (3.6)$$

Der praktische Nutzen von Gleichung 3.6 ist sehr eingeschränkt, da das Integral nicht direkt gelöst werden kann. In Abbildung 3.1 ist Gleichung 3.6 unter der Annahme eines konstanten molekularen Diffusionskoeffizienten qualitativ dargestellt. Man erkennt die Abhängigkeit des Terms $c(t,x)/c_S$ von der Zeit t und vom Abstand von der Grenzfläche x.

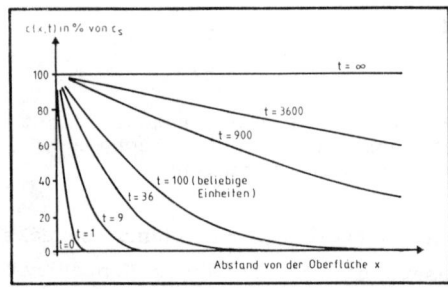

Abbildung 3.1: Qualitative Darstellung von Gleichung 3.6

Die gesamte Gasmenge M, die während der Zeit t durch die
Grenzfläche A diffundiert ist unabhängig von x und beträgt

$$M = 2 \cdot A \cdot (c_S - c_0) \cdot \sqrt{\frac{D_m \cdot t}{\pi}} \quad [g] \quad (3.7)$$

Wesentlichen Einfluß auf den Stoffübergang von einer zur
anderen Phase hat der **molekulare Diffusionskoeffizient**
D_m. Er stellt eine "Materialkonstante" dar, dessen Zahlenwert hauptsächlich von den Eigenschaften der diffundierenden Teilchen (Größe) und der flüssigen Phase (Viskosität) bestimmt wird (SCHWABE, 1986). Der molekulare
Diffusionskoeffizient entspricht der Zahl der Mole, die
bei einem Konzentrationsgefälle von 1 Mol/m^3 je m einen
Querschnitt von 1 m^2 in einer Sekunde passieren. Zur Bestimmung der molekularen Diffusionskoeffizienten von Gasen können empirische und halbempirische Gleichungen herangezogen werden. Der Einfluß von unterschiedlichen Temperaturen läßt sich durch eine exponentielle Abhängigkeit
nach KÖGL (1981) beschreiben. In der gleichen Arbeit sind
Druckabhängigkeit und Einfluß der Konzentration in Mehr-
stoffgemischen auf den Diffusionskoeffizienten aufgeführt.

In guter Näherung lassen sich molekulare Diffusionskoeffizienten von Teilchen, die größer als Wassermoleküle
sind, mittels der Gleichung nach Einstein bestimmen (s.
CAMP, 1958).

$$D_m = \frac{1}{3 \cdot \pi \cdot d_T \cdot \mu_L} \cdot \frac{R \cdot T}{N} \quad [m^2/s] \quad (3.8)$$

N = Avogadro'sche Zahl = $6{,}02 \cdot 10^{23}$/mol
d_T = Durchmesser der Teilchen [m]
μ_L = dynamische Viskosität [Ns/m^2]

Ausführliche Tabellen mit Zahlenwerten molekularer Diffusionskoeffizienten verschiedener Gase in Flüssigkeiten
sind bei LANDOLT-BÖRNSTEIN (1969) und PERRY (1973) angegeben.

3.2.3 Stoffaustauschkoeffizient

Während des Stoffaustauschs nimmt die Gaskonzentration in
der Gasphase c_G in Richtung auf die Grenzfläche A zuneh-
mend stärker bis zum Wert $c_{G,G}$ an der gasseitigen Grenzfläche ab (s. Abbildung 3.2).

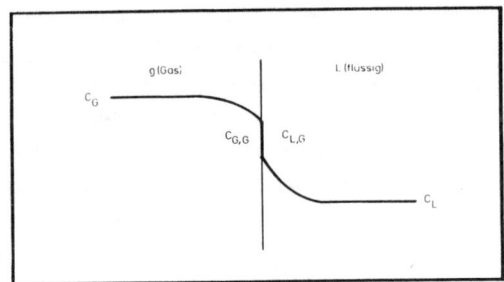

Abbildung 3.2: Gaskonzentrationen an der Grenzfläche

Die Abnahme der Gaskonzentration wird durch Absorption
von Gas in die flüssige Phase verursacht. Entsprechend
Gleichung 3.1 steht die Konzentration $c_{G,G}$ im Gleichgewicht mit der Gaskonzentration in der Flüssigkeit an der
Grenzfläche $c_{L,G}$. Die Konzentration im Innern der Flüssigkeit beträgt c_L. In Übereinstimmung mit dem Fick'schen
Gesetz (Gleichung 3.5) ist der Massentransport pro Zeit-

einheit (z.B. [g/s]) proportional zur Konzentrationsdif-
ferenz. Damit läßt sich für

die Gasphase $m = k_g \cdot A \cdot (c_G - c_{G,G})$ [g/s]   (3.9)

und für die

flüssige Phase $m = k_L \cdot A \cdot (c_{L,G} - c_L)$ [g/s]   (3.10)

schreiben. Es bedeuten:

k_G = (partieller) Stoffaustauschkoeffizient für die Gas-
     phase [m/s]
k_L = (partieller) Stoffaustauschkoeffizient für die
     flüssige Phase [m/s]

Die Größen $c_{L,G}$ und $c_{G,G}$ sind in der Regel nicht bekannt.
Sie können aus den Gleichungen 3.9 sowie 3.10 unter Anwendung der Beziehung 3.1 ($c_{L,G} = k \cdot c_{G,G}$) eliminiert
werden. Damit ergibt sich für die Gleichungen 3.9 und
3.10:

$$ m = \left(\frac{1}{k_L} + \frac{k}{k_G} \right)^{-1} \cdot A \cdot (k \cdot c_G - c_L) \qquad (3.11) $$

Die nachfolgende Gleichung 3.12 zeigt, daß sich der (gesamte) Stoffaustauschkoeffizient K aus den beiden partiellen Stoffaustauschkoeffizienten und dem Verteilungskoeffizienten zusammensetzt:

$$ \frac{1}{K} = \frac{1}{k_L} + \frac{k}{k_G} \qquad [s/m] \qquad (3.12) $$

Damit kann Gleichung 3.11 umgeschrieben werden zu

$$ m = K \cdot A \cdot (k \cdot c_G - c_L) \qquad [g/s] \qquad (3.13) $$

Es ist bekannt, daß die partiellen Koeffizienten des Stoffübergangs proportional zur Quadratwurzel der molekularen Diffusionskoeffizienten der entsprechenden Phase sind (SHERWOOD, 1975; PERRY, 1973). Die Diffusionskoeffizienten von Gasen in Luft liegen im Bereich von 10^{-5} m^2/s und im Wasser im Bereich von 10^{-9} m^2/s. Damit beträgt das Verhältnis der gas- und flüssigkeitsseitigen Austauschkoeffizienten $k_G/k_L = \sqrt{10^4} = 100$. Unter Beachtung dieses Verhältniswertes ist aus Gleichung 3.12 zu erkennen, daß das Verhältnis k/k_G im Vergleich zu $1/k_L$ um ein Vielfaches kleiner ist. Der Stoffaustauschkoeffizient in der Gasphase kann somit gegenüber dem Koeffizienten in der flüssigen Phase vernachlässigt werden. Der (gesamte) Stoffaustauschkoeffizient entspricht infolgedessen dem flüssigkeitsseitigen Stoffaustauschkoeffizienten ($K = k_L$).

Unter Berücksichtigung dieser Gegebenheiten und unter Einbeziehung von Gleichung 3.1 kann Gleichung 3.13 geschrieben werden:

$$m = k_L \cdot A \cdot (c_S - c_L) \quad [g/s] \qquad (3.14)$$

Modelle zur Berechnung des flüssigkeitsseitigen Stoffaustauschkoeffizienten k_L werden im nächsten Abschnitt vorgestellt.

Stoffübergangsmodelle: Zur Beschreibung des Stoffübergangs von der gasförmigen in die flüssige Phase sind verschiedene Modelle bzw. Theorien bekannt. Dazu gehören insbesondere die Zwei-Film-Theorie, die Penetrationstheorie und die Grenzflächenerneuerungstheorie. Weitere Theorien sind bei SHERWOOD (1975) zusammengestellt. Praktische Berechnungen des Stoffübergangs lassen sich vorran-

gig mit der Penetrationstheorie vornehmen. Aus diesem
Grund wird diese Theorie nachfolgend diskutiert.

Die Penetrationstheorie wurde von HIGBIE (1935) entwik-
kelt. HIGBIE ging davon aus, das sich die Oberfläche der
Flüssigkeit aus vielen Teilchen zusammensetzt, die sich
während der Verweilzeit an der Grenzfläche wie starre
Einzelkörper verhalten. Die Kontaktzeit zwischen Gas- und
Flüssigkeitsteilchen ist so kurz, daß sich an der Flüssigkeitsoberfläche andauernd neue Teilchen aus dem Innern
der Flüssigkeit befinden.

Während der Existenzzeit t der Flüssigkeitsgrenzfläche
diffundiert Gas in die Flüssigkeit. Die gesamte Gasmasse
die während dieser Zeit t absorbiert wird, läßt sich mit
Gleichung 3.15 berechnen:

$$M = 2 \cdot A \cdot (k \cdot c_G - c_L) \cdot \sqrt{\frac{D_m \cdot t}{\pi}} \quad [g] \qquad (3.15)$$

Die mittlere Absorptionsrate m [g/s] während der Zeit t
ist damit:

$$m = \frac{M}{t} = 2 \cdot A \cdot (k \cdot c_G - c_L) \cdot \sqrt{\frac{D_m}{\pi \cdot t}} \quad [g/s] \qquad (3.16)$$

In Gleichung 3.16 ist nur der Parameter t unbekannt, der
bei der Penetrationstheorie konstant angenommen und
gleich der Existenzzeit der Grenzfläche t_C gesetzt wird.
Durch Einsetzen von t_C in Gleichung 3.16 erhält man den
endgültigen Ausdruck für die Gasabsorption:

$$m = 2 \cdot \sqrt{\frac{D_m}{\pi \cdot t_C}} \cdot A \cdot (k \cdot c_G - c_L) \quad [g/s] \qquad (3.17)$$

und daraus die Definition des Stoffaustauschkoeffizienten
nach der Penetrationstheorie:

$$k_L = 2 \cdot \sqrt{\frac{D_m}{\pi \cdot t_c}} \quad [m/s] \qquad (3.18)$$

Der Parameter Existenzzeit der Grenzfläche t_c kann in einigen Anwendungsfällen berechnet werden. Beispielsweise
ergibt sich bei der Druckluftbelüftung der Parameter t_c
als Verhältnis des mittleren (volumenäquivalenten) Luftblasendurchmessers $d_{B,e}$ und der Schlupfgeschwindigkeit
der Luftblasen im Wasser v_S (Definiton s. Kapitel 4.5.2).
Als volumenäquivalenter Durchmesser wird dabei der Durchmesser einer beliebig geformten Luftblase bezeichnet, der
dem Durchmesser einer Kugel mit gleichem Volumen entspricht.

Der Stoffaustauschkoeffizient kann somit mit folgender
Gleichung ermittelt werden:

$$k_L = 2 \cdot \sqrt{\frac{D_m}{\pi \cdot t_c}} = 2 \cdot \sqrt{\frac{D_m \cdot v_S}{\pi \cdot d_{B,e}}} \quad [m/s] \qquad (3.19)$$

Untersuchungen zur Bestimmung des Sauerstoffaustauschkoeffizienten zeigen, daß gemessene und mit Gleichung 3.19
berechnete Zahlenwerte von k_L bei Luftblasendurchmessern
größer als 2 mm gut übereinstimmen (MORTAJEMI, 1978 und
Kapitel 4.5.4). Unterhalb dieses Durchmessers ist die
Übereinstimmung nicht mehr gegeben.

Die **Haupteinflußgrößen auf den Stoffaustauschkoeffizienten** sind Wassertemperatur und -zusammensetzung sowie die
Konzentration von oberflächenaktiven Substanzen im Wasser. Der Einfluß der Wassertemperatur kann anhand von
Gleichung 3.19 (Definition des Stoffaustauschkoeffizien-

ten nach der Penetrationstheorie: $k_L = 2 \cdot \sqrt{(D_m \cdot v_S) / (\pi \cdot d_{B,e})}$
verdeutlicht werden. Zum einen ergibt sich eine Ver-
größerung des Stoffaustauschkoeffizienten infolge der
Vergrößerung des molekularen Diffusionskoeffizienten D_m
mit steigender Wassertemperatur. Da der Diffusionskoeffizient nach der Nernst-Einstein-Gleichung von der Viskosi-
tät des Wasser abhängig ist ($D_m \cdot \eta / T = \text{const.}$) wird zum
zweiten der Stoffaustauschkoeffizient durch die Viskosi-
tät des Wassers beeinflußt, die mit steigender Temperatur
abnimmt. Mit zunehmender Wassertemperatur wird die
Schlupfgeschwindigkeit der Luftblasen größer. Damit ergibt sich nach der Higbie-Gleichung insgesamt eine Vergrößerung des Stoffaustauschkoeffizienten mit steigender
Temperatur.

Der Einfluß von oberflächenaktiven Stoffen auf den Stoffaustauschkoeffizienten bezüglich Sauerstoff wird am Beispiel von Tensiden im Kapitel 5.2 im Rahmen einer Literaturübersicht zahlenmäßig aufgezeigt.

Der Stoffaustauschkoeffizient beschreibt allgemeingültig
den Stoffübergang von Gasen in Flüssigkeiten. Nachfolgend
wird der in der vorliegenden Arbeit besonders interessie-
rende Sauerstoffeintrag in Wasser diskutiert.

3.3   Sauerstoffeintrag in Wasser

Der Stoffübergang in Wasser pro Zeiteinheit kann entsprechend Gleichung 3.14 beschrieben werden:

$$m = k_L \cdot A \cdot (c_S - c_L) \quad [g/s] \qquad (3.14)$$

Dividiert man Gleichung 3.14 durch das belüftete Wasservolumen, ergibt sich:

$$\frac{m}{V} = \frac{dc}{dt} = k_L \cdot \frac{A}{V} \cdot (c_S - c_L) \quad [g/m^3 \cdot h] \quad (3.20)$$

Mit der Definition der **spezifischen Phasengrenzfläche** a =
A/V wird Gleichung 3.20 zu:

$$\frac{dc}{dt} = k_L \cdot a \cdot (c_S - c) \quad [g/m^3 \cdot h] \quad (3.21)$$

Gleichung 3.21 zeigt, daß der Sauerstoffeintrag in Wasser
durch eine Reaktion erster Ordnung beschrieben wird. Danach ist die Konzentrationserhöhung von Sauerstoff im
Wasser (dc/dt [g/m^3 \cdot h]) proportional zum Sättigungsdefi-
zit (Sättigungswert c_S minus Konzentration c).

Gleichung 3.21 enthält drei Parameter, von denen die
Größe Sauerstoffsättigungskonzentration c_S bereits im Abschnitt 3.2.1 diskutiert wurde. Der zweite Parameter c
gibt die Konzentration an gelöstem Sauerstoff in der
flüssigen Phase (Wasser) an. Der dritte Faktor wird als
Belüftungskoeffizient $k_L a$ bezeichnet und nachfolgend näher diskutiert.

Belüftungskoeffizient: Die Berechnung des Sauerstoffaustauschkoeffizienten ist mittels der Penetrationstheorie
möglich. Dazu ist bei Druckluftbelüftungssystemen die
Kenntnis der Existenzzeit der Grenzfläche, bzw. die
Schlupfgeschwindigkeit und Durchmesser der Luftblasen
notwendig. Diese Parameter sind meßtechnisch relativ
schwierig zu bestimmen, so daß in der Praxis der Abwassertechnik nicht der Stoffaustauschkoeffizient sondern

das Produkt aus Stoffaustauschkoeffizient k_L und spezifischer Grenzfläche a = A/V aus Messungen bestimmt wird. Dieser Parameter wird als Belüftungskoeffizient $k_L a$ bezeichnet:

$$k_L a = k_L \cdot a = k_L \cdot \frac{A}{V} \quad [h^{-1}] \quad (3.22)$$

Im Parameter Belüftungskoeffizient sind somit alle Einflüsse auf den Stoffaustausch infolge der physikalisch-chemischen Beschaffenheit der Grenzfläche, der Größe der Phasengrenzfläche und der Strömungsverhältnisse im Wasser zusammengefaßt.

Sauerstoffzufuhrvermögen und abgeleitete Kenngrößen:
Vielfach wird anstelle von dc/dt in Gleichung 3.21 das Sauerstoffzufuhrvermögen OC_R (oxygenation capacity) bei c = 0 g/m^3 und einer Wassertemperatur von 10 °C zur Beschreibung der Geschwindigkeit der Sauerstoffaufnahme verwendet.

$$dc/dt(c=0) = OC_R = k_L a \cdot c_s \quad [g/m^3 \cdot h] \quad (3.23)$$

Neben dem Sauerstoffzufuhrvermögen gibt die spezifische Sauerstoffaufnahme (SSA in g $O_2/m^3_{Luft} \cdot m$), bei der der Sauerstoffeintrag auf den eingetragenen Luftvolumenstrom und auf die Eintauchtiefe bezogen wird, Aufschluß über die Leistungsfähigkeit von Druckluftbelüftungssystemen. Als weiterer Kennwert wird der spezifische Sauerstoffausnutzungsgrad (η_{O2}) definiert (%/m). Dieser Wert gibt die prozentuale Sauerstoffaufnahme des mit der Druckluft im Wasser verteilten Sauerstoffs pro Meter Einblastiefe an.

Aus den Werten des Sauerstoffzufuhrvermögens lassen sich unter Berücksichtigung der Leistungsaufnahme (N) und des

Beckenvolumens die Sauerstoffertragswerte unter Standardbedingungen (ON_{10}) ermitteln:

$$ON_{10} = \frac{OC_{10} \cdot V_{BB}}{P \cdot 1.000} \quad [\text{kg } O_2/\text{kWh}] \quad (3.24)$$

OC_{10} = Sauerstoffzufuhrvermögen $\quad [\text{g } O_2/\text{m}^3 \cdot \text{h}]$
V_{BB} = Volumen des Belebungsbeckens $\quad [\text{m}^3]$
P = Leistungsaufnahme des Belüftungssystems [kW]

Die Sauerstoffeintragsleistung der feinblasigen Druckluftbelüftung in Reinwasser und in Tensidlösungen wird maßgebend von Größe und Schlupfgeschwindigkeit der Luftblasen beeinflußt. Im nachfolgenden Kapitel werden grundlegende Untersuchungen an Einzelluftblasen und Blasenschwärmen bezüglich dieser Parameter vorgestellt.

4. Luftblasen in Wasser und in Tensidlösungen

4.1 Allgemeines

Zum Belüften von (Ab)wasser werden Luftblasen mit feinblasigen Belüftungselementen erzeugt, die als Blasenschwärme im Wasser aufsteigen. Untersuchungen zur Beschreibung des Sauerstoffübergangs von der Gas- in die
flüssige Phase wurden aufgrund der einfacheren theoretischen Ansätze und des wesentlich geringeren meßtechnischen Aufwandes allerdings hauptsächlich an einzelnen
Luftblasen und nur in geringem Umfang an Blasenschwärmen
durchgeführt. Viele Autoren vermuteten, daß die Ergebnisse, die aus Messungen an Einzelblasen herrühren, nicht
auf Blasenschwärme angewendet werden können. Die grundlegende Arbeit von CALDERBANK (1961) zeigt aber, daß es
möglich ist, Aussagen über den Stoffübergang von Einzelblasen auf Blasenschwärme zu übertragen.

Aus diesem Grund werden im vorliegenden Kapitel zuerst
die Ergebnisse der Arbeiten zum Stoffübergang von Einzelblasen in die flüssige Phase zusammengefaßt. Dazu werden
nach einer einführenden thermodynamischen Betrachtung des
Belüftungsvorganges Ansätze zur Beschreibung der Bildung
von Luftblasen an Gaszerteilern diskutiert. Anschließend
werden Koaleszenzvorgänge von Luftblasen behandelt. Der
Stoffübergang von Einzelblasen ist von deren Form, Bewegung sowie von Größe und Schlupfgeschwindigkeit abhängig.
Diese Einflußgrößen werden getrennt diskutiert und in einem abschließenden Kapitel zusammenfassend bewertet. Im
Anschluß daran werden Untersuchungen an Blasenschwärmen
erörtert.

4.2   Einführung

Bei der Belüftung in Abwasserreinigungsanlagen laufen
mehrere Prozesse gleichzeitig ab: Zum einen werden Luftblasen gebildet und im Wasser dispergiert; zum anderen
wird das gesamte Becken durchmischt. Bei diesen Vorgängen
können Luftblasen infolge der größeren Kontakthäufigkeit
zu größeren vereinigt werden. Diese Vereinigung von kleinen zu großen Luftblasen wird als **Koaleszenz** bezeichnet.
Es kann aber nicht ausgeschlossen werden, daß die Blasen
weiterhin infolge der großräumigen Mischung dispergiert
werden. Insgesamt stellt sich ein dynamisches Gleichgewicht ein.

Thermodynamisch kann man Wasser im Belebungsbecken und
Luft, die im Wasser verteilt wird, als getrennte Körper
betrachten. Gibt man Körpern Gelegenheit, miteinander in
Wechselwirkung zu treten (z.B. beim Belüften), so ändern
sich die Zustandsgrößen der Körper dieses Systems in
Richtung auf einen End- oder Gleichgewichtszustand, ein
thermisches (bisher: energetisches) Gleichgewicht. Unter
Zustandsgrößen ist beispielsweise die innere Energie der
Körper oder auch technische Arbeit zu verstehen. CLAUSIUS
hat aus den Zustandsgrößen der Körper eine Größe definiert, die in unmittelbarer Beziehung zum einseitigen Ablauf der Naturvorgänge in Richtung auf das thermische
Gleichgewicht steht. Diese Größe ist als **Entropie S** bekannt und durch Gleichung 4.1 definiert:

$$dS = \frac{dU + pdV}{T} \qquad (4.1)$$

d   = Änderung
S   = Entropie
U   = innere Energie des Systems
pdV = technische Arbeit
T   = Temperatur

Der beschriebene End- oder Gleichgewichtszustand, dem ein
System zustrebt, ist derjenige, bei dem seine Entropie
ein Maximum erreicht (WESTPHAL, 1956).

Wendet man die thermodynamischen Überlegungen auf das Belüften von Wasser an, muß man davon ausgehen, daß **Mischen**
und **Dispergieren** im Belebungsbecken nebeneinander ablau-
fen. **Mischen** führt zu einer Zunahme der Entropie, also zu
einer Verschiebung des Zustandes in Richtung auf das
thermodynamische Gleichgewicht. **Dispergieren** führt dagegen zu einer Abnahme der Entropie, da die Oberflächenspannung der flüssigen Phase die Phasengrenzfläche zu
verkleinern versucht (GRASSMANN, 1983). Die Verkleinerung
der Phasengrenzfläche führt zu einer Vergrößerung der
Oberflächenarbeit oder freien Oberflächenenergie, d.h.
des Produktes aus Oberflächenspannung σ [N/m] und Vergrößerung der Oberfläche ΔS^* [m^2/s]. Damit das instabile
System von verteilter Luft im Wasser wieder ins thermodynamische Gleichgewicht kommt, muß sich die Entropie des
Gesamtsystems bis zum Maximalwert vergrößern. Dies geschieht dadurch, daß sich die kleinen Luftblasen zu größeren vereinigen, d.h. koaleszieren. Somit zeigt sich,
daß die Koaleszenz von Luftblasen in Wasser aufgrund der
thermodynamischen Gegebenheiten ein zwangsläufiger Vorgang ist. Dementsprechend ist die Größe und damit die
Form von Luftblasen im Belüftungsbecken durch das Wech-
selspiel von Dispergieren und Koaleszenz sowie der dabei
wirksamen Vorgänge geprägt.

Bei der Druckluftbelüftung strömt Luft durch Belüftungselemente und wird im umgebenden Wasser feinblasig verteilt. Die zunächst gebildeten kleinen "Primärblasen"
koaleszieren sehr rasch. Eine **Redispergierung** der gebildeten und durch Koalezenzvorgänge vergrößerten Luftblasen
kann ausschließlich in Bereichen direkt über den Belüf-

tungselementen stattfinden, da nur dort eine hohe Ener-
giedichte vorliegt, die eine Redispergierung ermöglichen
würde. Systematische Untersuchungen über Redispergierungsvorgänge von Luftblasen bei der feinblasigen Druckluftbelüftung sind aus der Literatur nicht bekannt.

Modellvorstellungen zur Bildung von Blasen an Belüftungselementen werden nachfolgend erörtert.

4.3   Blasenbildung

Die Vorgänge bei der Bildung von Luftblasen an feinblasigen Belüftungselementen mit einer entsprechend großen Anzahl von Luftaustrittsöffnungen lassen sich noch nicht
theoretisch herleiten. Ansätze zur Blasenbildung sind nur
von (einzelnen) Düsen oder kreisrunden Öffnungen bekannt
und werden nachfolgend beschrieben, um überhaupt eine
Vorstellung des Geschehens beim Entstehen von Luftblasen
an feinblasigen Belüftungselementen zu erhalten.

Grundsätzlich wird bei der Entstehung von Luftblasen an
Düsen und kreisrunden Öffnungen zwischen statischer und
dynamischer Blasenbildung unterschieden. Die Ansätze zur
Beschreibung der statischen Blasenbildung setzen voraus,
daß nur sehr wenig Luft pro Zeiteinheit durch die Luft-
öffnungen strömt, damit sich die entstehenden Luftblasen
langsam vergrößern und von der Durchtrittsöffnung abreißen können. Die durchgesetzten Luftmengen sind dabei so
gering, daß sie von keiner praktischen Bedeutung sind. Im
Gegensatz dazu ist die Beschreibung der dynamischen Bla-

senbildung wegen der wesentlich höheren Luftdurchsätze
für die Praxis sehr viel wichtiger.

Das Gesamtvolumen der entstehenden Blase bei der dynamischen Blasenbildung setzt sich aus dem Expansions- oder
Gleichgewichtsvolumen V_{Ex} und dem Ablösevolumen V_{Ab} zusammen. Als Expansionsvolumen wird dasjenige Volumen bezeichnet, bei dem sich die Blase erstmals von der Öffnung
abzulösen versucht. Genau zu diesem Zeitpunkt herrscht
ein Gleichgewicht zwischen der an der entstehenden Blase
angreifenden Auftriebskraft und der Summe aus Reibungs-,
Oberflächenspannungs- und Trägheitskräften. Durch Vergrößerung der Blase nimmt die Auftriebskraft so lange zu,
bis die entgegenwirkenden Kräfte nicht mehr verhindern
können, daß sich die Blase ablöst. Das Volumen, daß sich
vom Zeitpunkt des erstmaligen Versuchs des Lösens von der
Öffnung bis zum tatsächlichen Abreißen bildet, wird Ablösevolumen genannt. Blasen direkt nach dem Ablösen werden
als Primärblasen bezeichnet.

Gleichungen zur Bestimmung der Größe des Expansions- und
Ablösevolumens sind bei KÖGL (1981) aufgrund der Arbeiten
von KUMAR (1967) angegeben. Danach läßt sich das Expansionsvolumen V_{Ex} iterativ mit nachfolgender Gleichung 4.2
in Abhängigkeit des Luftvolumenstroms Q_L, der dynamischen
Viskosität μ_L, dem Düsendurchmesser d_D, der Oberflächenspannung σ und der Dichte der Flüssigkeit ρ_L bestimmen:

$$V_{Ex}^{5/3} = \frac{11 \cdot Q_L^2}{192 \cdot \pi \cdot \left[\dfrac{3}{4 \cdot \pi}\right]^{2/3} \cdot g} + \frac{3 \cdot Q_L \cdot \mu_L}{2 \cdot \left[\dfrac{3}{4 \cdot \pi}\right]^{1/3} \cdot g} \cdot V_{Ex}^{1/3} + \frac{\pi \cdot d_D \cdot \sigma}{\rho_L \cdot g} \cdot V_{Ex}^{2/3}$$

(4.2)

Das Ablösevolumen V_{Ab} ist implizit in nachstehender Gleichung 4.3 enthalten:

$$V'_{Ab} = 1 + 4 \cdot \mu_L'^{3/4} \qquad (4.3)$$

Mit V'_{Ab} wird das dimensionslose Blasenvolumen und mit μ_L' die dimensionlose Zähigkeit bezeichnet. Diese Parameter sind wie folgt definiert:

$$V'_{Ab} = \frac{V_{Ab} \cdot g^{3/5}}{Q_L^{6/5}} \qquad (4.4)$$

$$\mu_L' = \frac{\mu_L}{g^{1/5} \cdot Q_L^{3/5}} \qquad (4.5)$$

Setzt man Gleichung 4.4 und 4.5 in 4.3 ein und löst nach dem Ablösevolumen V_{Ab} auf, erhält man einen expliziten Ausdruck für das Ablösevolumen:

$$V_{Ab} = \left[1 + 4 \cdot \left(\frac{\mu_L}{g^{1/5} \cdot Q_L^{3/5}} \right)^{3/4} \right] \cdot \frac{Q_L^{6/5}}{g^{3/5}} \qquad (4.6)$$

Die angegebenen Gleichungen beziehen sich auf die Bildung von Einzelblasen an Düsen bzw. kreisrunden Öffnungen mit geringen Luftvolumendurchsätzen, bei denen Einzelblasen gebildet werden.

In Abbildung 4.1 (nach KÖGL, 1981) ist die Blasenbildung in Abhängigkeit des Luftvolumenstromes mit den dabei auftretenden einzelnen Blasenformen dargestellt. Bei sehr geringer Luftbeaufschlagung (V_I) entstehen Einzelblasen,

deren Größe mit dem Ansatz der statischen Blasenbildung
berechnet werden können. Mit weiter steigender Luftbeaufschlagung (V_{II} und V_{III}) kann die Blasenentstehung mit
dem dynamischen Ansatz beschrieben werden. Wird die Luftmenge noch weiter gesteigert (V_{IV}), ändert sich die Gestalt und Größe der Blasen sowie die Blasenbildungsfrequ-
enz derart, daß die oben angeführten Ansätze zur Beschreibung des Blasenvolumens ihre Gültigkeit verlieren.
Für diesen Bereich sind bisher noch keine Ansätze zur Ermittlung des entstehenden Blasenvolumens bekannt.

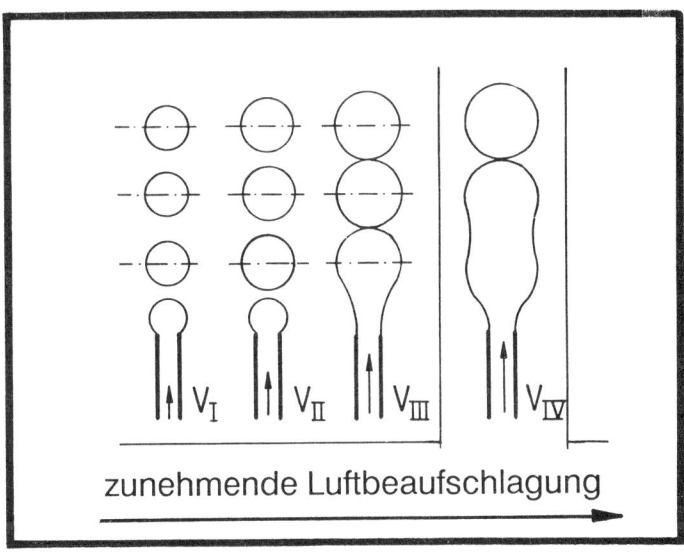

Abbildung 4.1: Blasenbildung in Abhängigkeit des Luftvolumenstroms

Nachdem sich die Luftblasen von den Belüftungselementen abgelöst haben, steigen sie im Wasser auf, wobei sie teilweise koaleszieren. Dieser Vorgang wird im folgenden Kapitel behandelt.

4.4 Koaleszenz

Die Dispergierung der Luftblasen im Wasser wird hauptsächlich durch den Gaszerteiler (Größe und Anzahl der Öffnungen) und die Betriebsparameter (z.B. Luftdurchsatz) bestimmt. Dagegen hängt der Koaleszenzvorgang weitgehend von den Eigenschaften der Flüssigkeit (Oberflächenspannung, Dichte, Viskosität) ab. Koaleszenzvorgänge können prinzipiell an jeder Stelle des Belüftungsbeckens stattfinden, jedoch ist die Koaleszenzhäufigkeit in der Nähe der Belüftungselemente infolge der großen Blasendichte und der dort vorhandenen relativ kleinen Blasen am grössten (HOBBS, 1974; OTAKE, 1977).

Der Koaleszenzvorgang kann als dreistufiger Prozess betrachtet werden (DROGARIS, 1983):

- 1) Annäherung der Blasen, bis nur noch eine dünne Flüssigkeitslamelle die Blasen trennt.
- 2) Abfluß der Flüssigkeit aus der Lamelle.
- 3) Zerreißen der Flüssigkeitslamelle.

Die erste **Annäherung** der Blasen erfolgt schon bei der Blasenbildung am Belüftungselement, wobei die Häufigkeit des Blasenkontaktes bei den relativ weiten Abständen der Öffnungen im Gaszerteiler im Vergleich zur Größe der gebildeten Luftblasen nicht sehr groß ist. Direkt über den Belüftungselementen ist die Häufigkeit der Annäherung der Luftblasen nach dem Ablösen größer, da jede aufsteigende

Luftblase in ihrem Nachlaufbereich Wirbel erzeugt, in denen eine zweite Blase infolge der erhöhten Aufstiegsgeschwindigkeit hineingezogen wird (BHADA, 1980). Im Belüftungsbecken ist darüber hinaus auch mit einem Blasenkontakt beliebig zueinander orientierter Blasen infolge der Strömungsturbulenz (großräumige Mischung) zu rechnen.

Nach dem Kontakt zweier Blasen **fließt** aus dem Bereich zwischen den Blasen **die Flüssigkeit aus.** Dadurch dünnt der Film zwischen beiden Blasen aus, bis es zum **Zerreißen der Flüssigkeitslamelle** kommt. Zu diesem Zeitpunkt haben sich zwei Luftblasen zu einer größeren Blase vereinigt und der Koaleszenzvorgang ist abgeschlossen.

Zur Beschreibung des Koaleszenzvorgangs in Flüssigkeiten wurden sowohl von MARRUCCI (1969) als auch von SAGERT (1978) Modelle aufgestellt. Die theoretischen Ansätze sollen es ermöglichen, das Koaleszenzverhalten von Blasen in Flüssigkeiten zu ermitteln. Dazu wird bei den bisherigen Ansätzen diejenige Zeitdauer berechnet, bis zwei Blasen koaleszieren. Diese Zeitdauer wird als Koaleszenzzeit bezeichnet. Praktische Anwendungen dieser Ansätze zur Bestimmung der Koaleszenzzeit von Luftblasen in Wasser oder Tensidlösungen sind nicht bekannt.

MARRUCCI geht bei seinem Ansatz davon aus, daß der Koaleszenzvorgang in zwei Stufen vonstatten geht. In der ersten Stufe fließt die zwischen den Luftblasen befindliche Flüssigkeit in relativ kurzer Zeit bis zu einer Quasi-Gleichgewichtsdicke aus. Danach verdünnt sich der Film in einer zweiten Stufe bis zu einer kritischen Dicke, bei der der Film zerreißt. Die mit diesem Modell berechneten Koaleszenzzeiten in wässrigen Salzlösungen stimmen sehr gut mit gemessenen Werten überein. Bei wässrigen Alkohollösungen treten jedoch erhebliche Abwei-

chungen zwischen gemessenen und berechneten Koaleszenzzeiten auf (DROGARIS, 1983).

Beim Modell von SAGERT und QUINN wird die Koaleszenzzeit
als Summe der Auslaufzeit der Flüssigkeit aus dem Film,
der Zerreißzeit des Films und einer Zeit für die Korrektur von Anfangs- und Viskositätseffekten berechnet. Die
Übereinstimmung der berechneten und gemessenen Koaleszenzzeiten ist für Stickstoffblasen in wässrigen Alkohollösungen als gut zu bezeichnen (SAGERT, 1976).

Der Koaleszenzvorgang wird vor allem von der Oberflächenspannung und der Viskosität der flüssigen Phase und im
(allerdings) vernachlässigbaren Maße vom Stoffübergang
der Blase in die Flüssigkeit beeinflußt. Da in der vorliegenden Arbeit nur Wasser und Tensidlösungen untersucht
werden, wird der Einfluß der Viskosität auf die Koaleszenz nicht weiter berücksichtigt. Darüberhinaus ist der
Koaleszenzvorgang von der Größe, Bewegung und Geschwindigkeit von in Flüssigkeiten aufsteigenden Einzelblasen
abhängig. Der Einfluß dieser Parameter wird nachfolgend
diskutiert.

4.5   **Einzelblasen**

4.5.1   **Form und Größe sowie Bewegung**

Nach dem Ablösen der Luftblasen von den Belüftungselementen und eventueller anschließender Koaleszenz verändert
sich die **Form** (Gestalt) der Luftblasen in Abhängigkeit
von den Wasserinhaltsstoffen. In Abbildung 4.2 ist die
Form von in Flüssigkeiten dispergierten Luftblasen in Abhängigkeit von dimensionslosen Kennzahlen dargestellt. Im
einzelnen sind dies die Eotvos-Zahl Eo_B, die Reynolds-

Zahl (bezogen auf Blasen in Flüssigkeiten) Re_B und die
Morton-Zahl M (CLIFT, 1978).

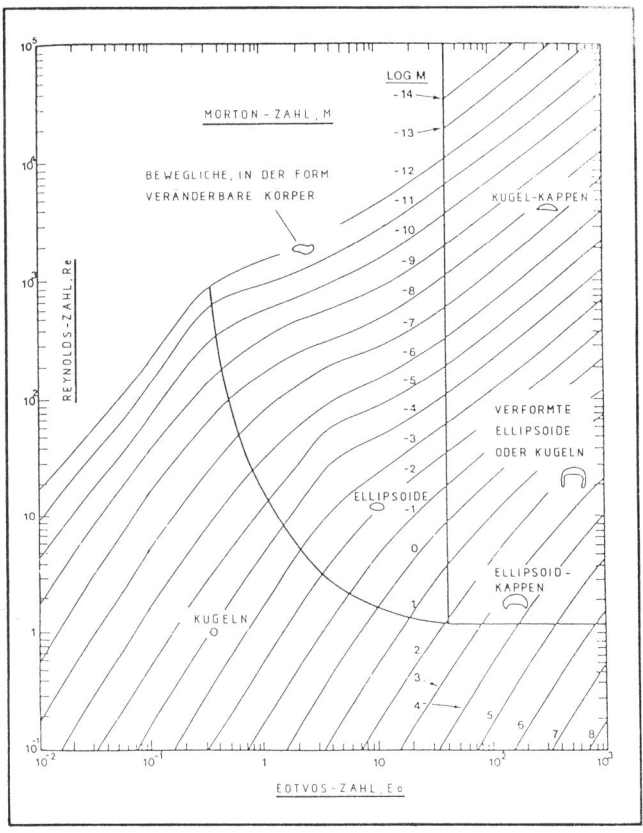

Abbildung 4.2: Formen von in Flüssigkeiten dispergierten
Luftblasen in Abhängigkeit von dimensionslosen Zahlen

Die angeführten dimensionslosen Kennzahlen sind als Verhältnisse von an der Blase angreifenden Kräften bzw. Beschleunigungen wie folgt definiert:

$$Eo_B = \frac{\text{Gewichtskraft}}{\text{Oberflächenspannungskraft}} \qquad (4.7)$$

$$Re_B = \frac{\text{Trägheitskraft}}{\text{Viskositätskraft}} \qquad (4.8)$$

Die Morton-Zahl charakterisiert das Strömungsverhältnis von zwei fluiden Phasen mit Oberflächenspannungseffekten und Flüssigkeitsbeschleunigungen des Mediums. Sie ist definiert als

$$M = \frac{\text{Erdbeschleunigung}}{\text{molekulare Flüssigkeitsbeschleunigung}} \qquad (4.9)$$

Die Gleichungen zur Berechnung dieser dimensionslosen Zahlen sind nachfolgend aufgeführt.

$$Eo_B = \frac{g \cdot \Delta\rho \cdot d^2_{B,e}}{\sigma} \quad [-] \qquad (4.10)$$

$$Re_B = \frac{\rho_L \cdot d_{B,e} \cdot v_S}{\mu_L} \quad [-] \qquad (4.11)$$

$$M = \frac{g \cdot \mu_L^4 \cdot \Delta\rho}{\rho_L^2 \cdot \sigma^3} \quad [-] \qquad (4.12)$$

Aus Abbildung 4.2 ist zu erkennen, daß bei kleinen Re_B-
Zahlen über den gesamten Eo_B-Bereich Luftblasen die Form
von Kugeln aufweisen. Im Bereich der Re_B-Zahlen von 1 bis
10.000 und Eo_B-Zahlen von 0,5 bis 50 treten hauptsächlich
Rotationsellipsoide auf. Andere Blasenverformungen zeigen
sich im Bereich der Eo_B-Zahlen von 50 bis 1.000 und niedrigen Re_B-Zahlen von 1 bis 10. Dort ergeben sich hauptsächlich Ellipsoidkappen. Im gleichen Eo_B-Bereich, aber
höheren Re_B-Werten von etwa 10 bis 100 treten vorrangig
verformte Ellipsoide oder Kugeln auf, während bei Re_B-
Zahlen um 10.000 Kugelkappen beobachtet werden. Zusätzlich beeinflußt die Morton-Zahl die Blasenform in Flüssigkeiten. Diese Kennzahl, die die Flüssigkeitseigenschaften beschreibt, ist in Abbildung 4.2 als Kurvenschar
dargestellt.

Die Form von Luftblasen in Abbildung 4.3 läßt sich nach
PEEBLES (1953) in vier Grundformen einteilen:

- a)   Kugelförmige Blasen ohne innere
         Zirkulation,
- b)   Kugelförmige Blasen mit innerer
         Zirkulation,
- c)   Ellipsoidische Blasen,
- d), e) Regellos geformte Blasen.

GRASSMANN (1983) unterteilt die regellos geformten Blasen
zusätzlich in Pilz- und Schirmblasen (d,e).

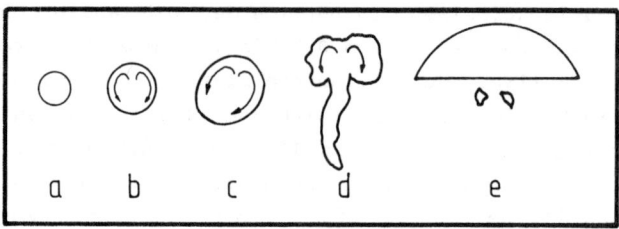

Abbildung 4.3: Formen von Luftblasen

Der Übergang von einer Blasenform zur anderen erfolgt mit
zunehmendem Blasendurchmesser (GRIFFITH, 1962). Die Form
von Luftblasen in Flüssigkeiten ist damit in starkem Maße
an deren **Größe** gebunden, die wiederum von den Wasserinhaltsstoffen beeinflußt wird. In Wasser treten bei äquivalenten Durchmessern von weniger als 1 mm Kugeln und bei
Durchmessern über 20 mm Kugel-Kappen (Schirmblasen) auf,
während im Zwischenbereich Luftblasen die Form von Rotationsellipsoiden aufweisen (CLIFT, 1978). Beim Begasen
von Reinwasser mit handelsüblichen feinblasigen Belüftungselementen überwiegen Luftblasen mit der Gestalt von
Rotationsellipsoiden.

Die **Bewegung** von Luftblasen in Flüssigkeiten ist von
deren Größe und Form sowie den Flüssigkeitseigenschaften
abhängig. Bei sehr kleinen kugelförmigen Blasen ohne innere Zirkulation (Grundform a in Abbildung 4.3) kann die
Phasengrenzfläche als starr betrachtet werden. Der Aufstieg der Blasen in der Flüssigkeit erfolgt auf gradlini-

gen Bahnen. Bei größerem Durchmesser (Grundformen
b,c,d,e) weisen die Blasen eine bewegliche Grenzfläche
und innere Zirkulationen auf. Die Blasen steigen nicht
mehr längs einer geradlinigen, sondern in spiralförmigen
oder beliebig geformten Bahnen auf. Beim Aufsteigen der
Luftblasen im Wasser können sich hinter den Blasen Nach-
laufströmungen ausbilden.

Vornehmlich im Übergangsbereich von einer Blasenform zur
anderen wechselt die Gestalt der Blasen mit einer be-
stimmten Frequenz. Dieser Vorgang wird als Oszillation
bezeichnet. Für das Auftreten der Oszillationen dürften
vor allem Instabilitäten bei der Entstehung der einzelnen
Blasenformen maßgebend sein (KÖGL, 1981).

Neben Größe und Form der Luftblasen ist deren Geschwindigkeit in Flüssigkeiten für den Stoffübergang von Bedeutung. Dieser Parameter wird im folgenden Kapitel diskutiert.

4.5.2   Geschwindigkeiten von Luftblasen in Wasser

Die Geschwindigkeit von Luftblasen in Wasser v_B setzt
sich aus zwei Komponenten zusammen:

- dem senkrechten Anteil der Geschwindigkeit des
  Wassers v_W

- der Geschwindigkeit der Blasen relativ zum senkrechten Anteil der Wassergeschwindigkeit, die als "Schlupfgeschwindigkeit" v_S bezeichnet wird.

Insgesamt ergibt sich:

$$v_B = v_W + v_S$$

Die Schlupfgeschwindigkeit von Einzelblasen in ruhenden Flüssigkeiten wird in der englischsprachigen Literatur als "terminal velocity" bezeichnet. In der Belüftungstechnik bei der Abwasserreinigung hat sich dafür der Begriff "Schlupfgeschwindigkeit" eingebürgert. Nachfolgend wird ausschließlich die Schlupfgeschwindigkeit diskutiert, da nur beim "Schlupfen" der Blase durch das Wasser der Sauerstoffübergang ins Wasser stattfindet.

Die Schlupfgeschwindigkeit von Luftblasen ist nicht einheitlich groß. Vielmehr beeinflussen sowohl Größe als auch Form der Blasen die Schlupfgeschwindigkeit. Eine ausführliche Zusammenstellung von Meßergebnissen über Schlupfgeschwindigkeiten von einzelnen Luftblasen in Wasser ist bei CLIFT (1978) in Form einer Grafik zu finden (s. Abbildung 4.4). Dabei ist auf der Ordinate die Schlupfgeschwindigkeit und auf der Abzisse der Durchmesser von volumenäquivalenten Kugeln jeweils im logarithmischen Maßstab dargestellt. Zusätzlich sind in die Abbildung Bereiche unterschiedlicher Luftblasenformen eingetragen. Es ist zu erkennen, daß in "verunreinigtem Wasser" mit Spuren von oberflächenaktiven Stoffen die Schlupfgeschwindigkeiten von aufsteigenden Blasen über den gesamten Durchmesserbereich geringer sind als in "sauberem" Wasser wie Trinkwasser oder destilliertem Wasser.

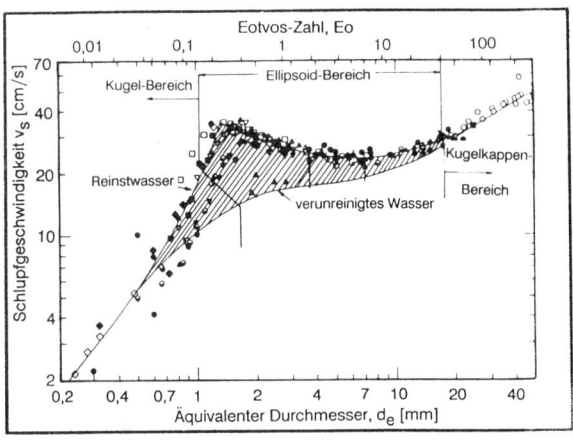

Abbildung 4.4: Schlupfgeschwindigkeit von Luftblasen in
Wasser (CLIFT, 1978)

In Abhängigkeit der Reynoldszahl für Blasen Re_B geben
PEEBLES (1953) und NESTMANN (1984) Gleichungen zur Berechnung der Schlupfgeschwindigkeit von Luftblasen in
Flüssigkeiten an. Die einzelnen Re_B-Bereiche sind dabei
nach NESTMANN (1984) wie folgt definiert:

- Bereich 1: $Re_B < 2$
- Bereich 2: $10 < Re_B \leq 600$
- Bereich 3: $600 < Re_B \leq 3000$
- Bereich 4: $Re_B > 3000$

Im Bereich der Reynoldszahlen **Re_B < 2** (Bereich 1) sind
Blasen kugelförmig, ohne innere Zirkulation und die Blasenoberfläche starr. Entsprechend verhalten sich Luftblasen wie starre Kugeln und steigen in Flüssigkeiten gerad-

linig empor. Zur Berechnung der Schlupfgeschwindigkeit
läßt sich das Stokes'sche Gesetz heranziehen:

$$v_S = \frac{g \cdot d_{B,e}^{2}}{18 \cdot \eta_L} \quad [m/s] \qquad (4.13)$$

Nach Gleichung 4.13 ergibt sich beispielsweise für eine
Blase mit einem Durchmesser von 0,15 mm eine Schlupfgeschwindigkeit von 1,3 cm/s in Wasser mit 20 °C. GRASSMANN
(1983) gibt an, daß sich der Bereich 1 mit kugelförmigen
Blasen über den Wert Re_B = 2 hinaus erstreckt. Aufsteigende Gasblasen dieser Größe erfahren von der umgebenden
Flüssigkeit Schubspannungen, die eine innere Zirkulation
anregen. Dementsprechend erhöht sich die Schlupfgeschwindigkeit im Vergleich zu starren Körpern. Gleichung 4.13
ist mit dem HADAMARD-RYBCZYNSKI-Korrekturfaktor Ha (zitiert bei GRASSMANN, 1983) zu multiplizieren, damit die
Vergrößerung der Schlupfgeschwindigkeit berücksichtigt
wird. Der Korrekturfaktor Ha wird nach Gleichung 4.14 berechnet:

$$Ha = \frac{3 \cdot \mu_G + 3 \cdot \mu_L}{3 \cdot \mu_G + 2 \cdot \mu_L} \quad [-] \qquad (4.14)$$

μ_L = dynamische Viskosität der flüssigen Phase $[Ns/m^2]$
μ_G = dynamische Viskosität der gasförmigen Phase $[Ns/m^2]$

Da das Verhältnis der dynamischen Viskositäten der Gas-
und der flüssigen Phase etwa 0,02 beträgt, kann angenommen werden, daß $\mu_G \ll \mu_L$ ist. Unter Ansatz dieser Verein-
fachung von Gleichung 4.14 nimmt der Korrekturfaktor mit
3/2 den größten Wert an. Dies bedeutet, daß die Schlupf-

geschwindigkeit eines Körpers mit innerer Zirkulation das 1,5-fache einer starren Blase beträgt.

Im Bereich **von 10 < Re$_B$ ≤ 600** ist die Blasenform noch annähernd kugelförmig. NESTMANN (1984) gibt folgende Gleichung zur Bestimmung der Schlupfgeschwindigkeit an:

$$v_S = \left[\frac{g^3 \cdot d_{B,e}^5 \cdot \rho_L^2}{2209 \cdot \mu_L^2} \right]^{0,25} \quad [m/s] \qquad (4.15)$$

Beim Übergang vom Bereich 2 zum Bereich 3 (**600 < Re$_B$ ≤3000**) beginnen die Blasen zu oszillieren. Diese Änderungen der Blasengestalt sind im Bereich 3 noch stärker ausgeprägt. Die Blasen steigen als Rotationsellipsoide auf einer Schraubenlinie oder pendelnd nach oben. PEEBLES (1953) schlägt folgende Gleichung zur Bestimmung der Schlupfgeschwindigkeit vor:

$$v_S = 1,35 \cdot \left[\frac{2 \cdot \sigma}{\rho_L \cdot d_{B,e}} \right]^{0,5} \quad [m/s] \qquad (4.16)$$

Der Übergangsbereich zwischen den Bereichen 3 und 4 ist durch die Änderung der Blasenform von Rotationsellipsoiden zu Kugelkappen gekennzeichnet. Im Bereich 4 (Re$_B$ > 3000) werden Blasen nur durch Trägheits- und Schwerekräfte beeinflußt, während Viskositäts- und Oberflächenspannungskräfte zu vernachlässigen sind. Dies ist auch anhand von Gleichung 4.17 zu erkennen, mit der die Schlupfgeschwindigkeit im Bereich 4 berechnet werden kann:

$$v_S = (0,51 \cdot g \cdot d_{B,e})^{0,5} \quad [m/s] \qquad (4.17)$$

LIEPE (1988) bezieht die Berechnungsgleichungen zur Bestimmung der Schlupfgeschwindigkeit nicht auf die Reynolds-Zahl der Blasen Re_B (die implizit die Schlupfgeschwindigkeit enthält) sondern auf die Archimedes-Zahl
Ar_B und die Flüssigkeitskennzahl K_F. In die Archimedes-
Zahl gehen neben dem volumenäquivalenten Durchmesser der
Blasen und der Erdbeschleunigung nur Parameter ein, die
die Flüssigkeitseigenschaften beschreiben, während bei
der Flüssigkeitskennzahl nur Stoffparameter zusammengefaßt werden. Die Berechnungsgleichungen für beide Kennzahlen lauten:

$$Ar = Re_B{}^2/Fr_B = \frac{g \cdot \Delta\rho \cdot d_B{}_e{}^3}{\rho_L \cdot \eta_L{}^2} \quad [-] \qquad (4.18)$$

$$K_F = Re_B{}^4 \cdot Fr_B/We_B{}^3 = \frac{(\sigma/\rho_L)^3}{(g \cdot \Delta\rho/\rho_L) \cdot \eta_L} \quad [-] \qquad (4.19)$$

Die Gleichungen zur Bestimmung der Schlupfgeschwindigkeit
sind in Abhängigkeit der Archimedes-Zahl und der Flüssigkeitskennzahl in Tabelle 4.1 zusammengefaßt (nach LIEPE,
1988).

Bei Zudosierung von Tensiden in Wasser reduziert sich die
Schlupfgeschwindigkeit der Luftblasen (s. Abbildung 4.4).
Dadurch steigt infolge der längeren Aufenthaltszeit der
Blasen im Wasser der relative Luftblasenanteil an. Gezielte Untersuchungen zur Ermittlung der Schlupfgeschwindigkeit von Blasen in Tensidlösungen in Abhängigkeit vom
Durchmesser, von den Wassereigenschaften und vom Tensidtyp sind jedoch bisher nicht durchgeführt worden, obwohl
die dadurch auftretenden Änderungen von erheblichen Einfluß auf den Stoffübergang sind. Es ist deshalb Ziel der
vorliegenden Arbeit, die Schlupfgeschwindigkeit von Luftblasen in Tensidlösungen zu untersuchen.

Tabelle 4.1: Schlupfgeschwindigkeiten von Einzelblasen (nach LIEPE, 1988)

Kugelblasen	$0 < Ar < 7$	$\dfrac{1}{18} \cdot \dfrac{g \cdot \Delta\rho}{\rho_L} \cdot \dfrac{d_{B,e}^2}{\eta_L}$
Kugelblase, innere Zirkulation	$0 < Ar < 7,2$	$0,083 \cdot \left[\dfrac{g \cdot \Delta\rho}{\rho_L}\right] \cdot \dfrac{d_{B,e}^2}{\eta_L}$
	$7,2 < Ar < 125 K_F^{0,25}$	$0,136 \cdot \left[\dfrac{g \cdot \Delta\rho}{\rho_L}\right]^{0,76} \cdot \dfrac{d_{B,e}^{1,29}}{\eta_L^{0,52}}$
Ellipsoide Blase mit innerer Zirkulation	$125 K_F^{0,25} < Ar < 22,6 K_F^{0,5}$	$1,72 \cdot \left[\dfrac{g \cdot \Delta\rho}{\rho_L}\right]^{0,1} \cdot \left[\dfrac{\sigma}{\rho_L}\right]^{0,4} \cdot \dfrac{1}{d_{B,e}^{0,3}}$
Schirmblase	$\left.\begin{array}{l} 22,6 K_F^{0,5 \ast)} \\ 100 K_F^{0,5 \ast\ast)} \end{array}\right\} < Ar < 181 K_F^{0,5}$	$0,75 \cdot \left[\dfrac{g \cdot \Delta\rho}{\rho_L} \cdot d_{B,e}\right]^{0,5}$

$$K_F = \frac{1}{M} = \frac{(\sigma/\rho_L)^3}{(g \cdot \Delta\rho/\rho_L) \cdot \eta_L^4}$$

*) bewegliche Tropfen, Blasen
**) starre Tropfen, Blasen

4.5.3   Besonderheiten bei Einzelluftblasen in Tensidlösungen

Der Einfluß von Tensiden auf Luftblasen ist vielfältig. Direkt nach der Zugabe in eine Flüssigkeit reichern sich Tenside infolge ihres polaren oder ionalen Aufbaus und ihres nichtlöslichen Anteils an der Phasengrenzfläche gasförmig-flüssig der Luftblase an. In Abbildung 4.5 (nach LIEPE, 1988) ist schematisch der Anreicherungsvorgang von Tensidmolekülen an der Oberfläche einer Luftblase dargestellt. Es ist zu erkennen, daß sich die Tensidmoleküle am unteren Ende der Blase anreichern, während sich am oberen Ende nur wenige Moleküle anhaften. Die Anreicherung der Tenside am unteren Teil der Blase wird dadurch verursacht, daß infolge des Bewegens der Blase durch das Wasser ("Schlupf") kleinste Flüssigkeitsteilchen mit Tensiden an das untere Ende der Blase gelangen. Der Anreicherungsvorgang kann bei neugebildeten beweglichen Phasengrenzflächen zur Ausbildung von Oberflächenspannungsgradienten $d\sigma/dx$ führen. Ist der Oberflächenspannungsgradient größer als die Schubspannung in der Phasengrenzfläche wird die Zirkulation in der Blase eingeschränkt (POGGEMANN, 1982).

Aufgrund der Anlagerung der Tenside und der damit einhergehenden höheren Oberflächenkonzentration ergeben sich an der Blasenoberfläche tangentiale Kräfte, die den für den Stoffübergang notwendigen Austausch von Flüssigkeitsvolumenelementen an der Phasengrenzfläche behindern (KÖGL, 1981). Dadurch wird der Stoffaustausch im Vergleich zu Wasser ohne Tenside reduziert.

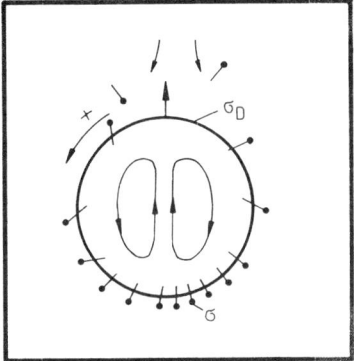

Abbildung 4.5: Anreicherung von Tensidmolekülen an der
Oberfläche einer Luftblase (LIEPE, 1988)

Bedingt durch die verringerte Oberflächenspannung infolge
des Tensidzusatzes ist eine Verkleinerung der Blase beim
Abreißen vom Belüftungselement (Primärblasengröße) und
aufgrund der Koaleszenzhemmung auch eine Verkleinerung
der mittleren Blasengröße in der Tensidlösung gegenüber
Reinwasser zu beobachten (LIEPE, 1988). Die Form der Blasen ist in Tensidlösungen im allgemeinen kugelig ohne
innere Zirkulation. Teilweise können aber auch ellipsoidische Blasen auftreten, wobei die Exzentrizität jedoch
wesentlich geringer als bei beweglichen Blasen (in Reinwasser) ist.

Durch Tensidzugabe wird die Geschwindigkeit der aufsteigenden Luftblasen verringert. Nach den Angaben von HONG
(1984) liegt die Geschwindigkeit stets zwischen den Werten für Kugeln mit vollkommen beweglicher und denen für
Kugeln mit starrer Grenzfläche.

4.5.4   **Einflußgrößen auf den Sauerstoffübergang in Wasser**

Der Sauerstoffübergang läßt sich zum einen in Parameter unterteilen, die durch die Bewegung der Blasen im Wasser bedingt sind. Zum anderen wird der Stofftransport durch Veränderungen der Sauerstoffkonzentration in der Blase sowie der Größe der Blase beeinflußt, die auf den Stofftransport selbst zurückzuführen sind. Weiterhin ergeben sich Einflüsse auf den Stofftransport durch die Zusammensetzung der flüssigen Phase.

Die **Bewegung der Blasen** im Wasser wird durch deren Form und damit durch den äquivalenten Blasendurchmesser geprägt. Diese Parameter wurden in den oberen Abschnitten diskutiert. **Änderungen der Luftblasengröße und der Sauerstoffkonzentration** in der Blase sind bezüglich des Stoffaustauschs im Vergleich zu den anderen diskutierten Einflußfaktoren zu vernachlässigen (KÖGL, 1981). Wesentlich größere Beachtung muß den Einflüssen geschenkt werden, die sich aufgrund der **Eigenschaften und Zusammensetzung der flüssigen Phase** ergeben. Zu nennen sind Grenzflächenturbulenzen an der Oberfläche der Blasen und oberflächenaktive Stoffe.

Grenzflächenturbulenzen sind die Folge von Spannungsgradienten, die sich direkt an der Grenzfläche aufbauen. Die Grenzflächenspannungsgradienten bewirken Schubspannungen, wodurch Konvektionsströmungen an der Grenzfläche verursacht werden. Die Turbulenzen an der Grenzfläche werden nach ihrem Entdecker als MARANGONI-Effekte bezeichnet (CLIFT, 1978). Grenzflächenspannungsgradienten können sich aufgrund unterschiedlicher Temperatur, insbesondere

aber durch Konzentrationsunterschiede zwischen Gas- und
Flüssigphase aufbauen (BRAUER, 1971). Treten an Luftblasen Grenzflächenturbulenzen auf, so ist mit einer Erhöhung des Stofftransports zu rechnen. Die Größe des Einflusses ist von der Konzentration und der Oberflächenak-
tivität der oberflächenaktiven Substanzen abhängig (CUL-
LEN, 1956). Zahlenmäßig kann der Stofftransport durch den
Stoffaustauschkoeffizienten beschrieben werden, der nachfolgend diskutiert wird.

Der Einfluß von unterschiedlichen Luftblasendurchmessern
auf den **Sauerstoffaustauschkoeffizienten** k_L in Trinkwasser wurde von MORTAJEMI (1978) untersucht. In Abbildung
4.6 sind seine Ergebnisse und von ihm zusammengestellte
Daten (Literatur s. MORTAJEMI, 1978) grafisch dargestellt. Es ist zu erkennen, daß unterhalb der Luftblasendurchmesser von 2 mm die Penetrationstheorie von Higbie
nicht mehr anwendbar ist, da sich im Vergleich zu den
Meßwerten zu hohe Zahlenwerte für den Stoffaustauschkoeffizienten ergeben (s. auch Kapitel 3.2.3).

Nach Untersuchungen von BURCKHART (1975) wird der Stoffaustauschkoeffizient nicht durch Elektrolyte (Salze) beeinflußt. Die Erhöhung des Stoffübergangs in Elektrolyt-
lösungen im Vergleich zu Flüssigkeiten ohne Salze ist
vielmehr ausschließlich auf die Vergrößerung der spezifischen Grenzfläche zurückzuführen.

Als eine der bedeutendsten Arbeiten zur Ermittlung der
Größe des Stoffaustauschkoeffizienten gelten die Untersuchungen von CALDERBANK (1961), der zwei dimensionslose
Korrelationsfunktionen für k_L aufgestellt hat, die für
zwei unterschiedliche Durchmesserbereiche gültig sind:

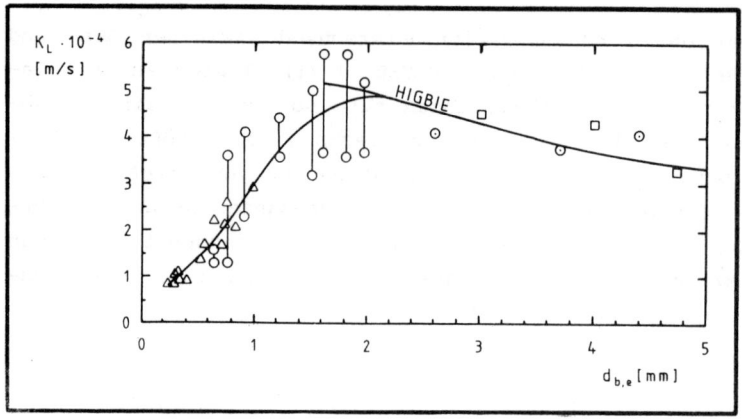

Abbildung 4.6: Abhängigkeit des Sauerstoffaustauschkoeffizienten vom Luftblasendurchmesser

■ kleine Blasen mit starrer Oberfläche ($d_{b,e} < 0,8$ mm):

$$k_L \cdot \left[\frac{\rho_L^2}{\mu_L \cdot \Delta\rho \cdot g} \right]^{1/3} = 0,31 \cdot Sc^{-2/3} \qquad (4.20)$$

■ große Blasen mit beweglicher Oberfläche ($d_{b,e} > 3$ mm):

$$k_L \cdot \left[\frac{\rho_L^2}{\mu_L \cdot \Delta\rho \cdot g} \right]^{1/3} = 0,42 \cdot Sc^{-1/2} \qquad (4.21)$$

Die in die Gleichungen 4.20 und 4.21 integrierte Schmidt-
Zahl Sc ist definiert als:

$$Sc = \frac{\mu_L}{\rho_L \cdot D_m} \qquad [-] \qquad (4.22)$$

Für den Durchmesserbereich zwischen 0,8 und 3,0 mm, der
für Belüftungsvorgänge in Wasser von besonderem Interesse
ist, gibt CALDERBANK (1961) keine Gleichungen an.

4.5.5 Beiwert c_D und dimensionsloser Stoffaus-tauschkoeffizient

Im Kapitel 4.5.2 wurde die Schlupfgeschwindigkeit von
Luftblasen in Wasser diskutiert. Es konnte gezeigt werden, daß die Schlupfgeschwindigkeit von mehreren Parametern (Blasendurchmesser und die Wasserqualität kennzeich-
nende Parameter (σ, μ_L, ρ_L)) beeinflußt wird. Aus diesem
Grund wurde in Abbildung 4.4 die Schlupfgeschwindigkeit
gegen den äquivalenten Luftblasendurchmesser aufgetragen.
In der Abbildung wird zusätzlich zwischen reinem Wasser
und Wasser mit Zusatz von oberflächenaktiven Stoffen unterschieden. Unterschiede der Schlupfgeschwindigkeiten in
den einzelnen Reinwässern (Trinkwasser, destilliertes
Wasser) sind in dieser Darstellungsform nicht zu erkennen.

Zur Verdeutlichung der Zusammenhänge ist es üblich, die
Schlupfgeschwindigkeit und die sie beeinflussenden Parameter zu einem Beiwert zusammenzufassen. CLIFT (1988)
nennt diesen Beiwert c_D:

$$c_D = \frac{4 \cdot g \cdot d_{B,e}}{3 \cdot v_s^2} \qquad [\; - \;]$$

Zur weiteren Verdeutlichung der Größe der Schlupfgeschwindigkeit in unterschiedlichen Wässern wird der Beiwert c_D üblicherweise gegen die Reynolds-Zahl Re_B (beide
Achsen logarithmisch) aufgetragen. Diese Auftragung wurde

für Abbildung 4.7 gewählt um den Unterschied der Schlupfgeschwindigkeit in destilliertem Wasser und Trinkwasser
darzustellen (Linie 1 und 2) (HABERMAN, 1954; NESTMANN,
1984). Sowohl die Morton-Zahl des destillierten als auch
die des Trinkwassers beträgt $2,6 \cdot 10^{-11}$. Trotzdem ist der
Beiwert c_D des Trinkwassers im Vergleich zum destillierten Wasser deutlich größer. Eine weitere Vergrößerung
von c_D ist für die Blasen in der Tensidlösung festzustellen. Die Morton-Zahl der Tensidlösung beträgt $2,78 \cdot 10^{-10}$.
Zum Vergleich und zur Verdeutlichung des Einflusses von
Flüssigkeiten mit hoher Viskosität auf c_D ist in Abbildung 4.7 zusätzlich Kurve 4 eingetragen, die eine Flüssigkeit mit einer Morton-Zahl von $1,45 \cdot 10^{-2}$ repräsen-
tiert.

Im Bereich von $10 < Re_B \leq 600$ nimmt der Beiwert c_D für
destilliertes Wasser (Kurve 1 in Abbildung 4.7) linear
ab. Bei $Re_B = 600$ hat c_D ein ausgeprägtes Minimum und
steigt anschließend wieder stark an. NESTMANN (1984) erklärt den Anstieg mit der Zunahme der Oberflächenoszilla-
tionen der Luftblasen, die die Schlupfgeschwindigkeit reduzieren und entsprechend den Beiwert c_D vergrößern. Ein
ähnlicher Anstieg von c_D mit steigender Reynoldszahl ist
auch in Trinkwasser zu beobachten (Kurve 2), wobei das
Minimum der Kurve zu geringeren Re_B-Werten verschoben
ist. Allerdings ist c_D bei gleicher Reynoldszahl höher
als in destilliertem Wasser. Der c_D-Beiwert in der Tensidlösung (Kurve 3) verringert sich im Re_B-Bereich von 10
bis 250 und steigt von dieser Reynoldszahl bis $Re_B =$
1.000 wieder an. Über den gesamten Re_B-Bereich ist c_D
größer als in Leitungswasser. Bei hochviskosen Flüssigkeiten (Kurve 4) bleibt er über den gesamten Re_B-Bereich
konstant.

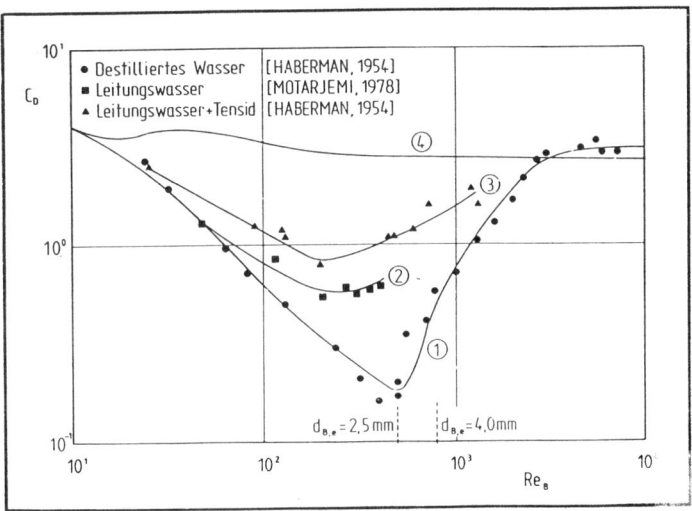

Abbildung 4.7: Abhängigkeit des Beiwertes c_D von der Reynolds-Zahl Re_B

Zur Beschreibung von Belüftungsvorgängen ist die alleinige Kenntnis des Beiwertes c_D nicht ausreichend. Zusätzliche Informationen über den Stoffaustauschkoeffizienten
ermöglichen ein deutlich besseres Verständnis der Mechanismen beim Sauerstoffeintrag. NESTMANN (1984) ist es ge-
lungen, Abhängigkeiten zwischen dem Beiwert c_D und dem
Stoffaustauschkoeffizienten k_L nachzuweisen. Dazu hat er
den Sauerstoffaustauschkoeffizienten in dimensionsloser
Form gegen Re_B aufgetragen und diese Darstellung mit derjenigen Abbildung verglichen, bei der Beiwert c_D in Abhängigkeit von Re_B dargestellt ist. Er konnte feststel-
len, daß der Stoffaustauschkoeffizient erst mit Beginn
von Luftblasenoszillationen stark ansteigt.

66

Zur Überprüfung des Ansatzes von Nestmann wurde in der
vorliegenden Arbeit zusätzliches Datenmaterial zur Bestätigung herangezogen (MORTAJEMI, 1978; PASVEER, 1955).
Dieses Datenmaterial wurde neben den bei NESTMANN (1984)
veröffentlichten Daten zur Erstellung von Abbildung 4.8
benutzt, um den Stoffaustauschkoeffizienten k_L dimensionslos als Funktion von Re_B darzustellen.

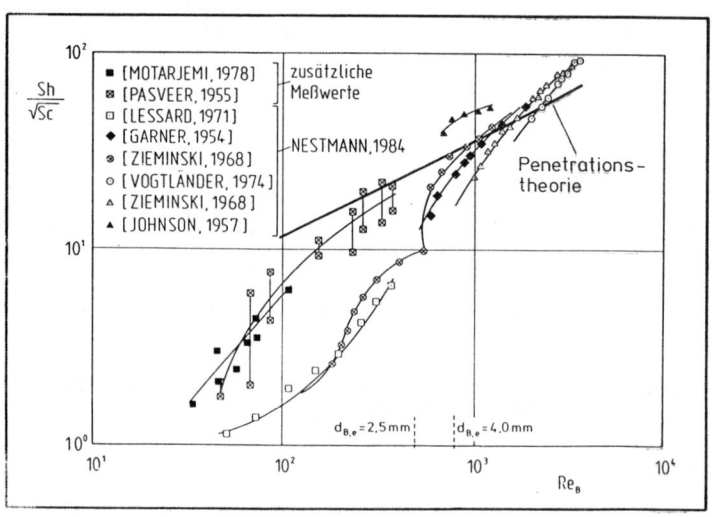

Abbildung 4.8: Abhängigkeit des dimensionslosen Stoffaustauschkoeffizienten von der Reynoldszahl
der Blasen Re_B

In Abbildung 4.8 ist der Stoffaustauschkoeffizient als
$Sh/\sqrt{Sc}$ dimensionslos aufgetragen. Dabei bedeuten Sh die
Sherwood- und Sc die Schmidt-Zahl. Die Zahlenwerte wurden
mit den nachfolgenden Gleichungen berechnet:

$$Sh = \frac{k_L \cdot d_{B,e}}{D_m} \quad [-] \qquad (4.23)$$

$$Sc = \frac{\mu_L}{\rho_L \cdot D_m} \quad [-] \qquad (4.22)$$

Zur Orientierung ist in <u>Abbildung 4.8</u> der Luftblasen-
durchmesserbereich von 2,5 mm und 4,00 mm (ungefähr von
Re_B = 500 bis Re_B = 800) eingezeichnet, der bei Belüftungsvorgängen in Reinwasser vorliegt. Aufgrund des be-
schränkten Datenmaterials werden neben den Sauerstoffaustauschkoeffizienten, die aus Messungen von Luftblasen
in Wasser herrühren, auch Stoffaustauschkoeffizienten aus
Messungen von CO_2- und CH_4-Blasen in Wasser herangezogen.

Gleichzeitig ist in <u>Abbildung 4.8</u> der dimensionslose
Stoffaustauschkoeffizient nach der Penetrationstheorie
von HIGBIE (1935) (k_L = $2 \cdot \sqrt{(D_m \cdot v_S / \pi \cdot d_{B,e})}$) als Funktion
von Re_B eingetragen. In dimensionsloser Darstellung läßt
sich nach NESTMANN (1984) die Higbie-Gleichung wie folgt
schreiben:

$$\frac{Sh}{\sqrt{Sc}} = \frac{2}{\sqrt{\pi}} \cdot Re_B = 1,1284 \cdot Re_B \qquad (4.24)$$

<u>Abbildung 4.8</u> zeigt, daß der Stoffaustauschkoeffizient
mit abnehmender Reynolds-Zahl (Re_B) sehr stark verkleinert wird. Dies zeigt sich deutlich bei den Daten, die
NESTMANN (1984) zur Erstellung der Grafik benutzt hat.
Zieht man dagegen die Daten von MORTAJEMI und PASVEER
hinzu, ist diese Abhängigkeit weniger deutlich ausgeprägt. Der Ansatz von NESTMANN, daß mit Beginn von Ober-
flächenoszillationen ($Re_B \approx 600$) eine sprungartige Zunahme des dimensionslosen Stoffaustauschkoeffizienten zu beobachten ist, ist vor diesem geschilderten Hintergrund zu
sehen.

Weiterhin ist aus <u>Abbildung 4.8</u> zu erkennen, daß die Penetrationstheorie im Bereich über Re_B = 600 ($d_{B,e}$ etwa

3 mm) sehr gut den Stoffübergang beschreibt. Dies konnte
schon aus <u>Abbildung 4.6</u> geschlossen werden, aus der sich
jedoch schon ab einem Luftblasendurchmesser von 2 mm eine
gute Übereinstimmung der gemessenen Daten mit dem nach
der Penetrationstheorie berechneten Stoffaustauschkoeffizienten ergab.

Aus der Diskussion von <u>Abbildung 4.8</u> könnte aufgrund der
hohen Stoffaustauschkoeffizienten geschlossen werden, daß
nur bei relativ großen Blasen ein nennenswerter Stoffübergang stattfindet. Dieser deutliche Vorteil der Großblasen ergibt sich nicht aus den Ergebnissen von KOIDE
(1974), ABDELMESSIH (1980) und GARBARINI (1969). In diesen Arbeiten wird eine starke Verringerung des Stoffaustauschkoeffizienten in Abhängigkeit von der Aufenthaltszeit der Blase in der Flüssigkeit festgestellt. Danach
kann der Vorteil von großen gegenüber kleinen Blasen bezüglich des Stoffübergangs überhaupt nicht wirksam werden, da sich der Stoffaustauschkoeffizient mit deren Auf-
enthaltsdauer in der Flüssigkeit stark verringert. Nach
Ansicht der Autoren ist die Abnahme darauf zurückzuführen,
ren, daß die Schlupfgeschwindigkeit der Blasen aufgrund
der Anlagerung von Verunreinigungen in der Flüssigkeit
reduziert und somit die Entstehung von Oberflächenturbu-
lenzen und Oszillationen verhindert wird, die den Stoffübergang positiv beeinflussen.

Nachdem bisher Einzelblasen untersucht wurden, werden in
den folgenden Abschnitten Blasenschwärme diskutiert.

4.6   **Blasenschwärme**

4.6.1   **Allgemeines**

Beim Belüften von Flüssigkeiten im praktischen Einsatz
steigen keine einzelnen Blasen sondern Blasenschwärme
auf. Dementsprechend sind im Vergleich zu Einzelblasen
Veränderungen der Blasengröße sowie deren Bewegung und
Form vorhanden, die komplex und schwer erfaßbar sind.
Diese Beeinflussungen sind jedoch erst ab einem bestimm-
ten Luftanteil festgestellt worden. Bei einem mittleren
Abstand der Blasen $> 6 \cdot d_{B,e}$ (relativer Luftblasenanteil $<$
0,25 %) konnte eine gegenseitige Beeinflussung noch nicht
beobachtet werden (SCHUBERT, 1985). Oberhalb dieses Luftanteils wurden jedoch Änderungen der Geschwindigkeit von
Einzelblasen festgestellt (SCHUBERT, 1985). Dieser Bereich des relativen Luftanteils ist in Belüftungsbecken
bei der biologischen Abwasserreinigung üblich.

4.6.2   **Blasengrößenverteilung**

In Blasenschwärmen ist die Größe der Luftblasen nicht
einheitlich. Vielmehr liegt eine Größenverteilung vor,
die von der Blasenbildung und von den Wasserinhaltsstoffen abhängig ist. In Abbildung 4.9 ist die prinzipielle
Blasengrößenverteilung in einer Blasensäule in Abhängigkeit der Zugabe der Konzentration eines koaleszenzhemmenden Stoffes dargestellt (KEITEL, 1978). Es ist zu erkennen, daß in destilliertem Wasser eine Blasengrößenverteilung entsprechend einer Gauß'schen Glockenkurve vorliegt,
die durch die Zugabe des koaleszenzhemmenden Stoffes in

Richtung kleinerer Durchmesser mit einem sehr engen Durchmesserbereich verschoben wird.

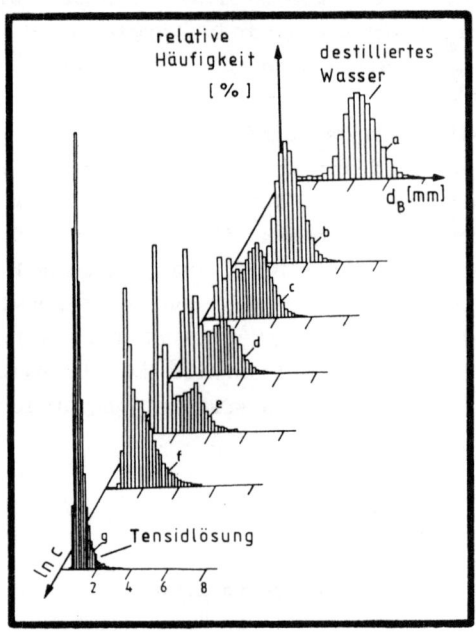

Abbildung 4.9: Prinzipielle Blasengrößenverteilung in einer Blasensäule in Abhängigkeit der Zugabe der Konzentration eines koaleszenzhemmenden Stoffes

Der mittlere Durchmesser von Blasen, die in Blasenschwärmen aufsteigen, läßt sich nach Mersmann (1962) (zitiert bei LIEPE, 1988) berechnen:

$$d_{B,mittel} = 1,8 \cdot \sqrt{\frac{\sigma}{g \cdot \rho_L}} \quad [m] \qquad (4.25)$$

Auch LIEPE (1988) gibt diese Gleichung zur Bestimmung des Blasendurchmessers an, jedoch mit einem Faktor von 1,3 anstelle von 1,8.

Zur Ermittlung der Verteilung der Luftblasengrößen im Wasser bedient man sich charakteristischer Blasendurchmesser, da die tatsächliche Verteilungsfunktion der Blasen im Wasser im allgemeinen nicht bekannt ist. Zur Ermittlung der charakteristischen Durchmesser wird die tatsächliche Verteilung durch eine fiktive ersetzt, die aus gleich großen Blasen besteht, von denen die Durchmesser so gewählt sind, daß sowohl die fiktive als auch die tatsächliche Verteilung hinsichtlich bestimmter Eigenschaften übereinstimmen. Zum Beispiel ist es notwendig, daß das Volumen und die Oberfläche der tatsächlichen und fiktiven Blasenverteilung identisch sind. Beide Verteilungen haben dann bei gleichem Gesamtvolumen auch die identische Übertragungsfläche und bei gleicher Dichte auch die gleiche spezifische Oberfläche. Dividiert man das Gesamtvolumen durch die Gesamtoberfläche erhält man einen für die Blasengrößenverteilung charakteristischen Zahlenwert, der als Sauterdurchmesser d_{32} bezeichnet wird:

$$d_{32} = \frac{\sum\limits_{i=1}^{n} d_{B,i}^{3}}{\sum\limits_{i=1}^{n} d_{B,i}^{2}} = \frac{6 \cdot \epsilon}{a} \qquad (4.26)$$

ϵ = mittlerer relativer Luftblasenanteil [-]
a = spezifische Grenzfläche [1/m]

Gleichung 4.26 zeigt, daß der Sauterdurchmesser umgekehrt proportional der spezifischen Grenzfläche ist.

Die Beschreibung der Blasengrößenverteilung mittels charakteristischer Zahlenwerte ergibt besonders gute Übereinstimmungen mit den tatsächlichen Verhältnissen, wenn die Form der im Wasser verteilten Blasen in etwa kugelförmig (d.h. auch ellipsoidförmig) ist. Diese Voraussetzung ist bei Belüftungsvorgängen in Wasser meistens gegeben. Dies ist daran zu erkennen, wenn der mittlere Blasendurchmesser und der Sauterdurchmesser im gleichen Größenbereich liegen.

Ein weiterer charakteristischer Zahlenwert zur Beschreibung der Größenverteilung von Blasen in Flüssigkeiten ist der sogenannte "Mittlerer-Volumen-Durchmesser" d_V (RESNICK, 1968), der mit folgender Gleichung bestimmt wird:

$$d_V = 2 \cdot \left[\frac{\Sigma \, n_i \cdot (d_{B,e,i}/2)^3}{\Sigma \, n_i} \right]^{1/3} \qquad (4.27)$$

Das Verhältnis zwischen Sauter-Durchmesser und "Mittlerem-Volumen-Durchmesser" stellt einen zusätzlichen Kennwert der Blasengrößenverteilung in Flüssigkeiten dar, der von der Gasart und der Zusammensetzung der Flüssigkeit abhängig ist. Gal-Or (zitiert bei RESNICK, 1968) hat für d_{32}/d_V im System Luft/destilliertes Wasser den Wert 1,113 und für Luftblasen in Trinkwasser 1,27 gefunden.

4.6.3   Schwarmgeschwindigkeit

Beim Aufstieg von Blasen in bewegten Flüssigkeiten setzt sich die Absolutgeschwindigkeit aus der Geschwindigkeit der Luftblase im ruhenden Wasser ("Schlupfgeschwindigkeit" v_S) und der vertikalen Komponente der Geschwindigkeit des sich bewegenden Wassers v_W zusammen (s. Kapitel 4.5.2).

$$v_B = v_S + v_W \quad [\text{m/s}] \qquad (4.28)$$

Durch die gegenseitige Behinderung der Luftblasen im Blasenschwarm wird die Schlupfgeschwindigkeit v_S der einzelnen Blase verringert. Diese reduzierte Geschwindigkeit wird als Schwarmgeschwindigkeit v_{Sch} bezeichnet. Zur Bestimmung des Einflusses des gemeinsamen Aufstiegs von Blasen mit innerer Zirkulation in Blasenschwärmen (Durchmesserbereich von 0,5 bis 4,0 mm) und einem Luftanteil im Wasser bis $\epsilon = 0,7$ gibt Koide (1967) (zitiert bei LIEPE, 1988) folgende Beziehung an:

$$\frac{v_{Sch}}{v_S} = 0,27 + 0,73 \cdot (1 - \epsilon)^{2,8} \quad [-] \qquad (4.29)$$

Aus einer theoretischen Betrachtung erhielt MARUCCI (1965) folgende Gleichung:

$$\frac{v_{Sch}}{v_S} = \frac{(1-\epsilon)^2}{1-\epsilon^{5/3}} \quad [-] \qquad (4.30)$$

Beide Gleichungen sind in Abbildung 4.10 grafisch dargestellt. Dabei ist das Verhältnis der Schwarm- und der Schlupfgeschwindigkeit v_{Sch}/v_S gegen den relativen Luftanteil ϵ aufgetragen.

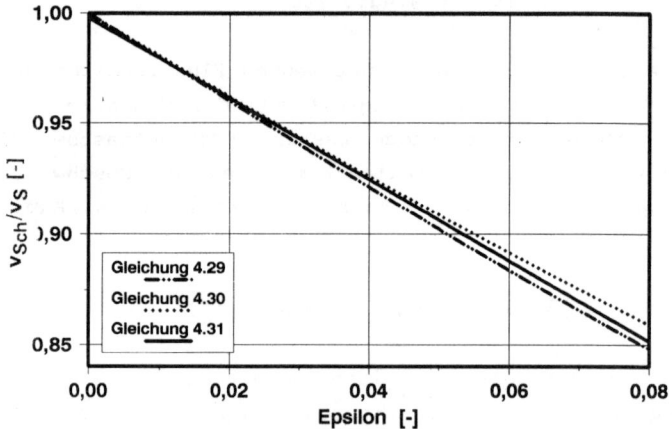

Abbildung 4.10: Abhängigkeit des Verhältnisses zwischen Schwarm- und Schlupfgeschwindigkeit vom relativen Luftanteil

Aus Abbildung 4.10 ist zu erkennen, daß die mit beiden Gleichungen berechneten Zahlenwerte sehr gut übereinstimmen. Bei einem für Belüftungsvorgänge typischen relativen Luftanteil von 3 % ist die Schwarmgeschwindigkeit nur um 6 % (100 % - 94 %) geringer als die Schlupfgeschwindigkeit der Einzelblase. Würde der relative Luftanteil auf 6 % gesteigert, ergibt sich eine Verringerung des Verhältnisses von v_{Sch} zu v_S von etwa 12 %. Es zeigt sich somit, daß in dem für Belüftungsvorgänge interessanten Bereich des relativen Luftanteils bis maximal 6 % das Verhältnis der Schwarm- zur Schlupfgeschwindigkeit durch eine lineare Beziehung beschrieben werden kann. Eine diesbezügliche Berechnung ergibt folgende Gleichung:

$$\frac{v_{Sch}}{v_S} = 0,9977 - 1,827 \cdot \epsilon \qquad [-] \qquad (4.31)$$

Neben der Größe und Geschwindigkeit der Luftblasen im Blasenschwarm ist der Luftanteil im Wasser und die spezifische Grenzfläche der entscheidende Parameter für einen hohen Stoffübergang. Diese Parameter werden nachfolgend diskutiert.

4.6.4 **Luftanteil im Wasser und spezifische Grenzfläche**

Der auf das Volumen des Luft-Wasser-Gemisches bezogene Luftanteil im Wasser wird als **relativer Luftanteil** (ϵ) bezeichnet. Er ist als zeit- und ortsabhängige Größe von den Eigenschaften der flüssigen Phase, der Art der Luftverteilung, den geometrischen Abmessungen des Beckens und den Betriebsbedingungen abhängig (DECKWER, 1985). Bei konstanten Abmessungen des Beckens ändert sich beim Belüften nur die Wasserspiegelhöhe:

$$\epsilon = \frac{H_G}{H_G + H_W} \quad [\%] \qquad (4.32)$$

H_G = Flüssigkeitserhöhung infolge Belüftung [m]
H_W = Flüssigkeitshöhe ohne Belüftung [m]

Der mit Gleichung 4.32 berechnete relative Luftanteil stellt als integrale Größe einen über Beckenhöhe und Beckenquerschnitt gemittelten Wert dar.

Zur Ermittlung der **spezifischen Grenzfläche** werden charakteristische Blasengrößenverteilungen entsprechend aus-

gewertet. Unter der Annahme von n_i kugelförmigen Blasen
mit einem Durchmesser von $d_{B,e,i}$ ergibt sich:

$$a = 6 \cdot \epsilon \cdot \frac{\Sigma n_i \cdot d_{B,e,i}^2}{\Sigma n_i \cdot d_{B,e,i}^3} \qquad [1/m] \qquad (4.33)$$

Andere Methoden zur Bestimmung der spezifischen Grenzfläche (optische und chemische Verfahren) werden bei DECKWER
(1985) vorgestellt und werden hier nicht näher diskutiert.

Untersuchungen zur Bestimmung des Luftanteils und der
spezifischen Grenzfläche an üblichen Belüftungssystemen
der Abwassertechnik sind aus der Literatur nicht bekannt.

4.6.5   Stoffaustauschkoeffizient

In Blasenschwärmen ist der (integrale) flüssigkeitsseiti-
ge Stoffaustauschkoeffizient gegenüber Einzelblasen erhöht (Le Clair und Hamielec, zitiert bei HONG, 1984).
Dies kann darauf zurückgeführt werden, daß durch die Reduzierung der Schlupfgeschwindigkeit im Blasenschwarm die
Aufenthaltszeit der Blasen verlängert wird und somit mehr
Stoff in die flüssige Phase übergehen kann. Außerdem können sich Steigerungen des Stoffübergangs durch Rückströ-
mungen der Blasen im Belüftungsbecken und dadurch verlän-
gerte Blasenaufenthaltszeiten ergeben.

Bei Belüftungssystemen mit hoher örtlicher Energiedissipation wird eine Erhöhung des Stoffaustauschkoeffizienten
im Vergleich zu Systemen mit niedrigem Energieeintrag be-

obachtet. Berechnungen von LIEPE (1988) zeigen, daß dieser Turbulenzeinfluß hauptsächlich in der Nähe von Rüh-
rern bzw. Strahlen wirksam wird. In diesem Bereich findet
vorrangig eine Redispergierung der erzeugten Luftblasen
statt, so daß sich insgesamt eine größere spezifische
Grenzfläche mit entsprechend intensivierten Einfluß auf
den Sauerstoffübergang ergibt. In Bereichen geringeren
Energieeintrags koaleszieren die Blasen wieder und der
Sauerstoffeintrag wird reduziert. In diesem Zusammenhang
ist von Interesse, in welchen Bereichen in Belüftungsbek-
ken Redispergierungs- und Koaleszenzvorgänge stattfinden,
damit Ansätze zur Optimierung von Druckluftbelüftungssystemen entwickelt werden können.

Eine besonders interessante Gleichung zur Bestimmung des
(integralen) Stoffaustauschkoeffizienten von Blasenschwärmen gibt RESNICK (1968) an, die zur Bestimmung von
k_L in unverschmutzten Flüssigkeiten wie destilliertem
Wasser und Trinkwasser bei Anwendung des Sauterdurchmessers geeignet ist:

$$k_{L,Schwarm} = 0,154 \left[\frac{D_m \cdot \rho_L \cdot 9,81}{\mu_L} \right]^{0,5} \cdot \frac{(1-\epsilon)}{(1-\epsilon^{5/3})^{0,5}} \cdot \left[\frac{d_{32}}{2} \right]^{0,5}$$

$$(4.34)$$

Der augenscheinliche Vorteil von Gleichung 4.34 gegenüber
anderen Beziehungen liegt darin, daß der Sauterdurchmesser zur Berechnung von k_L herangezogen wird. Dadurch wird
die Blasengrößenverteilung bei der Berechnung des Stoffaustauschkoeffizienten berücksichtigt. Die Übereinstimmung von gemessenen und mit Gleichung 4.34 berechneten

(integralen) Stoffaustauschkoeffizienten ist nach den Angaben von RESNICK (1968) allerdings relativ schlecht.

Im nachfolgenden Kapitel werden in einer Literaturübersicht die bisher veröffentlichten Untersuchungen über den
Einfluß von Tensiden auf den Sauerstoffübergang von Blasenschwärmen in Wasser dargestellt und daraus folgend
Problemstellungen und Arbeitsziele herausgearbeitet.

5.   **Literaturübersicht zum Einfluß von Tensiden auf**
      den Sauerstoffübergang und daraus resultierende
      Problemstellungen

5.1   **Allgemeines**

Das Verhalten von Tensiden in Wasser läßt sich anhand der
Ausführungen in Kapitel 2 und 4 wie folgt zusammenfassend
darstellen:

Durch die Tensidzugabe ins Wasser wird die Oberflächenspannung reduziert (s. Kapitel 2). Dementsprechend wird
der mittlere Luftblasendurchmesser im Vergleich zu Wasser
ohne Tenside verkleinert (s. Kapitel 4.5.3). Kleinere
Luftblasen in Tensidlösungen steigen im Vergleich zu Wasser ohne Tenside langsamer auf (s. Kapitel 4.5.3), so daß
der Luftanteil im Wasser vergrößert wird. Insgesamt ergibt sich damit eine Vergrößerung der spezifischen Grenzfläche, was sich positiv auf den Stoffübergang auswirkt.
Gleichzeitig wird aber der Stoffaustauschkoeffizient
durch Tenside stark reduziert (s. Kapitel 4.5.3).

5.2   **Literaturübersicht über den Einfluß von**
      Tensiden auf den Stoffübergang

Gezielte Untersuchungen über den Einfluß von Tensiden auf
den Sauerstoffübergang in Wasser aus dem Bereich der Abwassertechnik sind bis auf eine Arbeit von MANCY (1968)
nicht bekannt. Dagegen wurden von Verfahrenstechnikern
mehrere Vorhaben zum Stoffübergang in Tensidlösungen
durchgeführt. Allerdings dienten diese Untersuchungen nur
dem Vergleich mit Ergebnissen zur Ermittlung des Stoffübergangs in für die chemische Industrie vorrangig inte-
ressierende Flüssigkeiten wie Alkoholen etc. (DROGARIS,

1983, POGGEMANN, 1982). Die Untersuchungen hatten zum
Ziel, den Einfluß von Tensiden auf Belüftungskoeffizient,
spezifische Grenzfläche und Stoffaustauschkoeffizient
aufzuzeigen. Die Ergebnisse dieser Vorhaben werden nachfolgend getrennt für die angeführten Parameter zusammengefaßt:

Belüftungskoeffizient: Eine Zusammenstellung der Abhängigkeit des auf Reinwasser bezogenen Belüftungskoeffizienten von der Tensidkonzentration ist bei LIEPE (1988) zu
finden (s. Abbildung 5.1). Dabei wurde nicht zwischen anionischen und nichtionischen Tensiden und ebensowenig
zwischen verschiedenen Belüftungssystemen unterschieden.
Aufgrund dieser Tatsache ist Abbildung 5.1 wenig aussage-
kräftig. Sie gibt allerdings Hinweise, daß sich mit unterschiedlichen Tensiden (bei gleicher Konzentration)
differierende Belüftungskoeffizienten ergeben.

Aus Abbildung 5.1 ist zu erkennen, daß bei relativ geringen Tensidkonzentrationen (bis etwa 10 g/m^3) sowohl Vergrößerungen des bezogenen k_La-Wertes von 10 % als auch
Verringerungen bis zu 70 % auftreten können. Bei sehr hohen Tensidkonzentrationen (50 g/m^3) beträgt die Erhöhung
10 % und die maximale Reduzierung 75 %. LIEPE (1988)
führt die unterschiedlichen Ergebnisse darauf zurück, daß
der Einfluß der Tenside auf die spezifische Grenzfläche
und den Stoffaustauschkoeffizienten unterschiedlich stark
ist. Entsprechend der Stärke beider Einflüsse ergeben
sich sowohl Vergrößerungen als auch Verkleinerungen des
Belüftungskoeffizienten. Aus diesem Grund ist die
Kenntnis des Einflusses von Tensiden auf die spezifische
Grenzfläche und insbesondere auf den Stoffaustauschkoeffizienten von Bedeutung.

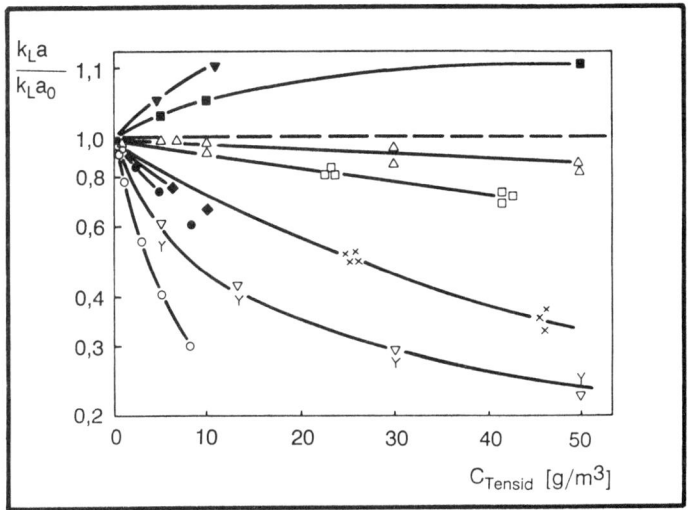

Abbildung 5.1: Abhängigkeit des bezogenen Belüftungskoeffizienten von der Tensidkonzentration
(nach LIEPE, 1988)

Spezifische Grenzfläche: Ergebnisse von Messungen zur Bestimmung der spezifischen Grenzfläche in Tensidlösungen
wurden nur relativ selten veröffentlicht. KEITEL (1978)
hat Messungen zur Bestimmung der spezifischen Phasengrenzfläche mit den Tensiden Teepol 710 (40 %ige wässrige
Lösung des Natriumsalzes eines höheren sekundären Alkyl-
sulfats) und Tween 20 (Laurylsorbitanpolyethylenglykol-
äther) in einem Rührschlaufenreaktor und einer Blasensäule durchgeführt. Er findet eine deutliche Erhöhung der
spezifischen Grenzfläche gegenüber Reinwasser, wobei keine Zahlenwerte angegeben werden. Ein Ansteigen der spezi-

fischen Grenzfläche durch Tensidzugabe stellt auch SZTA-
TECSNY (1977) fest.

Zusätzlich zu den Messungen zur direkten Bestimmung der
spezifischen Grenzfläche können auch Untersuchungen zum
Koaleszenzverhalten von Gasblasen in Tensidlösungen Informationen zum Einfluß von Tensiden auf die spezifische
Grenzfläche geben. Dazu werden Messungen der Koaleszenzhäufigkeit von Luftblasen durchgeführt ist. Je geringer
die Koaleszenzhäufigkeit in der Flüssigkeit, desto größer
ist auch die spezifische Grenzfläche. DROGARIS (1983) hat
mit Natriumdodecylhydrogensulfat (anionisch) und Tween 20
(nichtionisch) Koaleszenzhäufigkeiten gemessen. Er findet, daß bei diesen Tensiden die Koaleszenzhemmung bei
unterschiedlichen Konzentrationen beginnt. Daraus ist zu
folgern, daß auch die Größe der spezifischen Grenzfläche
bei gleicher Konzentration unterschiedlich sein muß. Die
Art des Tensides übt damit einen Einfluß auf die Größe
der spezifischen Grenzfläche aus.

Stoffaustauschkoeffizient: Der Stoffaustauschkoeffizient
nimmt nach LIEPE (1988) mit steigender Tensidkonzentration ab. Die Verringerung ist schon bei sehr geringen
Konzentrationen zu beobachten. NITSCH (1976) stellt fest,
daß im Bereich der kritischen Mizellkonzentration die
Hemmung des Stoffübergangs infolge Tensidzugabe sprung-
haft aufgehoben wird, so daß über den Bereich der kritischen Mizellkonzentration hinaus beinahe der gleiche
Stoffübergang wie ohne Tensidzugabe gemessen wird.

Zur Beurteilung des Einflusses von Tensiden auf den
Stoffübergang bestimmte CASKEY (1965 und 1973) die Absorptionsrate von CO_2 in wässrigen Tensidlösungen. Als
Absorptionsrate definierte er die Menge an CO_2 [m^3] bezogen auf die Flüssigkeitsoberfläche [m^2]. Er variierte die

hydrophile Gruppe der Tenside und untersuchte Natriumlau-
rylsulfat, Natriumlaurylbenzolsulfonat, Laurildiethanol-
amid und Lauryldiglycolamid. Bei diesen Tensiden ist die
Kettenlänge mit 12 C-Atomen gleich. Caskey stellte fest,
daß die Absorptionsrate mit steigendem Molekulargewicht
geringer wird. In einer anderen Arbeit weist er nach, daß
mit steigendem Molekulargewicht der hydrophoben Tensidgruppe die Absorptionsrate abnimmt (CASKEY, 1972).

Neben den Untersuchungen zur Bestimmung des Belüftungskoeffizienten, der spezifischen Grenzfläche und des Stoffaustauschkoeffizienten wurden auch Messungen zur Ermittlung der Dichte und Viskosität von Tensidlösungen durchgeführt. Außerdem wurde der Einfluß von Tensiden auf die
Löslichkeit von Gasen und den Diffusionskoeffizienten untersucht. Eine wesentliche Änderung der **Dichte** von Tensidlösungen gegenüber Reinwasser ist nicht nachzuweisen.
Dies zeigen Ergebnisse von DROGARIS (1983), der Dichte-
messungen mit dem Tensid Tween 20 in Wasser durchgeführt
hat. Eine Änderung der **Viskosität** durch die Zugabe von
Tensiden in Wasser (in dem hier interessierenden Konzentrationsbereich) ist nicht anzunehmen.

PRAPAITRAKUL (1985) gibt an, daß die **Löslichkeit von Gasen** in Wasser/Tensidlösungen unterhalb der kritischen Mizellkonzentration im Vergleich zu reinem Wasser nicht beeinflußt wird. Ebenso ist der **molekulare Diffusionskoeffizient** nach Untersuchungen von POGGEMANN (1982) nicht
von der Tensidzugabe in Wasser abhängig. Erst in relativ
hoch konzentrierten Natriumsulfat/Tensidlösungen (0,8
mol/l Natriumsulfat) ist eine Reduzierung des Diffusionskoeffizienten im Vergleich zu Wasser festzustellen.

Zusammenfassend läßt sich sagen, daß gezielte Untersuchungen des Einflusses von unterschiedlichen Tensiden

(anionisch, nichtionisch etc.) auf den Stoffübergang mit quantitativen Ergebnissen bisher nicht veröffentlicht wurden. Somit ergibt sich eine Vielzahl von offenen Fragestellungen hinsichtlich dieses Themenkomplexes. Aus den offenen Fragestellungen wird im nachfolgenden Kapitel die Problemstellung für die vorliegende Arbeit abgeleitet.

5.3   Problemstellung

Der Sauerstoffeintrag in Wasser wird, wie in den Kapiteln 2 und 3 sowie in Kapitel 4 gezeigt wurde, von einer Vielzahl von Parametern (direkt oder indirekt) beeinflußt. Im einzelnen handelt es sich um acht Grundparameter:

- Oberflächenspannung σ,
- Luftblasendurchmesser d_B,
- Schlupfgeschwindigkeit v_S,
- relativer Luftanteil ϵ,
- spezifische Grenzfläche a,
- Belüftungskoeffizient $k_L a$,
- Sauerstoffaustauschkoeffizient k_L,
- Sauerstoffsättigungskonzentration c_S.

Die angeführten Parameter wurden bisher in Wasser ohne Tensidzusatz in einer Vielzahl von Untersuchungen quantitativ bestimmt. Dagegen wurde die Beeinflussung dieser Parameter in Tensidlösungen nur sporadisch untersucht. Insbesondere ergab die Auswertung der Literatur, daß nur wenige quantitative Angaben über den Einfluß von Tensiden auf diese Parameter vorhanden sind.

Die Untersuchungen des Sauerstoffübergangs in Wasser ohne Tenside haben gezeigt, daß sich die oben angeführten Pa-

rameter gegenseitig beeinflussen. Neben anderen Abhängigkeiten konnte beispielsweise festgestellt werden, daß der
Luftblasendurchmesser die Schlupfgeschwindigkeit beeinflußt (s. Kapitel 4.5.2). Weiterhin ist der Stoffaustauschkoeffizient vom Blasendurchmesser abhängig (s. Kapitel 4.5.4). Ebenso wie beim Sauerstoffeintrag in Wasser
ist zu vermuten, daß diese Abhängigkeiten beim Sauerstoffübergang in Tensidlösungen vorliegen. Insbesondere
wird durch die Änderung der Oberflächenspannung infolge
der Tenside der Luftblasendurchmesser und somit alle anderen, den Stoffübergang beeinflussenden Parameter maßgeblich verändert.

In Kapitel 2 wurde gezeigt, daß in der Bundesrepublik
Deutschland vorrangig anionische und nichtionische Tenside eingesetzt werden. Vergleichende Untersuchungen zur
Kennzeichnung eines eventuell unterschiedlichen Einflusses dieser beiden Tensidgruppen in unterschiedlichen Konzentrationen auf den Sauerstoffübergang sind bisher nicht
bekannt. Aus diesem Grund soll in der vorliegenden Arbeit
der Einfluß der Art des Tensides, der durch dessen chemischen Aufbau bestimmt wird, auf den Sauerstoffübergang
untersucht werden. Nachfolgend wird die Art des Tensides
als Tensidtyp bezeichnet.

Werden den Tensidlösungen Elektrolyte (Salze) zugesetzt,
ändert sich die Oberflächenspannung gegenüber Lösungen
ohne Elektrolyte (s. Kapitel 2.2.5). Da die Oberflächenspannung den Sauerstoffeintrag beeinflußt, ist anzunehmen, daß durch Zusatz von Salzen in Tensidlösungen auch
der Sauerstoffeintrag beeinflußt wird. Systematische Untersuchungen zur Ermittlung des Einflusses der gleichzei-
tigen Zugabe von Tensiden und Elektrolyten ins Wasser mit
quantitativen Angaben bezüglich der Auswirkungen auf die
obigen Parameter wurden bisher nicht durchgeführt. Eben-

sowenig sind keine gezielten Untersuchungen über den Einfluß der Wasserhärte auf die den Sauerstoffübergang beeinflussenden Parameter bekannt.

Aufgrund der dargelegten Defizite ergeben sich folgende offene Fragen, zu denen die vorliegende Arbeit eine Antwort zu geben versucht.

Problemstellung:

- Quantitative Bestimmung des Einflusses von Tensiden auf die (s. S. 84) angeführten acht Parameter.

- Ermittlung der gegenseitigen Beeinflussung dieser Parameter in Wasser mit Tensiden.

- Bestimmung des Einflußes von verschiedenen Tensiden, insbesondere anionische und nichtionische Tenside, des jeweiligen Tensidtyps (chemischer Aufbau) und der Tensidkonzentration auf die den Sauerstoffübergang beeinflussenden Parameter.

- Untersuchung des Einflusses der Änderung der Wasserbzw. Abwasserzusammensetzung durch Zusatz von Elektrolyten (nachfolgend als Wasserart bezeichnet) auf den Sauerstoffübergang.

Durch Tenside wird die Koaleszenz von Luftblasen in Wasser gehemmt. Vor diesem Hintergrund ist von Bedeutung, ob auch bei Druckluftbelüftungssystemen in Reinwasser eine Luftblasenkoaleszenz auftritt. Grundlegende Arbeiten über diesen Problemkreis wurden bisher nicht durchgeführt. Ebensowenig sind keine Arbeiten bekannt, die sich mit Fragen der Redispergierung von Luftblasen in Reinwasser

mit entsprechend positiven Auswirkungen auf den Sauerstoffeintrag beschäftigen.

Auf der Grundlage dieser Ausführungen ergibt sich folgende Problemstellung:

- Ermittlung des Koaleszenzgrades bei feinblasigen
  Druckluftbelüftungssystemen in Reinwasser. Dabei soll
  herausgearbeitet werden, wo diese Vorgänge in Becken
  mit Druckluftbelüftung stattfinden.

Die definierten Untersuchungsaufgaben sollen die genannten offenen Fragen mittels Versuchen, die im Kapitel 7
beschrieben werden, beantworten.

Aus der angeführten Problemstellung lassen sich wissen-
schaftliche und technische, für die Praxis relevante Arbeitsziele angeben. Diese werden nachfolgend konkreti-
siert.

5.4   **Wissenschaftliche und technische Arbeitsziele**

Das wissenschaftlich-technische Gesamtziel der durchzu-
führenden Untersuchungen liegt darin, die im vorigen Kapitel erarbeiteten Fragestellungen zu lösen. Dabei sollen
besonders Einflüsse auf die den Sauerstoffeintrag bestimmenden Grundparameter durch Variation der Tensidgruppe
(anionisch/nichtionisch), des Tensidtyps (chemischer Aufbau) und deren Konzentration im Wasser untersucht werden.
Die für die Untersuchungen ausgewählten Tenside werden in
Kapitel 7.3 vorgestellt. Weiterhin soll die Beeinflussung
infolge unterschiedlicher Wasserarten (durch Änderung des
Elektrolytgehaltes) herausgestellt werden.

Neben diesen Untersuchungen soll versucht werden, Hypothesen zur Erklärung der Änderung der Größe der oben angeführten Parameter infolge Tensidzugabe anzugeben.

Ein weiteres Arbeitsziel liegt darin, den Koaleszenzzustand von Druckluftbelüftungssystemen in Reinwasser zu
untersuchen. Dabei steht im Vordergrund, wo diese Vorgänge im Belüftungsbecken stattfinden.

Insgesamt sollen die Untersuchungen dazu dienen, praxis-
relevante Hinweise zur Durchführung von Sauerstoffzufuhrmessungen mit Zusatz von Tensiden aufzuzeigen. Weiterhin
sollen Möglichkeiten zur Leistungssteigerung von Druckluftbelüftungssystemen, deren Dimensionierung und Betrieb
angegeben werden.

Die für die Bestimmung der angeführten Parameter notwendigen Meßmethoden werden im folgenden Kapitel erörtert.

6.   **Meßmethodik**

6.1   **Allgemeines**

Vor der Darstellung des Versuchsprogrammes werden zunächst Meßmethoden für die Parameter Belüftungskoeffizient, Sauerstoffsättigungskonzentration, Oberflächenspannung, Luftblasendurchmesser, mittlerer relativer Luftanteil und Schlupfgeschwindigkeit der Einzelluftblasen dargestellt und ausgewählt. Als Auswahlkriterium werden Zu-
verlässigkeit, Genauigkeit und Bedienungsfreundlichkeit
herangezogen.

6.2   **Belüftungskoeffizient und Sauerstoffsättigungs-**
      konzentration in Reinwasser und Tensidlösungen

6.2.1   **Einführung**

Mittels Sauerstoffzufuhrmessungen können die Parameter
Belüftungskoeffizient und Sauerstoffsättigungskonzentration bestimmt werden. Zur Durchführung von Sauerstoffzufuhrmessungen in Reinwasser wird in den entsprechenden
Arbeitsanleitungen bzw. Normen [ATV-Arbeitsanleitung,
1979 (BRD); ÖNORM, 1979 (Österreich); US-NORM, 1984
(USA)] die instationäre Absorptionsmethode vorgeschrieben. Dabei wird dem Wasser vor Beginn der eigentlichen
Messung Natriumsulfit zum Deoxigenieren zugegeben, daß
durch die chemische Reaktion mit Sauerstoff bei Anwesenheit von Kobalt als Katalysator zu Natriumsulfat umgewandelt wird. Dadurch erhöht sich der Salzgehalt im Wasser
und der Sauerstoffübergang wird beeinflußt. Man geht davon aus, daß bis zu einer elektrischen Leitfähigkeit von
300 mS/m die Einflüsse gering sind. Die Absorptionsmethode ist deshalb sehr gut als Meßmethode zur Bestimmung des

Sauerstoffzufuhrvermögens von Belüftungssystemen in Reinwasser geeignet.

Wesentlich anders liegen die Verhältnisse bei Messungen in Reinwasser mit Tensidzusatz. Es konnte in Kapitel 2.2.5 gezeigt werden, daß sich die Oberflächenspannung von Tensidlösungen durch Zudosierung von Salzen ändert. Damit ist auch zu vermuten, daß das Sauerstoffzufuhrvermögen von Belüftungssystemen in Tensidlösungen durch die Zugabe von Natriumsulfit zur Deoxigenierung beeinflußt wird. Aufgrund der notwendigen Salzzugabe ist die Absorptionsmethode zur grundlegenden Untersuchung des Einflusses von Tensiden auf das Sauerstoffzufuhrvermögen ungeeignet. Stattdessen wird auf die Desorptionsmethode zurückgegriffen, die bisher hauptsächlich bei Sauerstoffzufuhrmessungen unter Betriebsbedingungen im Abwasser eingesetzt wurde. Bei dieser Methode wird der Sauerstoffgehalt im Belüftungsbecken vor der eigentlichen Sauerstoffzufuhrmessung mit Hilfe von Peroxid künstlich erhöht. Im Belebungsbecken zerfällt Peroxid unter Anwesenheit von Belebtschlamm spontan zu Sauerstoff. In Reinwasser muß zusätzlich zur Initiierung bzw. Beschleunigung dieser Reaktion ein Katalysator, z.B. Schwermetalle, zugegeben werden. Aus diesem Grund wird auf den Einsatz von Peroxid zum Erhöhen der Sauerstoffkonzentration verzichtet und statt dessen Reinsauerstoff eingeblasen. Insgesamt tritt eine Erhöhung des Salzgehaltes dadurch nicht ein.

6.2.2 Grundlagen

Bei der **Absorptionsmethode** wird der Sauerstoffübergang von der Luftblase ins umgebende Wasser durch die Gleichung

$$\frac{dc}{dt} = k_L a \cdot (c_{SV} - c) \qquad (3.21)$$

beschrieben.

Zur Ermittlung des Belüftungskoeffizienten ($k_L a$) und des Sättigungswertes der Messung (c_{SV}) wird der Anstieg der Sauerstoffkonzentration (nach vorausgegangener Deoxigenierung) mit der Zeit registriert. Aus dieser Sauerstoffkurve werden beide die Kurve kennzeichnenden Parameter bestimmt.

Bei der **Desorptionsmethode** wird die Sauerstoffkonzentration durch Zugabe von Reinsauerstoff künstlich erhöht. Der Sauerstoff im Wasser wird anschließend bis zur Sättigungskonzentration ausgetrieben. Die Parameter $k_L a$ und c_{SV} sind für Absorptions- und Desorptionsmethode identisch, da die spezifische Transportgeschwindigkeit des Sauerstoffs durch die Grenzfläche Luft/Wasser sowohl für Absorption als auch für Desorption gleich ist (KAYSER, 1980).

Der Vorgang des Strippens des Sauerstoffs kann daher ebenso wie der Eintrag ins Wasser durch eine Reaktion erster Ordnung beschrieben werden, bei der die Abnahme der Sauerstoffkonzentration je Zeiteinheit proportional zum Sättigungsüberschuß ($c-c_{SV}$) ist. Die Gleichung

$$- \frac{dc}{dt} = k_L a \cdot (c - c_{SV}) \qquad (6.1)$$

bringt dies zum Ausdruck.

Durch Multiplikation der Gleichung mit dem Faktor (-1) erhält man wieder Gleichung 3.21:

$$\frac{dc}{dt} = k_L a \cdot (c_{SV} - c) \qquad (3.21)$$

Zur Bestätigung der theoretischen Überlegungen zur Absorptions- und Desorptionsmethode wurden Sauerstoffzufuhrmessungen im technischen Maßstab sowohl nach der Absorptions- als auch nach der Desorptionsmethode mit Reinsauerstoff durchgeführt. Die Ergebnisse sind in Abbildung 6.1 grafisch dargestellt. Es ist zu erkennen, daß die Zahlenwerte des Sauerstoffzufuhrvermögens für beide Meßmethoden gleich sind, bzw. im Bereich des Meßfehlers der verschiedenen Methoden von etwa 5 % liegen.

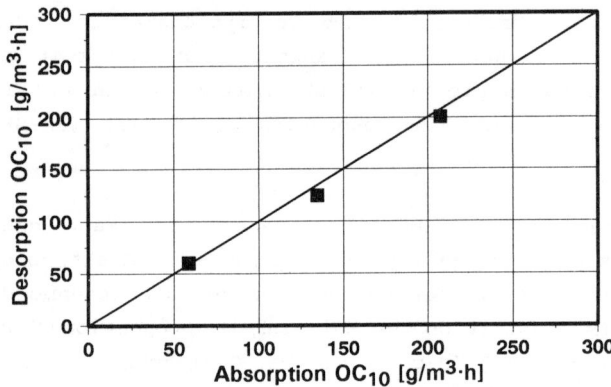

Abbildung 6.1: Sauerstoffzufuhrmessungen nach Absorptions- und Desorptionsmethode

6.2.3 Durchführung

Absorptionsmethode in Reinwasser: Zur Messung der Sauerstoffkonzentration im Wasser werden mindestens zwei (bes-

ser eine größere Anzahl) **Sauerstoffelektroden** in verschiedenen Tiefen und verteilt über den Beckengrundriß
eingesetzt. Zur **Deoxigenierung** wird üblicherweise Natriumsulfit (Na_2SO_3) benutzt, wobei durch die chemische Reaktion mit Sauerstoff Sulfit in Sulfat umgewandelt wird.
Vor der Natriumsulfitzugabe muß dem Wasser ein Kobaltsalz
(z.B. Kobaltsulfat ($CoSO_4$)) zur Katalyse der Sulfitoxida-
tion zugesetzt werden. Dabei soll die Konzentration an
Kobalt im Wasser 0,5 g/m^3 betragen.

Die Menge an Natriumsulfit wird im Überschuß zum stöchio-
metrischen Bedarf (8 kg Na_2SO_3/kg O_2) ins Reinwasser zugegeben. Formeln zur Bestimmung der benötigten Menge an
Natriumsulfit sind bei WAGNER (1987) angegeben. Es ist
angeraten, eine sauerstofffreie Vorlaufzeit von etwa 30
Minuten vor der eigentlichen Messung zu gewährleisten.
Damit ist sichergestellt, daß sich diejenigen hydraulischen Bedingungen eingestellt haben, die auch im normalen
Betrieb auftreten. Es ist jedoch zu beachten, daß die Ge-
samtsalzkonzentration im Wasser durch die Überdosierung
an Sulfit 2 kg/m^3 nicht übersteigt. Als Anhaltswert soll
eine elektrische Leitfähigkeit von maximal 300 mS/m nicht
überschritten werden.

Desorptionsmethode mit Reinsauerstoff in Tensidlösungen:
Die Durchführung von Desorptionsmessungen entspricht der
Vorgehensweise bei den Absorptionsmessungen. Die vorgelösten Tenside werden im Wasser verteilt und anschließend
Reinsauerstoff bis zu einer Konzentration von etwa 25
g/m^3 eingeblasen. Der Anstieg und anschließende Abfall
der Sauerstoffkonzentration auf den Sättigungswert wird
in Abhängigkeit der Zeit an den einzelnen Meßstellen registriert. Die Messung ist beendet, wenn ein Absinken der
Sauerstoffkonzentration innerhalb von 20 Minuten nicht
mehr zu erkennen ist. Nachdem die Sauerstoffzufuhrkurven

registriert sind, werden daraus die Kurvenparameter $k_L a$ und c_{SV} berechnet.

6.2.4 Auswertung von Sauerstoffzufuhrmessungen nach Absorptions- und Desorptionsmethode

Die Bestimmung des Belüftungskoeffizienten $k_L a$ und des Sättigungswertes der Messung c_{SV} aus den registrierten Sauerstoffzufuhrkurven wird zweckmäßigerweise mit der Rechenmethode der nichtlinearen Regression vorgenommen. Der Abdruck des Computerprogramms dieser Berechnungsmethode ist der US-Norm (1984) als Anlage beigefügt. Als Ergebnis dieser Auswertung erhält man neben Belüftungskoeffizient und Sättigungswert auch Parameter, die eine Beurteilung der Genauigkeit der Messung ermöglichen. Zu nennen sind hier die Standardabweichung des Belüftungskoeffizienten und des Sättigungswertes, die Anzahl der Iterationen zur Bestimmung der Parameter und die jeweilige Abweichung des errechneten vom gemessenen Konzentrationswert.

Die neben der nichtlinearen Regressionsmethode bekannten Verfahren zur Bestimmung des Belüftungskoeffizienten und der Sauerstoffsättigungskonzentration wie halblogarithmische- und Slope-Methode (s. HANEL, 1982) sind ungenauer.

6.3 Oberflächenspannung

Zur Messung der Oberflächenspannung sind verschiedene statische und dynamische Methoden bekannt, die bei BAKKER (1928) ausführlich vorgestellt werden. Bei den statischen Methoden haben sich diejenigen besonders bewährt, die auf einer Kraftmessung beruhen (z.B. Platten- oder Ringmethode nach du Noüy). Diese Meßmethode wird für die Durchfüh-

95

rung der eigenen Messungen zur Ermittlung der Oberflächenspannung von Wasser/Tensidgemischen ausgewählt.

Die Bestimmung der Oberflächenspannung von Wasser/Tensidgemischen in wässrigen Lösungen wird entsprechend DIN 53914 (1980) mit einem konventionellen Tensiometer vorgenommen. Das Meßverfahren beruht darauf, diejenige Kraft zu messen, die durch die Oberflächenspannung auf eine vertikal mit der Flüssigkeit in Berührung gebrachte Platte ausgeübt wird. Statt einer Platte kann auch ein Ring oder Bügel benutzt werden. Dabei wird die Kraft gemessen, die notwendig ist, um den zur Flüssigkeitsoberfläche horizontal aufgehängten Ring oder Bügel aus der Flüssigkeit herauszuziehen.

Die Bestimmung der Oberflächenspannung mit einer Platte gilt als relativ einfach und besonders betriebssicher, so daß sie für den hier vorliegenden Einsatzfall zur Messung in Tensidlösungen ausgewählt wird. Die eingesetzte Platte besteht aus Platinblech mit einer Länge von etwa 20 mm und einer Dicke von 0,1 mm.

Da schon in der US-Norm davon ausgegangen wird, daß sich die Oberflächenspannung im Laufe der Belüftungszeit ändert, wurde ein Gerät zur kontinuierlichen Messung der Oberflächenspannung eingesetzt. Mit diesem Meßgerät sollen Änderungen der Oberflächenspannung während der Belüftungszeit (Zeitdauer der Durchführung von Sauerstoffzufuhrmessungen) registriert werden.

In Abbildung 6.2 ist das kontinuierlich messende Oberflächenspannungsmeßsystem mit einer Einrichtung zum automatischen Wechseln der Probenflüssigkeit dargestellt (Firma Krüss, Hamburg). Das Meßgerät wurde aus bei der Firma Krüss im Vertriebsprogramm befindlichen Einzelkomponenten

zu einem kontinuierlich messenden Oberflächenspannungsmeßgerät mit Probenflüssigkeitswechsler umgebaut.

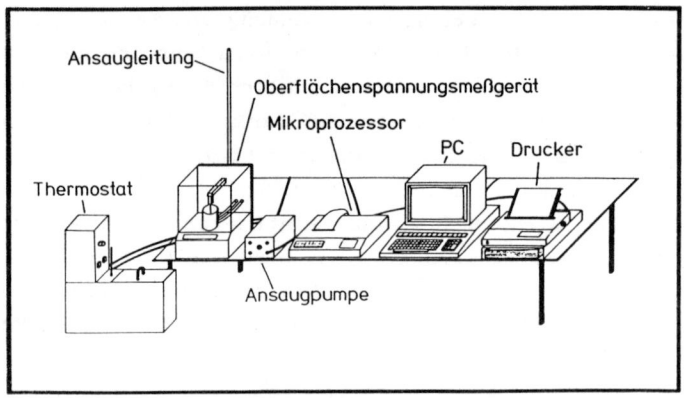

Abbildung 6.2: Kontinuierlich messendes Oberflächenspannungsmeßsystem

Das Meßgerät besteht aus einer Präzisionswaage mit inte-
griertem Probengefäß zur Durchführung der Oberflächenspannungsmessung, einer Pumpe zur Dosierung der Probenflüssigkeit und einer Vorrichtung zu ihrer Absaugung. Zur
Temperierung der Probenflüssigkeit ist das Probengefäß in
der Waage an einen Thermostaten angeschlossen.

Der gesamte Vorgang des Spülens, Füllens und Abpumpens
der Probenflüssigkeit wird ebenso wie die eigentliche
Oberflächenspannungsmessung von einem Mikroprozessor ge-
steuert. Die Meßwerte werden über eine Schnittstelle
einem Kleinrechner zur Datenaufzeichnung auf Disketten
und einem Drucker zur Erstellung einer Hardcopy überge-
ben.

Mit dem beschriebenen Meßsystem ist es möglich, die Oberflächenspannung des Wassers bzw. jeder anderen Lösung
quasi-kontinuierlich in Zeitabständen von etwa drei Minuten zu messen.

6.4   Luftblasendurchmesser

Zur Ermittlung der Durchmesser von im Wasser aufsteigenden Luftblasen sind mehrere Methoden bekannt, die in Verfahren ohne Störung der Strömung am Meßort und Verfahren
mit Sonden eingeteilt werden können. Zu den Verfahren
ohne Störung der Strömung am Meßort zählen Fotografie,
Videodirektbildanalyse, Streulichtmethode und Phasen-
Doppler-Anemometrie. Zu den Verfahren mit Sonden gehören
die fotoelektrische Methode und die Methode mit Leitfä-
higkeitsmikrosonden.

POGGEMANN (1982) hat die Vor- und Nachteile der verschiedenen Meßmethoden gegenübergestellt. Er zeigt, daß die
Meßmethoden Fotografie, Videodirektbildanalyse und Streulichtmethode wegen großer Ungenauigkeiten nur bedingt zur
Messung der Größe von Luftblasen geeignet sind. Die Phasen-Doppler-Anemometrie scheidet wegen der aufwendigen
Durchführung aus. Besondere Vorteile haben die fotoelektrische Methode und die Messung mit einer Leitfähigkeitsmikrosonde. Mit dem Leitfähigkeitsmeßsystem werden die
Luftblasen im Wasser von der Leitfähigkeitsmikrosonde
(0,4 bis 0,5 mm Durchmesser) durchstochen und der zeitli-
che Verlauf der elektrischen Leitfähigkeit während des
Durchstoßvorganges der Meßeinheit übermittelt (STEINE-
MANN, 1984). Da zwischen der durchstochenen Luftblase und
dem sie umgebenden Wasser ein Leitfähigkeitsunterschied
besteht, kann aus der Änderung der Leitfähigkeit einer-

seits der Luftblasendurchmesser und zusätzlich die Schlupfgeschwindigkeit der Luftblasen ermittelt werden. Aufgrund dieser Tatsache ergeben sich deutliche Vorteile für diese Meßmethode, so daß für die Messungen der Blasendurchmesser in Reinwasser die Leitfähigkeitsmikrosonde ausgewählt wird.

Da die erzeugten Luftblasen durch Zugabe von oberflächenaktiven Stoffen ins Wasser sehr klein bleiben und starr werden, können diese Blasen nicht mehr von der Leitfähigkeitsmikrosonde durchstochen und daher mit dieser Meßmethode nicht erfaßt werden. In solchen Lösungen ist die fotoelektrische Meßmethode mit einem Laser als Lichtquelle wesentlich besser als andere Verfahren geeignet, da sich auch bei relativ geringen Luftblasengrößen reproduzierbare Ergebnisse erzielen lassen. Bei der fotoelektrischen Meßmethode wird ein Teil des Blasen-Wasser-Gemisches aus dem belüfteten Behälter über einen strömungsgünstig geformten Trichter abgezogen und in eine Kapillare geleitet, an der sich die Lichtquelle und ein Fototransistor befinden. Eine abgesaugte Blase erzeugt beim Berühren eines Lichtstrahles eine Ablenkung des Lichtes. Bedingt durch die unterschiedliche Brechung von Wasser und Luft ergeben sich verschiedene Lichtstärken, die vom Fototransistor in elektrische Meßsignale umgeformt werden können. Durch Auswertung der elektrischen Signale kann das Volumen der Luftblasen und damit der Durchmesser bestimmt werden. Als Weiterentwicklung auf den Gebiet der fotoelektrischen Blasengrößenmessung wird statt normalem Licht ein Laser als Lichtquelle benutzt. Damit läßt sich der Luftblasendurchmesser noch genauer bestimmen.

Aus diesem Grund wird die fotoelektrische Meßmethode mit einem Laser als Lichtquelle zur Bestimmung der Luftblasendurchmesser in Tensidlösungen ausgewählt.

6.5 Mittlerer relativer Luftanteil im Wasser

Zur Messung des mittleren relativen Luftanteils im Wasser, der für die Berechnung der spezifischen Grenzfläche
benötigt wird, sind mehrere Methoden bekannt (POGGEMANN,
1982; KEITEL, 1978; JEKAT, 1975). Das am wenigsten aufwendige Verfahren zur Bestimmung des relativen Luftanteils stellt die fotografische Methode dar. Bei durch-
sichtigen Versuchsreaktoren kann der Ruhewasserspiegel
markiert werden. Beim Belüften steigt der Wasserspiegel
an. Der erhöhte Wasserspiegel wird fotografiert und die
entwickelten Bilder dahingehend ausgewertet, daß der Anstieg durch Belüften auf allen Bildern ausgemessen wird.
Als Ergebnis erhält man den mittleren Anstieg des Ruhe-
wasserspiegels infolge Belüftung. Mittels Gleichung 4.32
(s. Kapitel 4.6.4) kann der mittlere Luftanteil des Wassers berechnet werden.

6.6 Schlupfgeschwindigkeit von Einzelluftblasen

Die Schlupfgeschwindigkeit von einzelnen in ruhenden
Flüssigkeiten aufsteigenden Luftblasen kann mit mehreren
Meßmethoden ermittelt werden. Zu nennen sind Verfahren
mit Video- und Hochgeschwindigkeitskameras sowie die Phasen-Doppler-Anemometrie.

Aufgrund der wesentlich größeren Genauigkeit gegenüber
den anderen angeführten Verfahren wird die Phasen-Doppler-Anemometrie (PDA) zur Bestimmung der Geschwindigkeit
einzelner Luftblasen in Tensidlösungen ausgewählt. Diese
Meßmethode wurde aus der Laser-Doppler-Anemometrie (LDA)
entwickelt (FLÖGEL, 1987), die ebenso wie die Streulichtmethode auf Lichtstreuungseffekten beruht und besonders

zur Messung von Blasengrößen geeignet ist. Eine LDA-Meß-
anordnung besteht auf der Sendeseite aus einem Laser, einem Strahlteiler und einer Sammellinse. Auf der Empfängerseite sind zwei Fotomultiplikatoren und eine Auswerteeinheit installiert. Zwischen Sender- und Empfängerseite
befindet sich der durchsichtige Behälter, in dem die Blasengrößen gemessen werden sollen. Die zum Schnitt ge-
brachten kohärenten Laserstrahlen bilden das Meßvolumen.
In den zu vermessenden Flüssigkeiten werden Strahlen an
sich bewegenden Stoffen (Luftblasen und Partikeln) re-
flektiert und gebeugt. Das gestreute Licht wird mit dem
Fotomultiplikator in elektrische Signale umgewandelt, in
der Auswerteeinheit verarbeitet und daraus die Blasengrößen berechnet.

Der einzige Unterschied zwischen der Phasen-Doppler-Anemometrie (PDA) und der Laser-Doppler-Anemometrie (LDA)
besteht darin, daß auf der Empfängerseite der Meßeinrichtung statt einem einzigen Fotomultiplikator zwei dieser
Geräte vorhanden sind. Sie sind im geringen Abstand über-
einander unter einem Winkel von 70° zum ausfallenden La-
serstrahl angebracht. Die Signale der Fotomultiplikatoren
weisen beim Durchqueren einer Luftblase eine Phasenver-
schiebung auf, aus der sich die Schlupfgeschwindigkeit
berechnen läßt.

Abbildung 6.3 zeigt den Aufbau eines Versuchsstandes nach
dem Prinzip der Phasen-Doppler-Anemometrie.

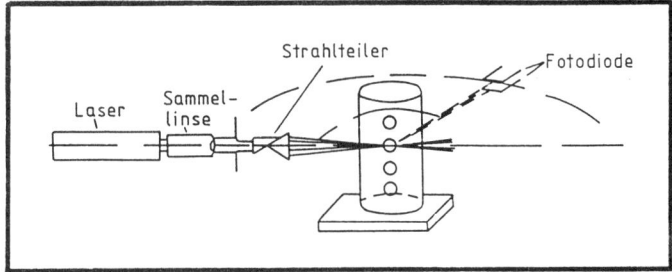

Abbildung 6.3: Versuchsstand nach dem Prinzip der Phasen-
Doppler-Anemometrie

6.7   **Genauigkeitsbetrachtungen zu den verschiedenen**
Meßmethoden

Zur Beurteilung der Ergebnisse der Messungen ist eine Abschätzung der Genauigkeit notwendig, mit der die einzelnen Meßgrößen ermittelt werden können.

Desorptionsmethode: Die Genauigkeiten, die mit der Absorptionsmethode in Reinwasser und der Desorptionsmethode
in Tensidlösungen zur Bestimmung des Belüftungskoeffizienten erzielt werden können, liegen bei etwa 5 %, wobei
sich größere Genauigkeiten ergeben, wenn die aufgezeich-
nete Sauerstoffzufuhrkurve mit der nichtlinearen Regression ausgewertet wird (BAILLOD, 1986).

Durchmesser der Luftblasen: Bei den Genauigkeitsbetrachtungen ist zwischen den Messungen mit dem Leitfähigkeitsmeßsystem und der Messung mit der Laser-Methode zu unterscheiden. Mit der Leitfähigkeitsmikrosonde lassen sich
Blasendurchmesser mit einer Genauigkeit von etwa 5 % ermitteln. Bei der Absaugung der Blasen und anschließender

Vermessung nach der Laser-Methode (fotoelektrische Methode) ist die Genauigkeit der Bestimmung des Blasendurchmessers mit 5 bis 10 % etwas geringer als mit dem Leitfähigkeitsmeßsystem.

Mittlerer relativer Luftanteil: Die Genauigkeit bei der Bestimmung des mittleren relativen Luftanteils wird von der Präzision der Ermittlung der Wasserhöhe während des Belüftens bestimmt. Hierfür ist in Reinwasser eine Genauigkeit von etwa 10 % anzusetzen. In Tensidlösungen ergibt sich, bedingt durch Schaumbildung ein noch schlechterer Wert von etwa 15 %.

Schlupfgeschwindigkeit der Luftblasen: Mit der Phasen-Doppler-Anemometrie lassen sich Genauigkeiten bei der Bestimmung der aufsteigenden Luftblasen von etwa 5 % erzielen. Im gleichen Größenbereich liegen die Genauigkeiten bei Messungen mit der Leitfähigkeitsmikrosonde.

6.8 Zusammenfassende Bewertung

Aufgrund der Vorteile gegenüber anderen Meßmethoden wird zur Durchführung der vorgesehenen Sauerstoffzufuhrmessungen die instationäre Desorptionsmethode unter Zudosierung von Reinsauerstoff ins Wasser ausgewählt. Die Messungen werden mit der nichtlinearen Regressionsmethode ausgewertet, welche die zur Zeit genaueste Auswertemethode zur Bestimmung des Sauerstoffzufuhrvermögens darstellt. Die Luftblasendurchmesser in Reinwasser werden mit einem Leitfähigkeitsmeßsystem ermittelt. Dagegen werden die Luftblasengrößen in Tensidlösungen mittels der fotoelektrischen Methode mit einem Laser als Lichtquelle bestimmt. Zur Messung des mittleren relativen Luftanteils

wird die fotografische Methode eingesetzt. Die Schlupfgeschwindigkeit der Luftblasen in Tensidlösungen wird mit
der Phasen-Doppler-Anemometrie gemessen. Die Oberflächenspannung wird mit einem kontinuierlich messenden Oberflächenspannungsmeßsystem bestimmt.

Mit Hilfe dieser ausgewählten Meßmethoden und -geräte
können sowohl das Sauerstoffzufuhrvermögen selbst als
auch die diesen Kennwert beeinflussenden Größen durch
Versuche mit großer bzw. ausreichender Genauigkeit ermittelt werden. Diese Versuche werden nachfolgend beschrieben.

7. Experimentelle Untersuchungen

7.1 Einführung

Aufgrund der Problemstellung und der wissenschaftlich-
technischen Arbeitsziele der vorliegenden Arbeit (s. Kapitel 5.3 und 5.4) ergibt sich die Notwendigkeit sowohl
in Reinwasser als auch in Tensidlösungen eine Vielzahl
von Parametern zu messen.

Zur Ermittlung der Koaleszenzvorgänge **in Reinwasser** wird
der Luftblasendurchmesser in Abhängigkeit der Wassertiefe
gemessen. Ergeben sich mit geringerer Wassertiefe Luftblasendurchmesser, die größer sind als aufgrund der
Druckverhältnisse zu erwarten sind, muß angenommen werden, daß Blasenkoaleszenz stattfindet. Redispergierungsvorgänge sollen entsprechend ermittelt werden.

In **Wasser mit Tensiden** muß eine bedeutend größere Anzahl
von Parametern bestimmt werden. Im einzelnen handelt es
sich um die schon bei der Erarbeitung der Problemstellung
dieser Arbeit angeführten Parameter:

- Schlupfgeschwindigkeit,
- Oberflächenspannung,
- Luftblasendurchmesser,
- relativer Luftanteil,
- spezifische Grenzfläche,
- Belüftungskoeffizient,
- Sauerstoffaustauschkoeffizient,
- Sauerstoffsättigungskonzentration.

Diese Parameter werden mittels den in Kapitel 6 ausgewählten Meßmethoden bestimmt, bzw. aus gemessenen Parametern berechnet (s. Kapitel 4).

Die Untersuchungen zur Ermittlung des Koaleszenzzustandes (Koaleszenz oder Redispergierung) in Wasser ohne Tenside sollen in einem **Glasbecken im technischen Maßstab** stattfinden. Die Versuche zur Ermittlung des Einflusses von Tensiden auf die den Sauerstoffübergang beeinflussenden Parameter werden zum einen in einer Säule mit einer einzelnen Glaskapillare und zum anderen in einer Glassäule mit einem Belüftungsteller durchgeführt. In der **Säule mit einer einzelnen Glaskapillare** (Einzeldüse) sind die Versuche zur Ermittlung der Schlupfgeschwindigkeit von Einzelluftblasen in Tensidlösungen vorgesehen. Diese Messungen wurden aufgrund der sehr aufwendigen Meßtechnik (Phasen-Doppler-Anemometrie) an das Institut für Strömungsmechanik der Friedrich Alexander Universität Erlangen/Nürnberg als Auftragsmessung vergeben. Alle anderen Versuche mit Tensidzugabe werden an einer **Glassäule mit einem Belüftungsteller** vorgenommen. Die drei Versuchseinrichtungen

- Glasbecken im technischen Maßstab,
- Säule mit Einzeldüse,
- Glassäule mit Belüftungsteller

werden nachfolgend näher beschrieben.

7.2 Versuchseinrichtungen

Die für die Versuche vorgesehenen Behältnisse bestehen mit Ausnahme der Säule mit Einzeldüse aus Glas, daß sich besonders gut von anhaftenden Tensidresten reinigen läßt. Damit ist gewährleistet, daß keine Beeinflussung der Meßergebnisse durch Verunreinigungen vorangegangener Messungen stattfinden kann.

Glasbecken im technischen Maßstab: Das Versuchsbecken besteht aus einer vollständig verglasten Stahlrahmenkon-
struktion. Die Abmessungen sind mit einer Länge von
3,00 m, einer Breite von 1,50 m und einer Höhe von 4,00 m
so gewählt, daß dies einem Segment aus einer technischen
Anlage entspricht und damit die Übertragung der Ergebnisse auf Verhältnisse der Praxis weitgehend gewährleistet
ist.

Das Glasbecken wird mit feinblasigen Tellerbelüftungsele-
menten aus Kunststoffmaterial ausgerüstet, die sich relativ einfach von Tensiden reinigen lassen. Die Druckluft
wird mit einem Drehkolbengebläse mit stufenloser Regelung
des Luftvolumenstroms erzeugt. Über einen Wärmeaustau-
scher wird die Druckluft auf die Umgebungstemperatur von
etwa 20 °C rückgekühlt.

Säule mit Einzeldüse: Die Säule zur Bestimmung der
Schlupfgeschwindigkeit der Luftblasen in Tensidlösungen
besteht aus Plexiglas und hat einen Durchmesser von
0,14 m. Bei einer Gesamthöhe von 0,50 m beträgt die Wassertiefe 0,36 m. Die Düse zur Erzeugung der Einzelluftblasen besteht aus Glas. Mittels eines Taktgebers wird
über eine Luftleitung ein vorgewählter Luftvolumenstrom
in die Glaskapillare gedrückt. Je nach Luftvolumenstrom
werden einzelne Luftblasen unterschiedlichen Durchmessers
erzeugt, die in der Säule mit den jeweiligen Lösungen
aufsteigen.

Glassäule mit Belüftungsteller: Die Glassäule mit einge-
bautem Belüftungsteller hat bei einer Gesamthöhe von
0,84 m und einem Durchmesser von 0,30 m ein Wasservolumen
von 45 l. Vom oberen Ende aus gesehen ist sie bis zu einer Tiefe von 0,69 m zylinderförmig ausgebildet, während

der untere Teil 0,15 m halbkugelförmig bis zum Ablaufhahn
zuläuft (s. Abbildung 7.1).

Zur feinblasigen Verteilung der Druckluft ist ein Belüftungsteller aus Kunststoffmaterial in 0,52 m Entfernung
von dem für die Messungen vorgesehenen Ruhewasserspiegel
angebracht. Die Druckluft (öl- und staubfrei) wird als
Teilstrom aus der Versorgungsleitung des großtechnischen
Glasbeckens entnommen. Der für die Messungen in der Glassäule vorgesehene Volumenstrom an Druckluft wird über einen Gaszähler erfaßt. Druck und Temperatur der Druckluft
werden gleichzeitig gemessen, um die Umrechnung des aktu-
ellen Luftvolumenstroms auf Normbedingungen vornehmen zu
können.

Bei allen Messungen wird der in der Glassäule eingebaute
Belüftungstellers im Mittel mit etwa 0,75 m^3_L/h beaufschlagt, wobei Schwankungen von 0,5 bis 1,4 m^3_L/h zuge-
lassen werden. Eine stärkere (gezielte) Variation der
Luftbeaufschlagung erscheint nicht sinnvoll, da nur der
prinzipielle Einfluß der Tenside auf die zu untersuchenden Parameter nachgewiesen werden soll.

7.3   Ausgewählte Tenside

In den Arbeitsanleitungen und Normen ist vorgeschrieben,
anionische Tenside zur Durchführung von Sauerstoffeintragsmessungen zu verwenden. Die Formulierung "anionische
Tenside" läßt es zu, beliebige anionische Tenside für
Sauerstoffeintragsmessungen einzusetzen, die jedoch unterschiedliche Einflüsse auf den Sauerstoffübergang ins
Wasser zeigen können. Damit ist es möglich, daß auch
durch die Auswahl von Tensiden das Sauerstoffzufuhrvermö-

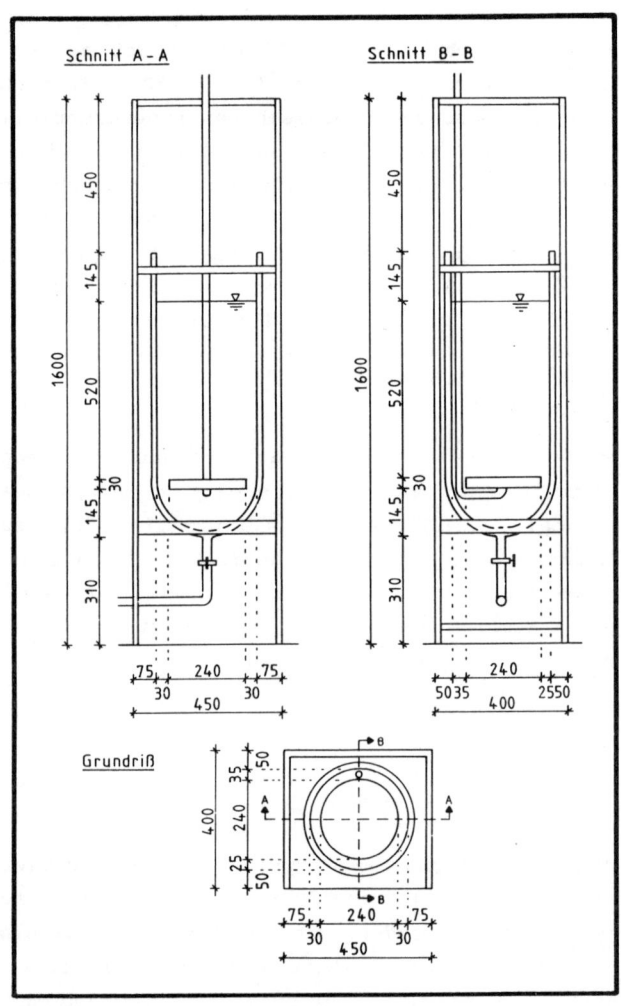

Abbildung 7.1: Glassäule mit Belüftungsteller

gen von Belüftungssystemen beeinflußt wird, ohne die Angaben in den gültigen Arbeitsanleitungen bzw. Normen zu verletzen.

Es wird aufgrund der Literaturauswertung und eigenen orientierenden Messungen unter Zusatz von anionischen Tensiden in Wasser vermutet, daß die Reproduzierbarkeit von Sauerstoffzufuhrmessungen besonders bei Verwendung von Produkten mit starker Schaumentwicklung sehr gering ist. Die Literaturauswertung zeigt außerdem, daß mit steigender Luftbeaufschlagung der Belüftungssysteme die Schaumentwicklung stark zunimmt (POGGEMANN, 1982), was zur Vermutung Anlaß gibt, daß sich die zudosierten Tenside im Schaum und nicht mehr im Wasser befinden. Diese Annahme wird dadurch gestützt, daß das Ausblasen von Tensiden aus dem Wasser eine übliche Methode zur Verringerung der Tensidkonzentration ist (PÖPEL, 1975).

Aus diesen Gründen ist zu empfehlen, bei Sauerstoffzufuhrmessungen Tenside zu verwenden, die beim Belüften relativ wenig Schaum erzeugen. Damit ist eine erste Voraussetzung zu konstanten und vergleichbaren Verhältnissen für die Durchführung von Sauerstoffzufuhrmessungen erfüllt.

In der Bundesrepublik werden anionische und nichtionische Tenside am häufigsten verwendet. Dementsprechend sind sie auch im Abwasser in hohen Konzentrationen nachweisbar. Aus diesen Gründen werden anionische und nichtionische Tenside bezüglich ihres Einflusses auf den Sauerstoffeintrag untersucht. Kationische Tenside werden ebenso wie die nur in geringen Mengen produzierten amphoteren Tenside nicht für die Messungen verwendet.

In Tabelle 7.1 sind die für die Untersuchungen ausgewählten schaumarmen anionischen und nichtionischen Tensidtypen mit Angabe der chemischen Bezeichnung (soweit von den Herstellern bekanntgegeben) aufgeführt. Bei den anionischen Tensiden wurde das Kation des hydrophilen Tensidteils nicht variiert. Es wurde nur Natrium als Kation untersucht.

Tabelle 7.1 : Ausgewählte Tensidtypen

Anionische Tenside:

Anionisches Tensid Nr. 1 (AT1):
Alkylpolyglykoletherphosphorsäurepartialester-
Natriumsalz

Anionisches Tensid Nr. 2 (AT2):
Diisooctylsulfosuccinat-Natriumsalz

Anionisches Tensid Nr. 3 (AT3):
Fettsäurekondensationsprodukt, Natriumsalz

Anionisches Tensid Nr. 4 (AT4):
Fettsäuregemisch-Natriumsalz (Kernseife)

Anionisches Tensid Nr. 5 (AT5):
Dicyclohexylsulfosuccinat

Nichtionische Tenside:

Nichtionisches Tensid Nr. 1 (NT1):
Fettsäurepolydiethanolamid

Nichtionisches Tensid Nr. 2 (NT2):
Ölsäureamidpolyglycolether

Von den in hochkonzentrierten Stammlösungen gelieferten
Tensiden werden die für die Versuche benötigten Mengen
abgewogen und in Meßkolben mit destilliertem Wasser gelöst. Die so entstandenen gebrauchsfertigen Lösungen können in flüssiger Form in die Versuchsbehälter dosiert
werden.

Aufgrund der Anzahl von sieben ausgewählten Produkten
konnten nicht von jedem Tensidtyp sämtliche Messungen
(Oberflächenspannungen, Sauerstoffzufuhrmessungen, Bestimmung des mittleren relativen Luftanteils und der
Luftblasengröße) bei jeder Versuchseinstellung (Tensidkonzentration, Wasserart) durchgeführt werden. Deshalb
wird bei der Darstellung der Meßergebnisse in Kapitel 8
jeweils angegeben, welche Tenside zu den Messungen herangezogen wurden.

7.4   Versuchsprogramm

Die vorgesehenen Versuche können am zweckmäßigsten in den
im Kapitel 7.2 beschriebenen drei Versuchseinrichtungen
durchgeführt werden. Aus diesem Grund wird das vorgesehene Versuchsprogramm getrennt für die folgenden Versuchseinrichtungen

- Glassäule mit Belüftungsteller,
- Glasbecken im technischen Maßstab und
- Plexiglassäule mit Einzeldüse

angegeben.

Der größte Teil des Versuchsgrogramms wird in der Glassäule mit Belüftungsteller durchgeführt. Aus diesem Grund

wird zuerst das Versuchsprogramm in dieser Säule vorgestellt. Die Versuche im Glasbecken im technischen Maßstab
und in der Säule mit der Einzeldüse werden anschließend
behandelt.

Versuchsprogramm 1 in der Glassäule mit Belüftungs- teller

In der Glassäule mit Belüftungsteller soll der Einfluß
von Tensiden auf den Sauerstoffübergang untersucht werden. Zum Vergleich und Einordnung der Meßergebnisse sollen zuerst Messungen in Wasser ohne Tenside und anschließend in Wasser mit Tensiden durchgeführt werden. In
Kapitel 5 wurde gezeigt, daß über den Einfluß von Elektrolyten auf den Sauerstoffübergang in Tensidlösungen nur
sehr lückenhaft berichtet wird. Aus diesem Grund sollen
Messungen in verschiedenen Wasserarten durchgeführt werden, die sich durch verschiedene Elektrolytgehalte unterscheiden.

Bei der Auswahl der Wasserarten für die Versuche wurde
darauf geachtet, daß sowohl sehr geringe als auch relativ
hohe Elektrolytgehalte und unterschiedliche Wasserhärten
vorliegen. Der Elektrolytgehalt wird vereinfacht als
elektrische Leitfähigkeit [mS/m] gemessen und nicht wie
üblich als Konzentration [g/m^3] angegeben.

Die Messungen sollen in folgenden **Wasserarten** durchgeführt werden:

- destilliertes Wasser,
- Trinkwasser (Darmstädter Leitungswasser),
- Trinkwasser mit Zusatz von Natriumsulfat,
- Trinkwasser mit härteerhöhenden Chemikalien,
- Trinkwasser mit gleichzeitiger Dosierung von
  Natriumsulfat und härteerhöhenden Chemikalien.

In **destilliertem Wasser** ist der Elektrolytgehalt sehr ge-
ring (elektrische Leitfähigkeit < 0,5 mS/m), während in
Trinkwasser (Darmstädter Leitungswasser) eine elektrische
Leitfähigkeit von etwa 60 mS/m gemessen wird.

In den drei anderen Wasserarten wird der Elektrolytgehalt
mittels Chemikalien erhöht. Zum einen wird Trinkwasser
Natriumsulfat zugesetzt (nachfolgend als **Trinkwasser +
Salz** bezeichnet). Das Sulfat bildet sich infolge Belüften
beim üblichen Zusatz von Natriumsulfit als Deoxygenie-
rungsmittel bei Sauerstoffzufuhrmessungen in Reinwasser.
Durch die Auswahl von Natriumsulfat zur Erhöhung des
Elektrolytgehaltes ergeben sich daher praxisnahe Bedingungen bei der Ermittlung dieses Einflusses bei Anwesenheit von Tensiden auf den Sauerstoffübergang. Infolge des
Zusatzes von Natriumsulfat wird die Leitfähigkeit auf maximal 300 mS/m erhöht. Dieser Wert entspricht der in den
Arbeitsanleitungen bzw. Normen maximal erlaubten elektrischen Leitfähigkeit, bis zu der noch Sauerstoffzufuhrmessungen durchgeführt werden können.

In der Bundesrepublik werden im Trinkwasser infolge der
geologischen Gegebenheiten stark unterschiedliche Härte-
grade festgestellt. Aus diesem Grund soll auch die **Wasserhärte** als eventueller Einflußfaktor auf die Wirkungs-
weise von Tensiden untersucht werden. Demzufolge werden
dem Trinkwasser als zweite Elektrolytart härteerhöhende
Chemikalien beigegeben, bis die Wasserhärte 30 °dH be-

trägt. Als härteerhöhende Chemikalien wurde eine Mischung
aus Calciumchlorid (80 % der Gesamtmenge) und Magnesiumsulfat (20 % der Gesamtmenge) ausgewählt. Die elektrische
Leitfähigkeit erhöht sich durch die Aufhärtung auf etwa
120 mS/m. Nachfolgend wird diese Wasserart als **Trinkwasser + Härte** bezeichnet.

Zur Kennzeichnung des gemeinsamen Einflusses beider Elek-
trolytarten wird ein fünftes Wasser hergestellt, bei dem
Trinkwasser sowohl Natriumsulfat als auch die beschriebenen härteerhöhenden Chemikalien zudosiert wird (**Trinkwasser + Salz + Härte**). In diesem Wasser beträgt die Wasserhärte 30 °dH und die elektrische Leitfähigkeit 300 mS/m.

Messungen in Wasser ohne Tenside: Die Messungen in Wasser
ohne Tensidzusatz werden mit allen fünf beschriebenen
Wasserarten durchgeführt. Mittels diesen Messungen ist es
möglich, einen Vergleich der Ergebnisse mit Messungen in
Tensidlösungen dieser Wasserarten vornehmen zu können.
Folgende Messungen werden durchgeführt:

- Messungen zur Bestimmung der Luftblasendurchmesser,
- Messung des mittleren relativen Luftanteils,
- Sauerstoffzufuhrmessungen zur Ermittlung des Belüftungskoeffizienten und der Sauerstoffsättigungskonzentration (unter Versuchsbedingungen).

Messungen in Wasser mit Tensiden: Die Messungen in Tensidlösungen werden sowohl mit anionischen als auch mit
nichtionischen Tensiden durchgeführt, deren chemische
Struktur unterschiedlich und deren Schaumvermögen gering
ist (s. Tabelle 7.1).

Folgende Messungen werden in allen Wasserarten mit Tensidzusatz durchgeführt:

- *Oberflächenspannungsmessung*: Bestimmung der Oberflächenspannung in Trinkwasser mit den Tensiden AT1 bis AT5 sowie NT1 und NT2 in Abhängigkeit der Tensidkonzentration sowie in Abhängigkeit der Belüftungszeit.

- *Messung der Luftblasendurchmesser*: In Tensidlösungen (alle Wasserarten) werden Luftblasendurchmesser mit Zusatz von zwei anionischen Tensiden (AT1 und AT2) sowie dem nichtionischen Tensid NT1 gemessen. In den Wässer wird eine Tensidkonzentration von 2,5; 5,0 und 7,5 g/m^3 eingestellt.

- *Messung des mittleren relativen Luftanteils*: Die Versuchseinstellungen entsprechen dem vorausgegangen Punkt "Messung der Luftblasendurchmesser".

- *Sauerstoffzufuhrmessungen*: Mit diesen Messungen werden Belüftungskoeffizienten und Sauerstoffsättigungskonzentrationen (unter Versuchsbedingungen) bestimmt. Die Versuchseinstellungen entsprechen denen des Punktes "Messung der Luftblasendurchmesser".

Versuchsprogramm 2 im Glasbecken im technischen Maßstab

Zur Bestimmung der Koaleszenzzustandes (Koaleszenz oder Redispergierung) werden Blasengrößenmessungen im Glasbecken im technischen Maßstab in Trinkwasser durchgeführt. Dazu werden die Durchmesser von Luftblasen ausschließlich in Trinkwasser ohne Tensidzusatz mittels einer Leitfähigkeitsmikrosonde gemessen. Die Meßstellen befinden sich dabei in 0,60 m; 1,85 m und 3,10 m Abstand vom Ruhewasserspiegel. Die Belegungsdichte der Belüftungselemente wird nicht variiert. Die Luftbeaufschlagung beträgt konstant 5,4 m^3_N pro Belüftungselement pro Stunde.

Versuchsprogramm 3 in der Plexiglassäule mit Einzeldüse

Das Versuchsprogramm zur Ermittlung der Schlupfgeschwindigkeit in Tensidlösungen sieht Messungen in der Säule mit Einzeldüse vor. Dabei sind zum einen Messungen der Schlupfgeschwindigkeit in Abhängigkeit der Luftblasendurchmesser mittels der Phasen-Doppler-Anemometrie in **destilliertem und Trinkwasser ohne Tensidzusatz** vorgesehen; zum anderen werden destilliertem Wasser und Trinkwasser **Tenside zugesetzt.** Als Vertreter der anionischen Tensidgruppe wurden die Tenside AT1 sowie AT2 und als Repräsentant der nichtionischen Tenside das Tensid NT1 ausgewählt. Dazu werden jeweils Tensidlösungen in einer Konzentration von 2,5 und 5,0 g/m^3 hergestellt.

Zur Abschätzung des Einflußes der Alterung der Tenside auf die Schlupfgeschwindigkeit werden zum einen neu hergestellte und zum anderen 6 Monate gealterte Tensidlösungen verwendet.

In der nachfolgenden Tabelle 7.2 ist das vorgesehene Versuchsprogramm in den drei vorgesehenen Versuchseinrichtungen übersichtlich zusammengefaßt.

Tabelle 7.2: Versuchsprogramm

■ **Glassäule mit Belüftungsteller**

• Messung des Verlaufs der Oberflächenspannung in Trinkwasser in Abhängigkeit der Tensidkonzentration

$\sigma = f(\text{Tensidtyp}, \text{Tensidkonzentration})$

AT1	$2,0\ g/m^3$
AT2	$3,0\ g/m^3$
AT3	$5,0\ g/m^3$
AT4	$7,0\ g/m^3$
AT5	$9,0\ g/m^3$
NT1	
NT2	

7 Tensidtypen   5 Tensidkonzentrationen

insgesamt: 7 · 5 = 35 Messungen

• Messung des Verlaufs der Oberflächenspannung in Trinkwasser in Abhängigkeit der Belüftungszeit mit den Tensiden AT 1, AT 2, AT 3

• Messung von:
- mittlerer Luftblasendurchmesser
- mittlerer relativer Luftanteil
- Belüftungkoeffizient
- Sauerstoffsättigungskonzentration

jeweils f(Wasserart, Tensidtyp, Tensidkonzentration)

Destilliertes Wasser	AT1	$0\ g/m^3$
Trinkwasser	AT2	$2,5\ g/m^3$
Trinkwasser + Salz	NT1	$5,0\ g/m^3$
Trinkwasser + Härte		$7,5\ g/m^3$
Trinkwasser + Salz + Härte		

5 Wasseratren   3 Tensidtypen   4 Tensidkonzentrationen

insgesamt: 5 · 3 · 4 = 60 Messungen

Tabelle 7.2: Versuchsprogramm (Fortsetzung)

■ **Glasbecken im technischen Maßstab**

· Erfassung des Koaleszenzzustandes

Messung der Luftblasendurch-messer bei $5,4\ m^3{}_N/Bel.Element \cdot h$	Meßstelle		
	0,60 m	1,85 m	3,10 m
	vom Ruhewasserspiegel		

■ **Plexiglassäule mit Einzeldüse**

· Messung der Schlupfgeschwindigkeiten:

f(Wasserart, Tensidtyp, Tensidalter, Tensidkonzentration)

Destilliertes Wasser Trinkwasser	AT1 AT2 NT1	neu hergestellt 6 Monate gealtert	$0\ g/m^3$ $2,5\ g/m^3$ $5,0\ g/m^3$
2 Wasserarten	3 Tensidtypen	2·Alter des Tensides	3 Konzen-trationen

insgesamt: 2 · 3 · 2 · 3 = 36 Messungen

7.5 Durchgeführte Messungen und Ergebnisse
7.5.1 Koaleszenzzustand

Zur Ermittlung des Koaleszenzzustandes bei feinblasigen Druckluftbelüftungssystemen werden Luftblasendurchmesser im Glasbecken im technischen Maßstab in unterschiedlichen Wassertiefen (0,60 m; 1,85 m; 3,10 m vom Ruhewasserspiegel) mit einer 5-Punkt-Leitfähigkeitsmikrosonde bestimmt und rechnerisch überprüft. Dabei wird der gemessene Durchmesser der Luftblasen an der Meßstelle in 3,10 m Abstand vom Ruhewasserspiegel als Ausgangsgröße der Berechnung zugrunde gelegt. Mittels des Boyle-Mariott'schen Gesetzes werden die Durchmesser an den beiden anderen Meßstellen berechnet, wobei den Berechnungen die in diesem Durchmesserbereich üblicherweise auftretenden Ellipsoide zugrunde gelegt werden. Die Ergebnisse der Messungen und der Berechnungen sind in Tabelle 7.3 zusammengefaßt.

Tabelle 7.3: Ergebnisse der Messungen und der Berechnungen zur Bestimmung des Koaleszenzzustandes in Wasser ohne Tenside

| | Meßstelle | | |
| | 0,60 m | 1,85 m | 3,10 m |
	vom Ruhewasserspiegel		
Anzahl der gemessenen Blasen [-]	3000	3000	3000
mittlerer Luftblasendurchmesser [mm]: gemessen	2,01	1,94	1,91
mittlerer Luftblasendurchmesser [mm]: berechnet	2,01	1,95	1,91 (Ausgangsgröße)

Die Ergebnisse der Messungen und Berechnungen werden in Kapitel 8.2 ausgewertet.

7.5.2 Schlupfgeschwindigkeit in Abhängigkeit des Luftblasendurchmessers

Vor Beginn jeder Messung des Luftblasendurchmessers in der Säule mit Glaskapillare wird die Säule intensiv gereinigt, mit destilliertem Wasser bzw. Trinkwasser gespült und anschließend mit dem jeweiligen Wasser gefüllt. Die Glaskapillaren werden in einem Behälter mit Chromschwefelsäure aufbewahrt, um Verunreinigungen durch anhaftende Tensidreste auszuschließen. Durchmesser und Schlupfgeschwindigkeit der Einzelluftblasen werden mittels der Phasen-Doppler-Anemometrie gemessen.

Die Ergebnisse der Messungen zur Bestimmung der Schlupfgeschwindigkeit von Einzelblasen in **Wasser ohne Tenside** sind in Abhängigkeit der Blasendurchmesser und der Wasserart (destilliertes Wasser und Trinkwasser) im Anhang in Tabelle A.1 zusammengefaßt.

Die Ergebnisse der Messungen in den **Tensidlösungen mit destilliertem Wasser** sind in Tabelle A.2.1 (6 Monate gealtert) und A.2.3 (neu hergestellte Lösung) **sowie in Trinkwasser** in Tabelle A.2.2 (6 Monate gealtert) und A.2.4 (neu hergestellte Lösung) tabelliert. In den Tabellen wird jeweils der Tensidtyp und die Tensidkonzentration unterschieden.

Die Ergebnisse der Messungen werden in Kapitel 8.3 ausgewertet.

7.5.3   Oberflächenspannung

Vor Beginn jeder Messung in der Glassäule mit Belüftungsteller zur Bestimmung der **Oberflächenspannung in Abhängigkeit der Tensidkonzentration** werden sowohl die Glassäule als auch die Zuleitungsschläuche zum Oberflächenspannungsmeßgerät mit Aceton gereinigt und mit Leitungswasser gespült. Das Oberflächenspannungsmeßgerät wird zur
Erreichung der Betriebstemperatur eine Stunde vor Meßbe-
ginn eingeschaltet. Die Platinplatte wird intensiv mit
Salz- und Schwefelsäure gereinigt und mit einem Bunsen-
brenner abgeflammt, so daß sich keine Schmutzpartikel auf
der Platte befinden, die die Messung beeinflussen könnten. Während der gesamten Meßzeit wird das Probengefäß
des Oberflächenspannungsmeßgeräts mit einem Thermostaten
auf die Temperatur des Wasser/Tensidgemisches temperiert.
Temperatureinflüsse auf die Oberflächenspannung durch
äußere Bedingungen sind somit ausgeschlossen.

Nach Beendigung der Vorbereitung des Meßgerätes wird die
Glassäule mit Trinkwasser (oder destilliertem Wasser) gefüllt und mit einem Rührer so durchmischt, daß keine
Luftblasen in das Wasser eingezogen werden. Der Probenah-
mekreislauf zum Oberflächenspannungsmeßgerät wird in Betrieb genommen und anschließend wird mit einer Glaspipette eine Lösung des jeweils zu untersuchenden Tensids in
der entsprechenden Verdünnung zugegeben und mindestens
fünf einzelne Messungen der Oberflächenspannung durchgeführt. Aus den fünf Einzelmessungen wird der Mittelwert
errechnet, der als Oberflächenspannung der entsprechenden
Tensidlösung angegeben wird.

Die Ergebnisse der Messungen zur Bestimmung der Oberflächenspannung in Abhängigkeit der Tensidkonzentration sind
im Anhang in <u>Tabelle A.3.1</u> zusammengefaßt. Für die ausge-

wählten Tenside ist die Oberflächenspannung für eine Tensidkonzentration von 2,0; 3,0; 5,0; 7,0 und 9,0 g/m^3 angegeben.

Die Vorgehensweise zur Bestimmung der **Oberflächenspannung in Abhängigkeit der Belüftungszeit** entspricht derjenigen bei den Messungen mit unterschiedlichen Tensidkonzentrationen. Statt des Einbaus eines Rührers zur Aufrechterhaltung einer ausreichenden Umwälzströmung wird die Säule über den Belüftungsteller mit einem konstanten Luftvolumenstrom begast. Die Zugabe des entsprechenden vorgelösten Tensids erfolgt zu Beginn der Messung mit einer Glaspipette.

In Tabelle A.3.2 sind die Meßergebnisse zur Ermittlung des Einflusses der Belüftungszeit auf die Oberflächenspannung der verschiedenen Tenside dargestellt. Im oberen Teil der Tabelle ist die Oberflächenspannung für die Tenside AT1 und AT2 in Abständen von einer halben Stunde aufgetragen, während im unteren Teil die Oberflächenspannung für das Tensid AT3 in Zeitabständen von etwas weniger als drei Minuten angegeben wird. Die geringere Zeitdifferenz ist für die Messungen mit dem Tensid AT3 notwendig, da sich bei diesem Tensid die Oberflächenspannung innerhalb sehr kurzer Zeit ändert.

Die Ergebnisse der Oberflächenspannungsmessungen werden in Kapitel 8.4.1.1 ausgewertet.

7.5.4 Luftblasendurchmesser

Zur Ermittlung der Durchmesser von Luftblasen in Tensidlösungen in der Glassäule mit Belüftungsteller wird die

Laser-Methode eingesetzt. Die Messungen sind mit Meßappa-
raturen und von Mitarbeitern des Instituts für Strömungsmechanik der Universität Erlangen/Nürnberg am Meßstand in
Darmstadt durchgeführt worden. Die Meßeinrichtung zur Bestimmung des Blasendurchmessers besteht im wesentlichen
aus einem Absaugtrichter, der Glaskapillare mit Laser und
Positionsdiode, einer Meßeinheit und einem Kleinrechner
zur Datenerfassung und Auswertung.

Der Absaugtrichter in der Säule wird in halber Eintauchtiefe (0,26 m von der Wasseroberfläche entfernt) befestigt. Vor jeder Messung wird optisch kontrolliert, ob
die Luftblasen isokinetisch, d.h. ohne Koaleszensvorgänge
am Absaugtrichter eingesaugt werden. Zum Absaugen des
Wasser/Luftblasengemisches aus der Glassäule werden zwei
stufenlos regelbare, parallel betriebene Schlauchpumpen
eingesetzt, die eine gleichmäßige Fördergeschwindigkeit
innerhalb der Glaskapillare (0,8 mm Durchmesser) von etwa
1,00 bis maximal 2,00 m/s garantieren. Diese Geschwindigkeit ist nach JEKAT (1975) für die erwarteten Durchmesser
der Luftblasen in Tensidlösungen von etwa 1,0 bis 2,0 mm
als optimal anzusehen.

Für die Messungen zur Bestimmung der Luftblasendurchmesser in Trinkwasser und in destilliertem Wasser beträgt
der Durchmesser der verwendeten Glaskapillare 2,00 mm.
Die Fließgeschwindigkeit in der Glaskapillare wird für
diese Messungen auf etwa 4,00 m/s erhöht (JEKAT, 1975).
Mit dieser hohen Geschwindigkeit in der Glaskapillare
können reproduzierbare Ergebnisse der Luftblasendurchmesser im erwarteten Größenbereich erzielt werden.

Die vom Laser und der Positionsdiode ausgesendeten Signale werden von der Meßeinheit empfangen und weiter verar-

beitet. Diese Meßdaten werden auf einen Kleinrechner (AT, IBM-kompatibel) übertragen und dort ausgewertet.

Bedingt durch das Meßprinzip werden mit der Laser-Methode die Volumen der abgesaugten Luftblasen bestimmt. Aus dieser Meßgröße wird dann unter der Annahme einer Kugelgestalt der Luftblasen der Durchmesser bestimmt. Dieser Wert wird als volumenäquivalenter Luftblasendurchmesser $d_{B,e}$ bezeichnet.

Die Ergebnisse der Messungen zur Bestimmung der Durchmesser von Luftblasen sind im Anhang in den Tabellen A.5.1.1 (mittlerer Durchmesser) und A.5.1.2 (Sauterdurchmesser) für die verschiedenen Wasserarten ohne Tensidzusatz und in den Tabellen A.6.1.1 bis A.6.1.6 für Tensidlösungen in Abhängigkeit der Parametervariation (Wasserart, Tensidtyp, Tensidkonzentration) aufgeführt. Die Meßergebnisse werden in Kapitel 8.4.1.4 ausgewertet.

7.5.5   Mittlerer relativer Luftanteil

Zur Bestimmung des mittleren relativen Luftanteils bei den Versuchen in der Glassäule mit Belüftungsteller wird an der Außenseite der Glassäule im Abstand von 2 cm bis 7 cm über dem vorgesehenen Ruhewasserspiegel ein Maßband mit Millimetereinteilung angebracht. Zur Messung wird die Glassäule bis zum Ruhewasserspiegel mit Wasser gefüllt und diejenige Luftmenge eingestellt, mit der die Messungen durchgeführt werden sollen. Eine Spiegelreflexkamera (Olympus OM-2N) wird auf einem Stativ so ausgerichtet, daß auf der Bildebene der markierte Ruhewasserspiegel und der infolge der Belüftung erhöhte Wasserstand zu erkennen ist. Von jeder Versuchseinstellung werden mindestens vier

Fotos angefertigt, um etwaige Schwankungen des Wasser-
standes infolge des Belüftens in die Auswertung mit ein-
zubeziehen. Als maßgebende Erhöhung wird der Mittelwert
aller ausgewerteten Bilder angegeben. Daraus wird mittels
Gleichung 4.32 (s. Kapitel 4.6.4) der mittlere relative
Luftblasenanteil im Wasser bzw. den Tensidlösungen berechnet.

Die Ergebnisse der Messungen zur Bestimmung des mittleren
relativen Luftanteils in Wasser ohne Tenside sind im Anhang in den Tabellen A.5.2 in Abhängigkeit der Wasserart
dargestellt. In den Tabellen A.6.2.1 bis A.6.2.4 sind die
Ergebnisse in den Tensidlösungen (Parametervariation:
Wasserart, Tensidtyp, Tensidkonzentration) zusammengefaßt. Sie werden in Kapitel 8.4.1.5 ausgewertet.

7.5.6   Spezifische Grenzfläche

Die spezifische Grenzfläche wird nicht durch direkte Messungen bestimmt, sondern aus verschiedenen anderen Meßgrößen (mittlerer relativer Luftanteil, Luftblasendurchmesser) mittels Gleichung 4.33 (s. Kapitel 4.6.4) berechnet. Die Ergebnisse sind im Anhang in Tabelle A.5.3 in
Abhängigkeit der Wasserart für Wasser ohne Tenside und in
Tabelle A.6.3.1 bis A.6.3.4 für Tensidlösungen (Parametervariation: Wasserart, Tensidtyp und Tensidkonzentration) zusammengefaßt. Die Auswertung der Ergebnisse wird in
Kapitel 8.4.1.6 vorgenommen.

7.5.7 Belüftungskoeffizient und Sauerstoffsättigungskonzentration unter Versuchsbedingungen

Die Messungen zur Bestimmung des Belüftungskoeffizienten bzw. der Sauerstoffsättigungskonzentration unter Zugabe von Tensiden in der Glassäule mit Belüftungsteller werden nach der in Kapitel 6.2.3 beschriebenen Vorgehensweise durchgeführt.

Die Glassäule wird entsprechend den Anforderungen des jeweiligen Versuchs mit Darmstädter Leitungswasser, destilliertem Wasser oder Wasser mit Zusatz von Chemikalien gefüllt, so daß das Wasservolumen 45 l beträgt.

Reinsauerstoff wird bei laufendem Gebläse aus handelsüblichen Druckgasflaschen in die Zuleitung zum Belüftungsteller dosiert, bis die Sauerstoffkonzentration in der Glassäule ungefähr 25 g/m^3 beträgt.

Zur Bestimmung des Sauerstoffgehalts wird eine Elektrode der Firma Orbisphere, Gießen, benutzt. Die Elektrode ist so an der Luftzuführungsleitung befestigt, daß sich die Membranoberfläche der Elektrode in 0,26 m Entfernung von der Wasseroberfläche befindet (s. Abbildung 7.1).

Vor jeder Messung wird die Sauerstoffelektrode überprüft und auf Nullpunkt und Steilheit geeicht. Dabei wird die Sauerstoffsättigungstabelle der ATV-Arbeitsanleitung zugrunde gelegt. Die Sauerstoffkonzentrationen werden kontinuierlich gemessen und digital auf einen Rechner übertragen. Die Messung wird beendet, wenn die Abnahme der Sauerstoffkonzentration kleiner als 0,1 mg/(l·h) ist.

Vor, während und nach den Messungen werden der barometrische Luftdruck, die Lufttemperatur, die relative Luft-

feuchtigkeit, der Wasserstand in Ruhe und im Betrieb, die
Wassertemperatur, der pH-Wert und die elektrische Leitfähigkeit mehrmals gemessen.

Aus der registrierten Sauerstoffzufuhrkurve werden die
diese Kurve kennzeichnenden Parameter Belüftungskoeffizient ($k_L a$), Sauerstoffkonzentration zur Zeit t = 0 (c_0)
und Sauerstoffsättigungskonzentration unter Versuchsbedingungen c_{SV} vorzugsweise mit der nichtlinearen Regression bestimmt.

In Abbildung 7.2 ist am Beispiel einer in der Glassäule
durchgeführten Sauerstoffzufuhrmessung das Ergebnis einer
Messung mit Auswertung dargestellt. Die Sauerstoffzufuhrkurve (Abbildung 7.2, oben) stammt von einer Reinwasser-
messung in der Glassäule mit Belüftungsteller. Die in
Zeitabständen von 8 bis 15 Sekunden (je nach Luftbeaufschlagung) gebildeten Wertepaare (Sauerstoffkonzentration
und Zeitpunkt) dienen als Ausgangsdaten zur Bestimmung
des Sauerstoffzufuhrvermögens mit Hilfe der nichtlinearen
Regression. Zur Beurteilung der Güte der Messung werden
die Abweichungen zwischen Soll- und Ist-Wert als Funktion
der Zeit aufgetragen (s. Abbildung 7.2, Mitte). Zufällig
verteilte Vorzeichen der Messung deuten auf eine genaue
Auswertung hin. Als weiteres Beurteilungskriterium der
Güte der Auswertung wird neben der gemessenen auch die
errechnete Sauerstoffkurve aufgetragen. Kommen beide Kur-
ven zur Deckung, ist die Auswertung zufriedenstellend
durchgeführt worden (s. Abbildung 7.2, unten). Diejenigen
Parameter ($k_L a$, c_{SV}, c_0), die zur Berechung der aufgetra-
genen Sauerstoffzufuhrkurve dienten, werden dann als Ergebnis der jeweiligen Messung ausgegeben.

Die Ergebnisse zur Bestimmung des Belüftungskoeffizienten
in Wasser ohne Tenside sind im Anhang in Tabelle A.5.4 in

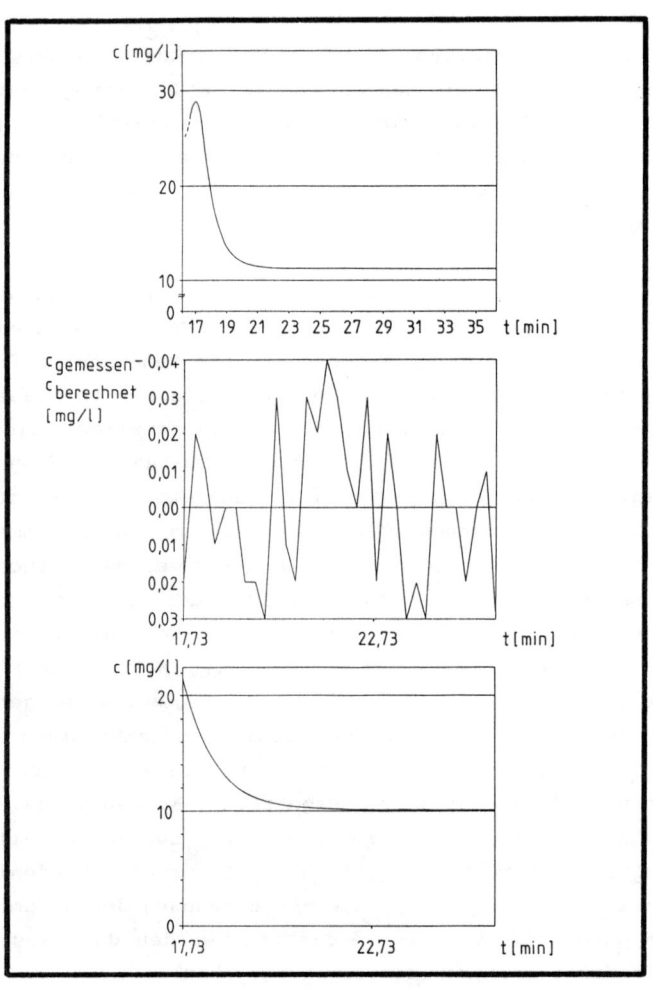

Abbildung 7.2: Beispielhafte Auswertung einer Sauerstoffzufuhrkurve

Abhängigkeit der Wasserart und für die Messungen in Tensidlösungen in den Tabellen A.6.4.1 bis A.6.4.4 (Parametervariation: Wasserart, Tensidtyp, Tensidkonzentration) zusammengefaßt. In Tabelle A.5.6 sind die Sauerstoffsättigungskonzentrationen (unter Versuchsbedingungen) in Abhängigkeit der Wasserart in Wasser ohne Tenside und in Tensidlösungen in den Tabellen A.6.6.1 bis A.6.6.3 tabelliert (Parametervariation: Wasserart, Tensidtyp, Tensidkonzentration).

Die Ergebnisse werden in Kapitel 8.4.1.7 und 8.4.1.9 ausgewertet.

7.5.8 Sauerstoffaustauschkoeffizient

Der Sauerstoffaustauschkoeffizient wird berechnet, indem der Belüftungskoeffizient durch die spezifische Grenzfläche dividiert wird. Die Ergebnisse der Berechnungen zur Ermittlung des Sauerstoffaustauschkoeffizienten sind für Wasser ohne Tenside in Abhängigkeit der Wasserart in Tabelle A.5.5 zusammengestellt. In den Tabellen A.6.5.1 bis A.5.6.3 sind die Ergebnisse in den Tensidlösungen (Parametervariation: Wasserart, Tensidtyp, Tensidkonzentration) zusammengefaßt. In Kapitel 8.4.1.8 werden die Ergebnisse ausgewertet.

Im folgenden Kapitel werden die in den vorhergehenden Abschnitten dargestellten Meßergebnisse ausgewertet.

8. Auswertung der Versuchsergebnisse
8.1 Einführung

Die Auswertung der im vorigen Abschnitt dargelegten Versuchsergebnisse wird getrennt für Wasser ohne Tenside und Tensidlösungen vorgenommen. In Wasser **ohne Tenside** (Versuche im **Glasbecken im technischen Maßstab**) wird der Koaleszenzzustand bei der feinblasigen Druckluftbelüftung untersucht (Kapitel 8.2). Die Auswertung der Versuchsergebnisse in den **Tensidlösungen** wird in den Kapiteln 8.3 bis 8.6 vorgenommen. In Kapitel 8.3 wird dabei der Einfluß der Tensidzugabe auf die Schlupfgeschwindigkeit von Einzelblasen (Versuche in der **Säule mit Einzeldüse**) untersucht. Im anschließenden Kapitel 8.4 wird der Einfluß von Tensiden auf verschiedene den Sauerstoffeintrag beeinflussende Parameter (Versuche in der **Glassäule mit Belüftungsteller**) diskutiert. Neben dieser Untersuchung sind auch die Abhängigkeiten einzelner Parameter untereinander von Bedeutung (z.B. Einfluß der Oberflächenspannung auf den Blasendurchmesser). Diesen Abhängigkeiten wird im Kapitel 8.5 nachgegangen, wobei Einflüsse infolge der Zugabe von Elektrolyten berücksichtigt werden. In Kapitel 8.6 werden Hypothesen über die Mechanismen diskutiert, die eine Änderung der spezifischen Grenzfläche sowie des Belüftungs- und Sauerstoffaustauschkoeffizienten infolge Tensidzugabe ins Wasser bewirken. In einem abschließenden Kapitel werden die Ergebnisse der Auswertung zusammengefaßt.

8.2 Glasbecken im technischen Maßstab

Koaleszenzzustand in Wasser ohne Tenside: Die Ergebnisse der Versuche zur Ermittlung des Koaleszenzzustandes in

Wasser ohne Tenside bei feinblasigen Druckbelüftungssystemen durch Messung des mittleren Luftblasendurchmessers
mit einer Leitfähigkeitsmikrossonde im Glasbecken im
technischen Maßstab wurden bereits in Tabelle 7.3 zusammengefaßt. Dort ist zu erkennen, daß sich die Luftblasen
ausgehend von der Meßstelle in 0,30 m Abstand über einem
Belüftungselement (Meßstelle 3) mit einem mittleren volumenäquivalenten Durchmesser von 1,91 mm entsprechend dem
Boyle-Mariott'-schen Gesetz (p·V = const.) mit geringerem
Wasserdruck auf 1,94 mm in halber Eintauchtiefe (Meßstelle 2) und auf 2,01 mm in 0,60 m Abstand vom Ruhewasserspiegel (Meßstelle 1) vergrößern. Da die mittels dem Boyle-Mariott'schen Gesetz berechneten Blasendurchmesser mit
den gemessenen Werten übereinstimmen, kann einerseits geschlossen werden, daß eine Koaleszenz der Luftblasen im
Bereich oberhalb von Meßstelle 3 nicht stattfindet. Andererseits können aufgrund der Tatsache, daß der mittlere
Luftblasendurchmesser an den Meßstellen 1 und 2 im Vergleich zur Meßstelle 3 nicht verkleinert wurde, die Luftblasen auch nicht redispergiert worden sein.

Zur genauen Messung mit einer Leitfähigkeitsmikrosonde
müssen Luftblasen mindestens die doppelte Größe der Son-
denspitze von etwa 0,4 bis 0,8 mm aufweisen. Da aber der
Durchmesser der sich von den Belüftungselementen ablösen-
den Blasen in Abhängigkeit des Lochdurchmessers zwischen
0,4 bis 1,6 mm beträgt, würden sich bei einer Messung mit
dem Leitfähigkeitsmeßsystem besonders bei kleinen Blasen
beträchtliche Fehler ergeben. Deshalb können im Bereich
direkt über den Belüftungselementen keine Blasengrößenmessungen mit der Leitfähigkeitsmikrosonde durchgeführt
werden. Zur Klärung des Koaleszenzzustandes innerhalb
dieses Bereiches muß deshalb auf Angaben der Literatur
und theoretischen Berechnungen zurückgegriffen werden.

ZLOKARNIK (1980 a und b) hat bereits gezeigt, daß es bei feinblasigen Dombelüftungselementen infolge des Mammutpumpeneffektes zu einer Einschnürung des entstehenden Blasenschwarmes kommt, der umso ausgeprägter ist, je höher die Luftbeaufschlagung der Elemente ist. Der Einschnürungseffekt konnte bei allen Versuchen im Glasbecken ebenfalls beobachtet werden. In diesem Einschnürungsbereich sind nach seinen Angaben Koaleszenzvorgänge festzustellen. HOBBS (1974) und OTAKE (1977) konnten zeigen, daß die Koaleszenzhäufigkeit in der Nähe der Belüftungselemente infolge der großen Blasendichte am höchsten ist.

Zur Beantwortung der Frage, ob direkt über den Belüftungselementen eine Redispergierung der Luftblasen stattfindet, kann die mittlere Dissipation ϵ_m in diesem Bereich berechnet und mit dem jeweiligen Wert verglichen werden, der für eine Redispergierung notwendig ist. Die mittlere Dissipation ist als Verhältnis des Leistungseintrags durch das Belüftungssystem und der Masse der zu belüftenden Flüssigkeit definiert. Die Dissipation ist nicht im gesamten Becken gleich groß. Vielmehr können Maximalwerte erreicht werden, die das 10- bis 200-fache des Mittelwertes betragen (SCHUBERT, 1985). Aus diesem Grund wurde angenommen, daß bei feinblasigen Druckbelüftungssystemen 90 % der mittleren Dissipation im Bereich direkt bis 0,30 m über den Belüftungselementen eingetragen wird.

Nachfolgend soll anhand eines Beispiels die Energiedissipation in einem Belüftungsbecken berechnet werden, um festzustellen, ob eine Redispergierung der Luftblasen erfolgt. Ein Becken mit den Abmessungen 40 x 10 m und einer Wassertiefe von 4,30 m (Wasservolumen = 1.720 m^3) wird bei hoher Belastung maximal mit einem Luftvolumenstrom von 3 $m^3_L/m^3_{BB} \cdot h$ beaufschlagt. Dies entspricht einem absoluten Luftvolumenstrom von 5.160 m^3_L/h. Als Leistungsbedarf zur Erzeugung der Druckluft sind 6 Wh/m$^3{}_L$·m als typisch anzusehen. Nur 2,72 Wh/m$^3{}_L$·m der installierten 6 Wh/m$^3{}_L$·m werden an das Wasser abgegeben (PÖPEL, 1985). Die restliche Energie wird hauptsächlich in Wärme umgewandelt (z.B. Reibungsverluste in den Rohrleitungen, Abstrahlung bei den Kompressoren). Bei einem Luftvolumenstrom von 5.160 m$^3{}_L$/h und einer Eintauchtiefe der Belüftungselemente von 4,00 m ergibt sich ein Leistungsbedarf von etwa 56 kW (2,72·5.160·4). Mit der oben getroffenen Annahme einer 90 %-igen Energiedissipation direkt bis 0,30 m über den Belüftungselementen und der bekannten Masse des Wassers in diesem Bereich von 120.000 kg ergibt sich eine vorhandene Energiedissipation von 0,42 W/kg.

Nach SCHUBERT (1985) ist die notwendige Dissipation, bei der Blasen redispergiert werden, durch kritische Weber-Zahl We_C, Blasendurchmesser und stoffliche Parameter durch folgende Gleichung definiert:

$$\epsilon_{max} = \left[\frac{We_C{}^{0,6} \cdot (\sigma/\rho_L)^{0,6}}{d_{b,e}} \right]^{2,5} \quad [W/kg] \quad (8.1)$$

Gleichung 8.1 ist in der nachfolgenden <u>Abbildung 8.1</u> grafisch dargestellt. Dabei ist die zur Redispergierung der Luftblasen notwendige Energiedissipation ϵ_{max} gegen den mittleren Luftblasendurchmesser im Bereich von 1 bis 2 mm aufgetragen. Bei der Erstellung der Grafik wurde von einer Oberflächenspannung des Wassers von 70 mN/m und einer Dichte von 1.000 kg/m^3 ausgegangen. Die kritische Weberzahl We_C, bei der Luftblasen zerteilt werden, kann nach WETZLER (1985) mit 6 bis 14 angenommen werden. In der unten dargestellten Grafik wurde der Wert 6 ausgewählt, da

134

damit kleinere notwendige Energiedissipationen erzielt
werden.

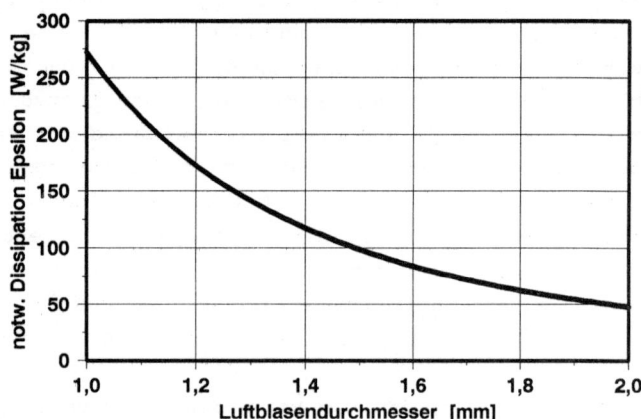

Abbildung 8.1: Notwendige Energiedissipation zur Redispergierung von Luftblasen

Aus Abbildung 8.1 ist zu erkennen, daß bei kleinen Luftblasendurchmessern eine ungleich größere Energiedissipation zur Redispergierung der Blasen notwendig ist als bei
größeren Blasen. Dies ist auch verständlich, da kleine
Blasen aufgrund ihrer Kugelform gegen angreifende Kräfte
stabiler sind als größere Blasen in der Form von Ellip-
soiden oder Kugelkappen.

Nimmt man direkt über den Belüftungselementen einen relativ großen mittleren Luftblasendurchmesser von 1,6 mm an,
ergibt sich nach Gleichung 8.1 eine für die Redispergierung notwendige Dissipation von etwa 85 W/kg. Da die vorhandene Dissipation im Bereich direkt über den Belüftungselementen mit 0,42 W/kg weit unter dem Wert von 85
W/kg liegt, ist mit großer Sicherheit anzunehmen, daß in
diesem Bereich keine Redispergierung der Luftblasen
stattfindet.

8.3   Säule mit Einzeldüse

Die **Schlupfgeschwindigkeit von Luftblasen** ist in Tensid-
lösungen generell geringer als in Wasser (CLIFT, 1978).
Aufgrund der durchgeführten Messungen in der Säule mit
Einzeldüse soll untersucht werden, ob Wasserqualität,
Tensidtyp, Tensidkonzentration und Alter der Tensidlösung
die Schlupfgeschwindigkeit beeinflussen.

Zum Vergleich der Schlupfgeschwindigkeiten von Luftblasen
in Tensidlösungen mit Schlupfgeschwindigkeiten in Wasser
ohne Tenside werden Messungen in destilliertem Wasser
(DW) und Trinkwasser (TW, Erlangener Leitungswasser,
14°dH) ohne Tensidzusatz durchgeführt (s. Tabelle A.1).
Die gemessenen **Schlupfgeschwindigkeiten in Wasser ohne
Tenside** sind in Abbildung 8.2 gegen den Luftblasendurchmesser aufgetragen.

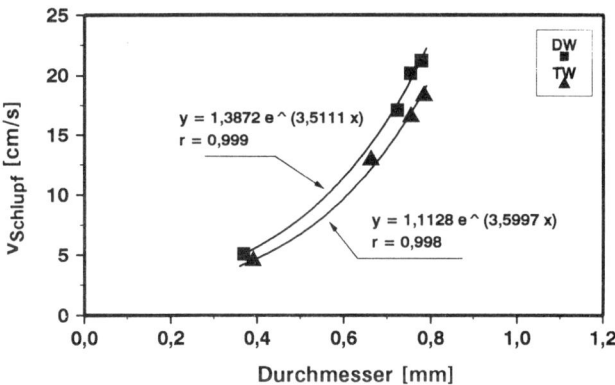

Abbildung 8.2: Schlupfgeschwindigkeit von Luftblasen in
Wasser ohne Tenside

In destilliertem Wasser läßt sich die Schlupfgeschwindigkeit y im untersuchten Durchmesserbereich x von 0,4 mm
bis 0,8 mm mit der Gleichung

$$y \; [cm/s] = 1,3872 \cdot e^{3,5111 \cdot x} \; [mm]$$

und in Trinkwasser mit

$$y \; [cm/s] = 1,1128 \cdot e^{3,5997 \cdot x} \; [mm]$$

berechnen. Der Korrelationskoeffizient ist bei beiden Gleichungen mit r = 0,999 bzw. 0,998 als ausgezeichnet zu bezeichnen. Im untersuchten Durchmesserbereich steigt die Schlupfgeschwindigkeit der Luftblasen bei beiden Wasserqualitäten relativ schnell mit dem Durchmesser an. Es ist zu erkennen, daß Luftblasen in destillierten Wasser gegenüber Trinkwasser eine etwas höhere Schlupfgeschwindigkeit aufweisen. Ähnliche Unterschiede der Schlupfgeschwindigkeit wurden bereits von HABERMAN (1954) bei größeren Blasendurchmessern beobachtet. Die Ursache für niedrigere Schlupfgeschwindigkeiten von Blasen im Trinkwasser liegt nach Ansicht von HABERMAN (1954) an der Anlagerung von im Trinkwasser enthaltenen Kleinstpartikeln an die Blasen.

Die bei CLIFT (1978) zusammengestellten Schlupfgeschwindigkeiten von Blasen in Wasser zeigen im untersuchten Durchmesserbereich von 0,3 bis 1,0 mm etwas niedrigere Werte gegenüber den eigenen Messungen. Dies kann auf geringfügige Verunreinigungen des von den bei CLIFT (1978) zitierten Autoren verwendeten (reinen) Wassers durch Kleinstpartikel oder oberflächenaktive Substanzen zurückgeführt werden.

Die Ergebnisse der Messungen zur Bestimmung der **Schlupfgeschwindigkeit von Einzelluftblasen in Tensidlösungen** sind im Anhang in den Tabellen A.2.1 und A.2.2 zusammengefaßt und in Abbildung 8.3 grafisch dargestellt. Dabei ist die Schlupfgeschwindigkeit in Abhängigkeit vom volumenäquivalenten Luftblasendurchmesser aufgetragen. Außerdem wird in der Grafik zwischen Wasserqualität (Trinkwasser und destilliertes Wasser) sowie der Konzentration der Tenside im Wasser (2,5 und 5 g/m^3) unterschieden. In den Abbildungen sind nur die Ergebnisse der Messungen mit den etwa sechs Monaten gelagerten Lösungen anionischer als auch nichtionischer Tenside aufgetragen. Damit kann der Einfluß der Tenside auf die Schlupfgeschwindigkeit abgeleitet werden.

In destilliertem Wasser und Trinkwasser mit Tensidzusatz steigt die Schlupfgeschwindigkeit im untersuchten Durchmesserbereich sowohl bei 2,5 als auch 5 g/m^3 mit zunehmendem Blasendurchmesser linear an (s. Abbildung 8.3). Alle Meßwerte, die in den vier Einzelabbildungen dargestellt sind, werden durch die lineare Regressionsgleichung y [cm/s] = - 0,423 + 13,317·x [mm] mit sehr großer Genauigkeit (r = 0,978) erfaßt. Damit ist ein Einfluß der unterschiedlichen Tensidtypen (AT1, AT2, NT1), der Wasserart (destilliertes oder Trinkwasser) und der Tensidkonzentration auf die Schlupfgeschwindigkeit nicht zu erkennen.

Als mögliche Ursache für die Reduzierung der Schlupfgeschwindigkeit in Tensidlösungen kann die gegenüber Wasser geringere Oberflächenspannung angesehen werden. Dem widersprechen die Ergebnisse von LEVICH (1962), der bei einer Zugabe von sehr geringen Mengen Alkohol in Wasser mit einer Erniedrigung der Oberflächenspannung gegenüber Wasser von nur 0,5 mN/m eine deutliche Verringerung der Schlupfgeschwindigkeit festgestellt hat. Somit kann die Reduzierung der Oberflächenspannung als alleinige Ursache für die Verringerung der Schlupfgeschwindigkeit der Blasen nicht verantwortlich sein. Vielmehr ist die Ursache anhand von Abbildung 8.4 zu erklären, wo eine in einer

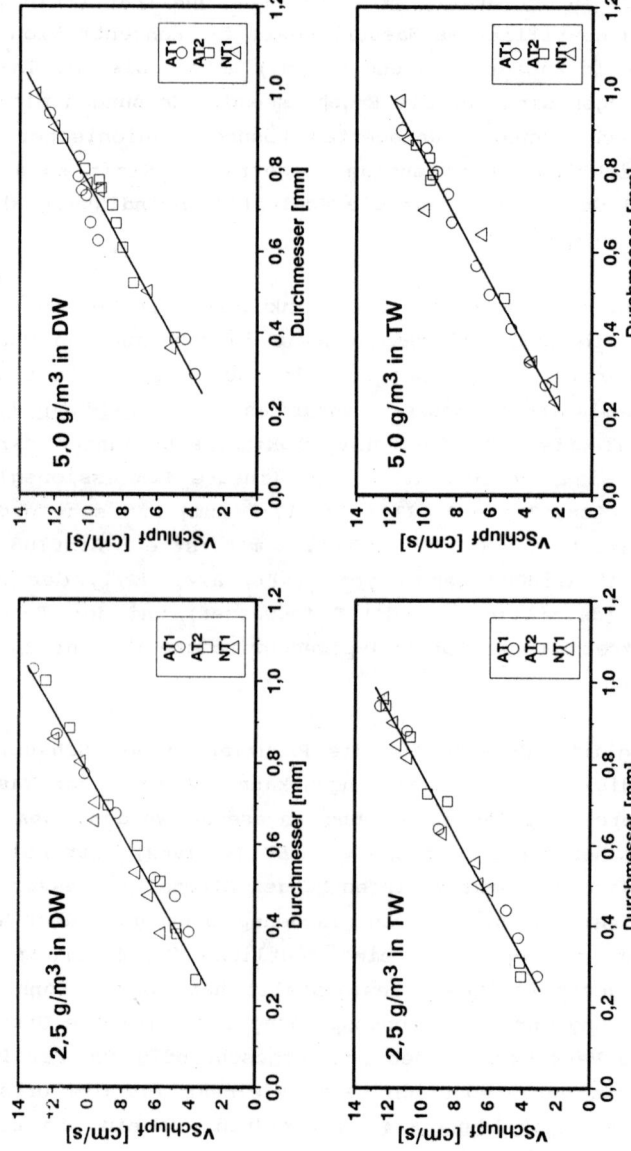

Abbildung 8.3: Geschwindigkeit von aufsteigenden Einzelluftblasen in Tensidlösungen

Tensidlösung aufsteigende Blase dargestellt ist (MANCY, 1968).

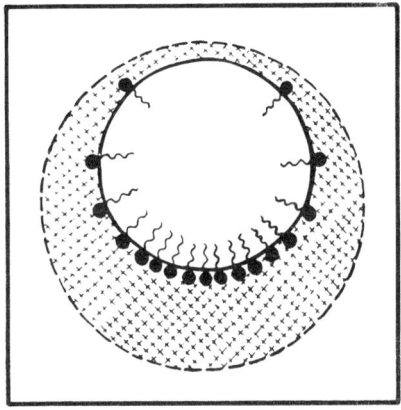

Abbildung 8.4: Aufsteigende Luftblase in einer Tensidlösung (MANCY, 1968)

Die Tenside lagern sich in Form einer Adsorptionsschicht
an der Blasenoberfläche an, wobei sich die Tenside am unteren Teil der Blase (in Aufstiegsrichtung gesehen) anreichern (RESNICK, 1968). Entsprechend Kapitel 4.5.3 wird
die Anreicherung am unteren Blasenteil dadurch verursacht, daß infolge des Aufsteigens der Blase in der Flüssigkeit ("Schlupf") kleinste Flüssigkeitsteilchen mit
Tensiden an das untere Ende der Blase gelangen. Damit ergibt sich eine zusätzliche Gewichtskraft, die der Auftriebskraft entgegenwirkt, so daß sich insgesamt eine Reduzierung der Schlupfgeschwindigkeit gegenüber Wasser ergibt.

Die gemessenen Schlupfgeschwindigkeiten in neu hergestellten und 6 Monate gealterten anionischen Tensidlösungen (Tabellen A.2.2 bis A.2.4) sind in Abbildung 8.5

140

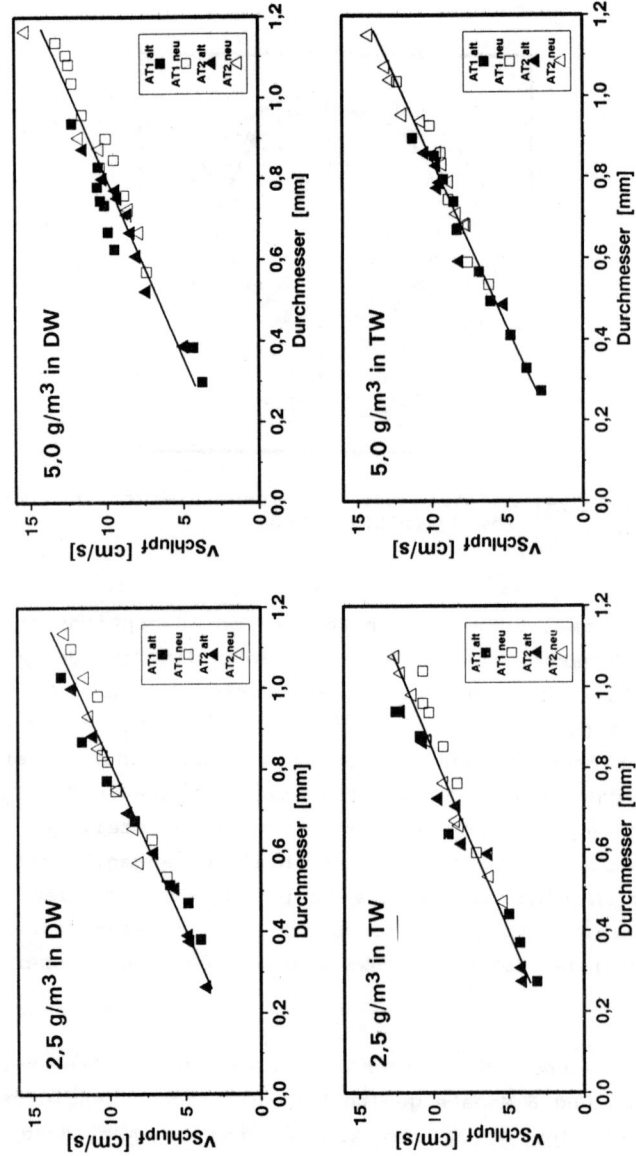

<u>Abbildung 8.5</u>: Schlupfgeschwindigkeiten in neu hergestellten und 6 Monate gealterten Tensidlösungen

in Abhängigkeit der Wasserart und der Tensidkonzentration
gegen den Luftblasendurchmesser aufgetragen. Mittels dieser getrennten Auftragung soll der Einfluß der Alterung
von anionischen Tensiden auf die Schlupfgeschwindigkeit
der Luftblasen veranschaulicht werden. Insgesamt wurden
vier lineare Regressionsgleichungen für die Meßwerte in
den unterschiedlichen Wasserarten und Tensidkonzentrationen berechnet (s. nachfolgende Tabelle 8.1) und der Graph
in die jeweilige Einzelabbildung eingetragen. Zusätzlich
wurde eine Regressionsgleichung aus allen Daten berechnet
(y [cm/s] = 0,2815 + 11,7523·x [mm]). Ein Einfluß des Alters des Tensides auf die Schlupfgeschwindigkeit der
Luftblasen ist anhand der Regressionsgleichungen nicht
nachweisbar. Aus diesem Grund wurden die Abweichungen der
gemessen Datenpunkte von den Regressionsgleichungen innerhalb jeder Einzelabbildung berechnet. Anschließend
wurde der Mittelwert der Abweichung der gealterten (ΔΣ
alt) und der neu hergestellten Tensidlösungen (ΔΣ neu)
ermittelt. Diese Mittelwerte der Abweichungen sind in Tabelle 8.1 zusammengefaßt. Außerdem ist die Differenz der
Abweichungen in den neuen und alten Tensidlösungen angegeben.

Aus Tabelle 8.1 ist zu erkennen, daß die Unterschiede der
Mittelwerte der Abweichungen zwischen neu hergestellten
und gealterten Tensidlösungen sehr gering sind. Der Unterschied des Mittelwertes in den neu hergestellten und
den gealterten Tensidlösungen beträgt maximal 0,0594
cm/s. Aufgrund dieses geringen Unterschiedes kann ein
Einfluß des Alters der Tensidlösung auf die Schlupfgeschwindigkeit der Luftblasen nicht nachgewiesen werden.

Tabelle 8.1 : Regressionsgleichungen und Mittelwerte der
Abweichungen zwischen gealterten und neu
hergestellten Tensidlösungen

Gleichung	mittl. Abweichung neue alte Tensidlösung		Differenz neu - alt
	$\Delta\Sigma$ neu [cm/s]	$\Delta\Sigma$ alt [cm/s]	$\Delta\Sigma$neu$-\Delta\Sigma$alt [cm/s]
Dest. Wasser 2,5 g/m³ y=0,161+11,936x r=0,978	0,0974	0,0909	-0,0065
Dest. Wasser 5,0 g/m³ y=0,923+11,358x r=0,978	0,3564	0,2970	-0,0594
Trink- wasser 2,5 g/m³ y=0,485+11,307x r=0,969	0,2855	0,3264	0,0408
Trink- wasser 5,0 g/m³ y=-0,255+12,160x r=0,984	0,1089	0,1225	0,0136

Die von HABERMAN (1954) mit dem Tensid Clim und die in
der vorliegenden Arbeit ermittelten Schlupfgeschwindigkeiten in Tensidlösungen (s. Tabelle A.2.2 bis A.2.4)
sind in Abbildung 8.6 gegen den Luftblasendurchmesser
aufgetragen.

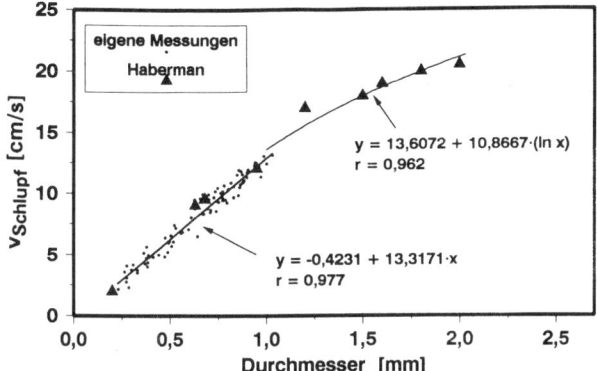

Abbildung 8.6: Zusammenfassende Darstellung der Schlupfgeschwindigkeiten in Tensidlösungen

Aufgrund der Unabhängigkeit der Schlupfgeschwindigkeit
von Wasserqualität, Tensidtyp und Tensidkonzentration sowie dem Alter der Tensidlösung im untersuchten Durchmesserbereich werden diese Parameter grafisch nicht unterschieden. Mit den eigenen Daten wurde im Durchmesserbereich zwischen 0,2 mm und 1,00 mm die Regressionsgerade

$$y \ [cm/s] = 0,423 + 13,317 \cdot x \ [mm]$$

errechnet (r = 0,977). Oberhalb des Blasendurchmessers
ergibt sich mit den Daten von HABERMAN (1954) die Gleichung

$$y \ [cm/s] = 13,6072 + 10,8667 \cdot (\ln x) \ [mm]$$

mit einem Korrelationskoeffizienten von 0,962.

Insgesamt haben die Untersuchungen die bekannte Tatsache
bestätigt, daß die Schlupfgeschwindigkeit von Luftblasen
in Wasser ohne Tenside größer ist als in Tensidlösungen.

In destilliertem Wasser ohne Tensidzusatz ist die Schlupfgeschwindigkeit der Luftblasen etwas höher als in Trinkwasser ohne Tensidzusatz. Die Untersuchungen in den Tensidlösungen haben gezeigt, daß weder Wasserqualität noch Tensidtyp und Tensidkonzentration sowie Alter der Tensidlösung die Schlupfgeschwindigkeit beeinflussen. Im Bereich des Blasendurchmessers von 0,2 mm bis 1,00 mm läßt sich die Schlupfgeschwindigkeit in Tensidlösungen durch die Geradengleichung y [cm/s] = - 0,4231 + 13,3171·x [mm] mit großer Genauigkeit (r = 0,977) beschreiben. Oberhalb dieses Durchmesserbereiches kann die Schlupfgeschwindigkeit mit der Gleichung y [cm/s] = 13,6072 + 10,8667·(ln x) [mm] (r = 0,962) berechnet werden (s. Abbildung 8.6). Die Gleichung wurde mit den Daten von HABERMAN (1954) ermittelt.

8.4   Glassäule mit Belüftungsteller

8.4.1   Einfluß von Tensiden auf charakteristische Parameter

8.4.1.1   Oberflächenspannung

8.4.1.1.1 Oberflächenspannung in Abhängigkeit der Tensidkonzentration

Die Ergebnisse der Oberflächenspannungsmessungen in Abhängigkeit von der Tensidkonzentration sind in Tabelle A.3.1 (mit Angabe der sich aus den Meßwerten ergebenden Geradengleichungen) tabelliert und in Abbildung 8.7 dargestellt.

Die Oberflächenspannung der **anionischen Tenside** AT1 bis AT3 nimmt bei halblogarithmischer Darstellung (Ordinate linear: Oberflächenspannung; Abzisse logarithmisch: Tensidkonzentration) mit steigender Konzentration linear ab.

Dabei ist der Verlauf je nach Tensidtyp unterschiedlich.
Beispielsweise beträgt die Oberflächenspannung bei einer
Konzentration des Tensides AT1 von nur 2 g/m^3 53,9 mN/m
und beim Tensid AT2 48,7 mN/m. Dagegen werden mit dem
Tensid AT3 67,6 mN/m gemessen. Die Abnahme der Oberflächenspannung mit der Konzentration ist bei den Tensiden
AT1 und AT2 etwa gleich, während beim Tensid AT3 die Abnahme mit steigender Tensidkonzentration viel stärker
ausgeprägt ist.

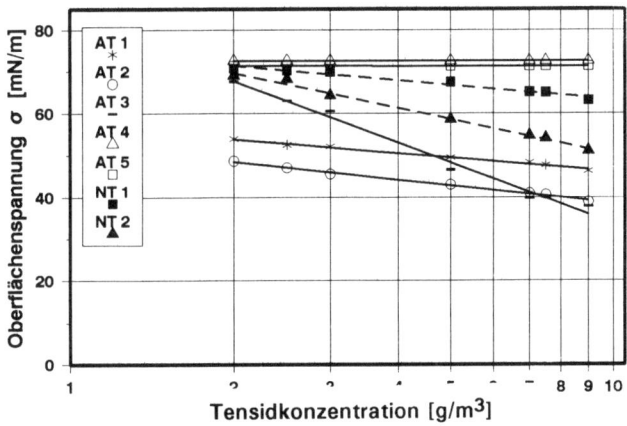

Abbildung 8.7: Oberflächenspannung in Abhängigkeit der
Tensidkonzentration

Wesentlich anders sind die Verhältnisse bei den anionischen Tensiden AT4 und AT5, bei denen selbst mit steigender Konzentration eine Abnahme der Oberflächenspannung
gegenüber Wasser nicht feststellbar ist. Die Ursache für
die gleichbleibende Oberflächenspannung ist darin zu sehen, daß sich sogenannte Kalkseifen bilden, die aus einem
unlöslichen Reaktionsprodukt aus zugegebenem Tensid und
den im Wasser gelösten Calcium- und Magnesiumionen (Ge-
samthärte) bestehen (NEUMÜLLER, 1983). Dieses Reaktions-

produkt ist nicht oberflächenaktiv, so daß sich auch die
Oberflächenspannung nicht ändern kann.

In halblogarithmischer Darstellung zeigen die **nichtionischen** Tenside NT1 und NT2 prinzipiell den gleichen Verlauf wie die anionischen Tenside AT1, AT2 und AT3. Die
Verringerung der Oberflächenspannung mit zunehmender Tensidkonzentration ist allerdings schwächer ausgeprägt als
bei den anionischen Tensiden.

Neben der dosierten Tensidkonzentration hat auch die Belüftungszeit Einfluß auf die Oberflächenspannung und auf
den Sauerstoffübergang. Dies wird im nächsten Abschnitt
diskutiert.

**8.4.1.1.2 Oberflächenspannung in Abhängigkeit der
             Belüftungszeit**

Da sich bei steigender Tensidkonzentration die Oberflächenspannung nur bei den Tensiden AT1 bis AT3 ändert,
wird der Einfluß der Belüftungszeit auf die Oberflächenspannung auch nur bei diesen drei Tensiden untersucht.
Die Ergebnisse der Messungen sind in Tabelle A.3.2 und in
Abbildung 8.8 zusammengefaßt.

Die Oberflächenspannung fällt nach Zugabe der Tenside AT1
und AT2 relativ schnell auf einen konstanten Wert ab, der
auch nach längerem Belüften (minimal drei Stunden) annähernd konstant bleibt. Die Oberflächenspannung ist aber
deutlich unterschiedlich. So wird bei gleich großer Zugabe des Tensides AT1 ein Wert von etwa 61 mN/m und bei Dosierung des Tensides AT2 ein Wert von nur etwa 50 mN/m
gemessen. Wesentlich anders verhält sich das Tensid AT3,

bei dem die Oberflächenspannung nach der Zugabe schnell
auf etwa 55 mN/m abfällt und dann nach etwa 25 Minuten
schon wieder einen Wert von 72 mN/m erreicht. Dieser Wert
entspricht der Oberflächenspannung von reinem Wasser. Die
Ursache für den Wiederanstieg ist - wie im vorherigen Abschnitt beschrieben - auf die Bildung von Kalkseifen zurückzuführen.

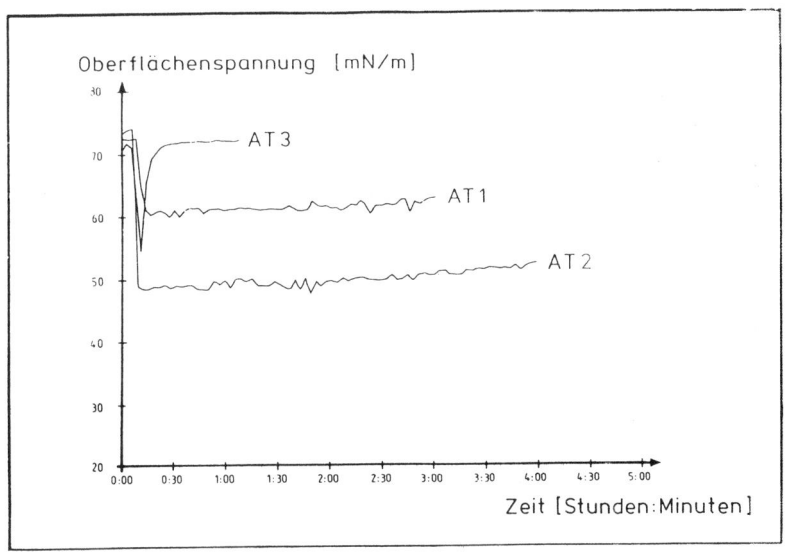

Abbildung 8.8: Oberflächenspannung in Abhängigkeit der
Belüftungszeit

8.4.1.2 Tensidkonzentration an der Grenzfläche

Die Tensidkonzentration an der Grenzfläche Γ kann mittels
der in Kapitel 2 vorgestellten Gibbs'schen Gleichung berechnet werden:

$$\Gamma = - \frac{1}{n \cdot R \cdot T} \cdot \frac{d\sigma}{d\,(\ln\,c)} \qquad [mol/m^2] \qquad (2.1)$$

Zur Berechnung muß für den jeweiligen Tensidtyp die Oberflächenspannung in Abhängigkeit der Konzentration bekannt
sein und im halblogarithmischen Netz aufgetragen werden.
Aus der Steigung der Geraden im halblogarithmischen Netz
$(d\sigma/d(\ln\,c))$, der universellen Gaskonstante, der Temperatur der Tensidlösung und dem Faktor n (abhängig von der
Tensidgruppe anionisch/nichtionisch) wird nach Gleichung
2.1 die Tensidkonzentration an der Grenzfläche berechnet.

Aus den Versuchsergebnissen läßt sich ableiten, daß die
Oberflächenkonzentrationen für das Tensid AT1 $1,03 \cdot 10^{-7}$
mol/m^2 und für das Tensid AT2 $0,96 \cdot 10^{-7}$ mol/m^2 betragen.
Damit sind etwa $6,2 \cdot 10^{16}$ Tensidmoleküle pro Quadratmeter
an der Oberfläche adsorbiert. Eine Berechnung der Oberflächenkonzentration des Tensides NT1 konnte nicht durchgeführt werden, da das Molekulargewicht dieses Tensids
nicht bekannt ist.

Es ist zu erkennen, daß bei beiden Tensidtypen die Oberflächenkonzentration gleich ist, obwohl die Oberflächenspannung unterschiedlich ist. Somit ist der Parameter
Oberflächenkonzentration zur Erklärung der in der Literatur angeführten unterschiedlichen Wirkungsweisen der Tensi-

de auf spezifische Grenzfläche, Belüftungskoeffzient und Sauerstoffaustauschkoeffizient nicht geeignet.

8.4.1.3   Vorbemerkungen zu den Kapiteln 8.4.1.4 bis 8.4.1.9

Zur Ermittlung des Einflusses von Tensiden auf den Sauerstoffeintrag sollen nachfolgend angeführte Parameter

- Luftblasendurchmesser,
- Sauterdurchmesser,
- mittlerer relativer Luftanteil,
- spezifische Grenzfläche,
- Belüftungskoeffizient,
- Sauerstoffaustauschkoeffizient,
- Sauerstoffsättigungskonzentration

bestimmt werden (s.a. Kapitel 7). Da die Messungen in der Glassäule mit Belüftungsteller aus versuchs- und meßtechnischen Gründen nicht durchgängig mit dem geplanten Luftvolumenstrom von $0,75 \ m^3_L/h$, sondern auch mit davon abweichenden Luftvolumenströmen durchgeführt wurden und da zu erwarten ist, daß diese Parameter vom Luftvolumenstrom abhängig sind, muß zunächst der Einfluß der Luftbeaufschlagung auf die oben genannten Größen untersucht werden.

Die Abhängigkeit des **mittleren Luftblasendurchmessers** vom Luftvolumenstrom ist in Abbildung 8.9 aufgetragen. Die dafür notwendigen Messungen wurden im Glasbecken im technischen Maßstab mit einem flächendeckenden feinblasigen Belüftungssystem in halber Eintauchtiefe durchgeführt (s. Tabelle A.4.1).

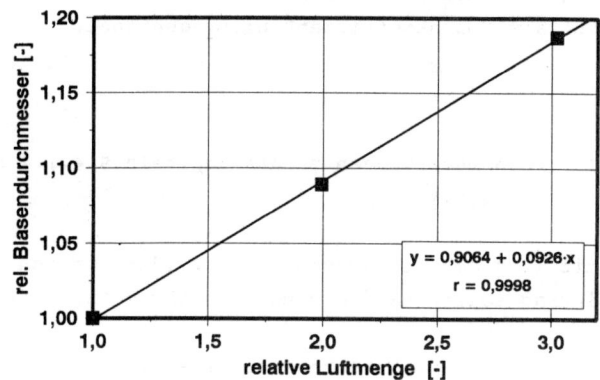

y = 0,9064 + 0,0926·x
r = 0,9998

<u>Abbildung 8.9</u>: Relativer Luftblasendurchmesser in Abhän-
gigkeit des relativen Luftvolumenstroms

In <u>Abbildung 8.9</u> sind sowohl vom mittleren Luftblasendurchmesser als auch vom Luftvolumenstrom nur Relativwerte angegeben. Der bei den Messungen zur Ermittlung des
Einflusses des Luftvolumenstroms auf den mittleren Blasendurchmesser eingestellte kleinste Luftvolumenstrom und
der dabei gemessene mittlere Luftblasendurchmesser wurden
jeweils als Ausgangsgröße zu 100 % gesetzt (Basiswert).
Die bei höheren Luftvolumenströmen (über 100 % relativer
Luftvolumenstrom) ermittelten Blasendurchmesser wurden
auf diesen Basiswert bezogen und als Relativwerte des
Blasendurchmessers bezeichnet.

Aus der Regressionsgleichung (y [-] = 0,9064 + 0,0926x
[-]) in <u>Abbildung 8.9</u> ist zu erkennen, daß sich bei einer
Steigerung des relativen Luftvolumenstroms von 100 % auf
200 % eine Vergrößerung des mittleren Luftblasendurchmessers von nur etwa 9 % ergibt. Da sich bei den Versuchen
in der Glassäule mit Belüftungsteller die Luftbeaufschla-
gungen maximal auch nur um 100 % unterscheiden ist eine
Beeinflußung des Blasendurchmessers durch den Luftvolu-

menstrom von höchstens 9 % zu erwarten. Mit dieser Vergrößerung des Blasendurchmessers liegt die Beeinflussung
durch den Luftvolumenstrom allerdings im Genauigkeitsbereich der Meßmethode zur Bestimmung der Blasendurchmesser
und kann damit vernachlässigt werden.

Die Abhängigkeit des **relativen mittleren Luftanteils** ϵ
vom Luftvolumenstrom ist in Abbildung 8.10 dargestellt.
Die Daten stammen aus Messungen im Glasbecken im technischen Maßstab (s. Tabelle A.4.2).

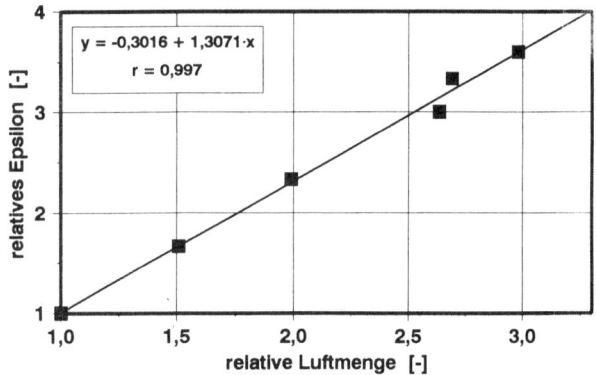

Abbildung 8.10: Relativer mittlerer Luftanteil in Abhängigkeit des mittleren relativen Luftvolumenstroms

Bei einer Erhöhung des relativen Luftvolumenstroms auf
das Zweifache ergibt sich aufgrund der Regressionsgleichung (y [-] = - 0,3016 + 1,3071·x [-]) mehr als eine
Verdopplung des relativen mittleren Luftanteils. Dementsprechend ist auch die spezifische Grenzfläche stark vom
Luftvolumenstrom abhängig.

Erfahrungsgemäß steigt der **Belüftungskoeffizient** linear
mit dem Luftvolumenstrom an. In Abbildung 8.11 ist bei-

spielhaft für ein feinblasiges flächendeckendes Druckbe-
lüftungssystem, daß im Glasbecken im technischen Maßstab
installiert wurde, die lineare Abhängigkeit des Belüftungskoeffizienten (bezogen auf 10°C) vom relativen Luftvolumenstrom dargestellt (Gleichung: y [-] = 0,9931 +
0,0109 x [-]). Die Meßwerte sind in **Tabelle A.4.3** zusammengefaßt.

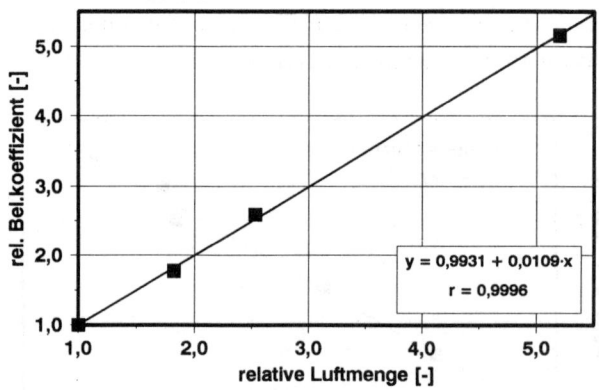

Abbildung 8.11: Relativer Belüftungskoeffizient in Abhängigkeit des relativen Luftvolumenstroms

Auch bei den Messungen in der Glassäule mit Belüftungsteller liegen diese diskutierten Zusammenhänge zwischen
den Parametern und dem Luftvolumenstrom vor und können,
da (wie oben schon angegeben) der Belüftungsteller in der
Glassäule während den Versuchen nicht ohne Abweichungen
vom geplanten Luftvolumenstrom von $0,75 \ m^3_L/h$ betrieben
wurde, entsprechend luftvolumenstromkorrigiert werden
(s.a. Kapitel 7.2).

Damit die gemessenen luftvolumenstrombehafteten Parameter
verglichen werden können, muß diese Korrektur mit dem
Luftvolumenstrom durchgeführt werden. Dazu werden die

nachfolgend angeführten Parameter sowohl in Wasser ohne
Tenside als auch in Tensidlösungen durch denjenigen Luftvolumenstrom (LVS) dividiert, mit der die jeweilige Messung durchgeführt wurde. Die durch den Luftvolumenstrom
dividierten Parameter werden als **luftvolumenstrombezogene
Parameter** bezeichnet. Beispielsweise ergibt sich der
luftvolumenstrombezogene Belüftungskoeffizient ($k_L a$/LVS)
als Verhältnis zwischen Belüftungskoeffizient ($k_L a$) und
Luftvolumenstrom (LVS), mit der die Messung durchgeführt
wurde.

Im einzelnen werden der mittlere relative Luftanteil, die
spezifische Grenzfläche und der Belüftungskoeffizient auf
den Luftvolumenstrom bezogen. Zur Berechnung des Sauerstoffaustauschkoeffizienten werden die luftvolumenstrombezogenen Parameter Belüftungskoeffizient ($k_L a$/LVS) und
spezifische Grenzfläche (a/LVS) benutzt (k_L = $k_L a$/LVS :
a/LVS).

Aufgrund der nur geringen Abhängigkeit vom Luftvolumen-
strom kann bei den Luftblasendurchmessern (mittlerer
Durchmesser und Sauterdurchmesser) der Bezug auf den
Luftvolumenstrom unterbleiben. Ebenso wird der geringe
Einfluß des Luftvolumenstroms auf die Sauerstoffsätti-
gungskonzentration vernachlässigt.

In den Kapiteln 8.4.4 bis 8.4.9 werden die oben angeführten Parameter diskutiert, die durch Tensidzugabe ins Wasser beeinflußt werden. Dazu werden nachfolgend zum einen
die Vorgehensweise bei der Diskussion der Parameter aufgezeigt und zum anderen der Aufbau der Abbildungen beschrieben, in denen die Ergebnisse grafisch dargestellt
sind.

Bei der Diskussion der Parameter werden zuerst die Ergebnisse in **Wasser ohne Tenside** angegeben. Dabei wird zwischen den einzelnen Wasserarten unterschieden, wie sie in
Kapitel 7.4 vorgestellt wurden:

- destilliertes Wasser   (DW)
- Trinkwasser (Darmstädter Leitungswasser)   (TW)
- Trinkwasser mit Salz   (TW+S)
- Trinkwasser mit Härte   (TW+H)
- Trinkwasser mit Salz und Härte   (TW+S+H)

Die zu diskutierenden Parameter werden in den entsprechenden Abbildungen dimensionslos gegen die elektrische
Leitfähigkeit [mS/m] aufgetragen. Diese Parameter werden
dadurch dimensionsfrei gemacht, daß jeder Parameter durch
den Parameter in Trinkwasser dividiert wird. So ergibt
sich beispielsweise der spezifische Belüftungskoeffizient
in destilliertem Wasser (k_La/k_La_0) als Verhältnis des
luftvolumenstrombezogenen Belüftungskoeffizienten in destilliertem Wasser und in Trinkwasser:

$$\frac{k_La}{k_La_0} = \frac{\text{luftvolumenstrombezogener Belüftungskoeffizient in destilliertem Wasser}}{\text{luftvolumenstrombezogener Belüftungskoeffizient in Trinkwasser}}$$

Nachdem die jeweiligen Parameter in Wasser ohne Tensidzusatz diskutiert wurden, wird anschließend der Einfluß von
anionischen Tensiden auf die einzelnen Parameter untersucht (nachfolgend als **Wasser mit anionischen Tensiden**
bezeichnet). Dabei wird zum einen die Wasserart (wie oben
definiert) und zum anderen die Tensidkonzentration unter-

schieden. In der gleichen Weise wird der Einfluß von
nichtionischen Tensiden untersucht (weitere Bezeichnung:
Wasser mit nichtionischen Tensiden).

Wie in Wasser ohne Tenside wird auch in den Tensidlösungen jeder Parameter dimensionslos aufgetragen. Dabei wird
der jeweilige luftvolumenstrombezogene Meßwert in den
Tensidlösungen zum einen auf den Wert in der entsprechenden Wasserart ohne Tensidzusatz bezogen. Beispielsweise
gilt für den Belüftungskoeffizienten in destilliertem
Wasser:

$$\frac{k_L a}{k_L a_0} = \frac{\text{luftvolumenstrombezogener Belüftungskoeffizient in destilliertem Wasser mit Tensiden}}{\text{luftvolumenstrombezogener Belüftungskoeffizient in destilliertem Wasser ohne Tenside}}$$

Zusätzlich wird jeder Meßwert in der Tensidlösung mit dem
entsprechenden Wert in Trinkwasser in Beziehung gesetzt,
um einen Vergleich mit derjenigen Wasserart zu haben, mit
der in der Praxis die größte Anzahl der Sauerstoffzufuhrmessungen durchgeführt wird.

$$\frac{k_L a}{k_L a_0} = \frac{\text{luftvolumenstrombezogener Belüftungskoeffizient in destilliertem Wasser mit Tensiden}}{\text{luftvolumenstrombezogener Belüftungskoeffizient in Trinkwasser ohne Tenside}}$$

Jede grafische Darstellung der Ergebnisse der Messungen
in den Tensidlösungen besteht aus einer Legende und fünf
Teilabbildungen. In der linken oberen Ecke der Abbildung
ist der entsprechende Parameter und die Abbildungslegende
angegeben. Rechts daneben sind die Ergebnisse in destil-

liertem Wasser (Teilabbildung mit der Ziffer 1) und unter
der Legende die Werte in Trinkwasser (Teilabbildung 2)
aufgetragen. In Teilabbildung 3 sind die Versuchsergebnisse in Trinkwasser mit Salz und in Teilabbildung 4 in
Trinkwasser mit härteerhöhenden Chemikalien dargestellt.
Teilabbildung 5 zeigt die Ergebnisse in Trinkwasser mit
gleichzeitiger Dosierung von Salz und härteerhöhenden
Chemikalien.

In jeder Teilabbildung ist der zu diskutierende Parameter
dimensionslos gegen die Tensidkonzentration $[g/m^3]$ aufgetragen. Entsprechend dem oben angeführten Bezug auf zwei
unterschiedliche Wässer sind in den Teilabbildungen für
jeden Tensidtyp (bei gleicher Konzentration) zwei Meßwerte eingetragen.

Die Meßergebnisse mit dem anionischen Tensid AT1 sind in
den Abbildungen mit einem Kreis und diejenigen mit Tensid
AT2 mit einem Quadrat symbolisiert, während das nichtionische Tensid NT1 mit einem Dreieck gekennzeichnet wird.
Beim Bezug auf die jeweilige Wasserqualität werden offene
Symbole und beim Bezug auf Trinkwasser ausgefüllte Symbole verwendet. Gleiche Symbole bei unterschiedlichen
Konzentrationen sind untereinander beim Bezug auf das jeweilige Wasser mit gestrichelten Linien und beim Bezug
auf Trinkwasser mit durchgezogenen Linien verbunden.

8.4.1.4   Luftblasendurchmesser

Zur Verdeutlichung der Größe und Größenverteilung von
Blasen in Belüftungsbecken werden charakteristische
Durchmesser wie Mittelwert und Sauter-Durchmesser angege-
ben.

Wasser ohne Tenside: Die Ergebnisse der Messungen zur Bestimmung des *Mittelwertes der Luftblasendurchmesser* in
Wasser ohne Tenside sind in Tabelle A.5.1.1 zusammengefaßt und in Abbildung 8.12 grafisch dargestellt. Auf der
Abzisse ist die elektrische Leitfähigkeit der Wässer (Maß
für den Salzgehalt) und auf der Ordinate der dimensionlose mittlere Luftblasendurchmesser aufgetragen. Als dimensionsloser mittlerer Luftblasendurchmesser wird der
Durchmesser in der jeweiligen Wasserart (Definition s.
Kapitel 8.4.1.3) bezogen auf den mittleren Durchmesser in
Trinkwasser bezeichnet.

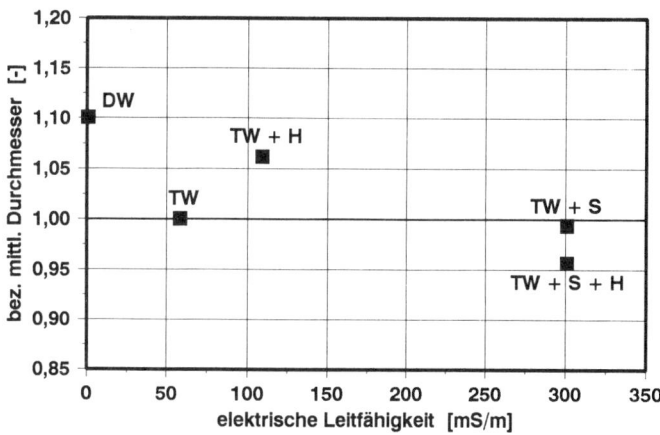

Abbildung 8.12: Bezogener mittlerer Luftblasendurchmesser
in Wasser ohne Tenside

Der Abbildung ist zu entnehmen, daß in destilliertem und
aufgehärtetem Wasser größere und in den anderen Wässern
(Trinkwasser + Salz sowie Trinkwasser + Salz + Härte) geringfügig kleinere mittlere Durchmesser als in Trinkwasser auftreten. Dies ist auch zu erwarten, da sich durch
die Zugabe von Elektrolyten kleinere mittlere Luftblasendurchmesser ergeben.

Bei der Bewertung des Einflusses des Salzgehaltes auf den
mittleren Luftblasendurchmesser ist allerdings die Genauigkeit der Meßmethode (Laser-Messung) von etwa 5 bis 10 %
(bezogen auf den Durchmesser) zu beachten. Alle gemessenen Abweichungen der Blasendurchmesser liegen innerhalb
der Genauigkeitsgrenze des Meßverfahrens. Ein signifikanter Einfluß des Salzgehaltes auf den mittleren Blasendurchmesser ist somit nicht exakt nachzuweisen.

Der bezogene *Sauterdurchmesser* in Wasser ohne Tenside
(Bezug wie beim mittleren Durchmesser) ist in Abbildung
8.13 gegen die elektrische Leitfähigkeit aufgetragen
(s.a. Tabelle A.5.1.2).

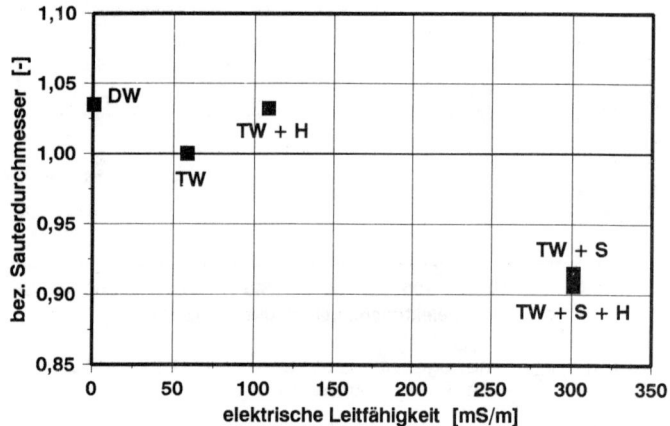

Abbildung 8.13: Bezogener Sauterdurchmesser in Wasser
ohne Tenside

Beim Sauterdurchmesser ist ein ähnliches Bild wie beim
mittleren Luftblasendurchmesser zu erkennen. Bezogen auf
Trinkwasser ergeben sich bei destilliertem und aufgehär-

tetem Wasser größere und bei den anderen Wässern geringfügig kleinere Sauterdurchmesser.

Die Oberflächenspannung kann aufgrund ihrer nur geringen
Änderung durch die Zudosierung von Salzen nicht für die
geringfügige Reduzierung der Blasendurchmesser verantwortlich sein. Vielmehr liegt die Ursache für die Verkleinerung des mittleren Luftblasendurchmessers in der
Änderung der Koaleszenzeigenschaften der Wässer. LESSARD
(1971) konnte zeigen, daß die Koaleszenzeigenschaften von
Flüssigkeiten mit der Ionenstärke I korreliert werden
können:

$$I = 0,5 \cdot \Sigma \; (\; c_i \cdot z_i^2 \;) \qquad\qquad (8.2)$$

z_i = Wertigkeit der Ionenart
c_i = Ionenkonzentration [mol/l]

Bei I<0,1 ist keine nennenswerte Hemmung der Koaleszenz
zu beobachten, während bei I>0,3 eine Flüssigkeit als
stark koaleszenzgehemmt angesehen werden muß. Durch die
Zugabe von Natriumsulfit und anschließender Oxidation zu
Natriumsulfat ergibt sich bei Belüftungsversuchen in Wasser eine maximale Ionenstärke von 0,04. Eine Koaleszenzhemmung in Wasser ohne Tenside ist nach LESSARD (1971)
aufgrund der geringen Ionenstärke daher nicht zu erwarten.

Wasser mit anionischen Tensiden: Die Ergebnisse der Messungen zur Bestimmung des *mittleren Luftblasendurchmessers* in anionischen Tensidlösungen sind in den Tabellen
A.6.1.1 bis A.6.1.3 zusammengefaßt und in Abbildung 8.14
grafisch dargestellt. Dabei ist der dimensionslose mittlere Luftblasendurchmesser entsprechend den Definitionen
in Kapitel 8.4.1.3 gegen die Tensidkonzentration aufgetragen.

160

Bezogener mittlerer Luftblasendurchmesser

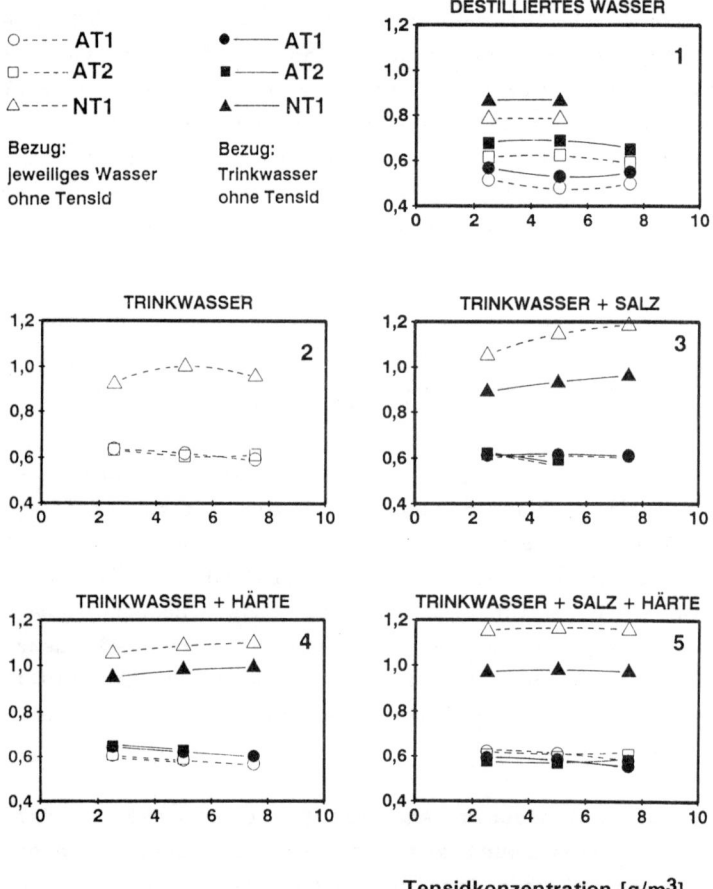

Tensidkonzentration [g/m³]

<u>Abbildung 8.14</u>: Bezogener mittlerer Luftblasendurchmesser
in Tensidlösungen

Bei den anionischen Tensiden betragen die mittleren Luftblasendurchmesser in Abhängigkeit vom Tensidtyp (AT1 oder
AT2) zwischen 65 und 50 % bezogen auf die Werte in destilliertem Wasser ohne Tensidzusatz (Teilabbildung 1).
In bezug auf Trinkwasser ergeben sich Werte von 70 bis
55 %. Wesentlich geringere Unterschiede zwischen den
beiden Tensiden werden in Trinkwasser beobachtet (Teilabbildung 2), wo der mittlere Durchmesser etwa 63 % des
Wertes in Wasser ohne Tensidzusatz beträgt. Die Abnahme
des mittleren Durchmessers mit steigender Tensidkonzentration ist dabei relativ gering.
Wird dem Wasser Natriumsulfat zugegeben (Teilabbildung
3), ist bei den untersuchten Tensiden eine Verringerung
des mittleren Luftblasendurchmessers auf etwa 60 % zu erkennen. Die geringen Unterschiede beim Bezug auf Trinkwasser und Trinkwasser mit Natriumsulfatzugabe sind in
der Grafik nicht zu erkennen.
Die Erhöhung der Wasserhärte (Teilabbildung 4) bewirkt
eine Reduzierung der Blasendurchmesser auf etwa 60 % bei
allen Tensidkonzentrationen.
Bei gleichzeitiger Zugabe von Natriumsulfat, Calciumchlorid und Magnesiumsulfat (Teilabbildung 5) können mittlere
Luftblasendurchmesser beobachtet werden, die um 40 % geringer als in getrennt aufgesalztem und aufgehärtetem
Wasser sind. Bezogen auf Trinkwasser ohne Chemikaliendo-
sierung sind die mittleren Durchmesser in diesem Wasser
auch um 40 % geringer.

Ähnliche Abhängigkeiten sind für die anionischen Tenside
auch beim *Sauterdurchmesser* (Tabellen A.6.1.4 bis
A.6.1.6) zu erkennen. Dieser Parameter ist in Abbildung
8.15 dimensionslos gegen die Tensidkonzentration aufgetragen. Die Zugabe der Tenside zu den unterschiedlichen
Wässern bewirkt eine Reduzierung des Sauterdurchmessers,

Bezogener Sauterdurchmesser

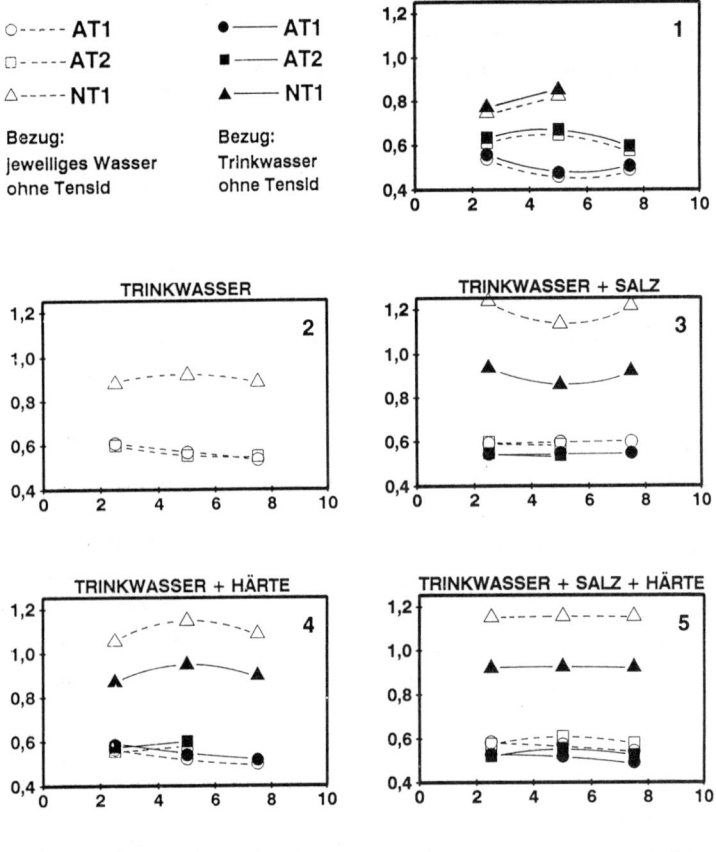

Abbildung 8.15: Bezogener Sauterdurchmesser in Tensid-lösungen

wobei die steigende Konzentration nur einen geringen Einfluß hat.

Insgesamt zeigen die Messungen, daß mit der Dosierung von
anionischen Tensiden im Vergleich zu Wasser ohne Tenside
die mittleren Luftblasendurchmesser kleiner werden. Der
Umfang der Reduktion ist dabei nur in geringem Maße von
der Wasserart abhängig. Durch die Steigerung der Tensidkonzentration von 2,5 auf 5,0 g/m^3 ergibt sich nur eine
geringfügige Beeinflussung der Luftblasendurchmesser.

Wasser mit nichtionischen Tensiden: Die *mittleren Blasendurchmesser*, die in den Lösungen mit dem Tensid NT1 gemessen werden, sind in allen Wässern größer als in den
Lösungen mit anionischen Tensiden (s. Tabellen A.6.1.1
bis A.6.1.3 und Abbildung 8.14). Es ist zu erkennen, daß
die mittleren Blasendurchmesser bei diesem Tensidtyp außer in destilliertem Wasser mit steigender Konzentration
größer werden. In Trinkwasser mit getrenntem Zusatz von
Natriumsulfat, härteerhöhenden Chemikalien und gleichzei-
tigem Zusatz dieser Stoffe ergeben sich beim Bezug auf
den Durchmesser im jeweiligen Wasser Durchmesser, die
größer als in den entsprechenden Lösungen ohne Tensidzusatz sind. Werden die Werte auf Trinkwasser bezogen, sind
die mittleren Durchmesser in den Tensidlösungen geringfügig kleiner. Die Durchmesser in Lösungen mit dem Tensid
NT1 werden demnach besonders stark durch Elektrolyte beeinflußt.

Der *Sauterdurchmesser* wird durch das nichtionische Tensid
im Vergleich zu Wasser ohne Tenside verkleinert (s. Abbildung 8.15 und Tabellen A.6.1.4 bis A.6.1.6). Dabei hat
die Tensidkonzentration nur einen geringen Einfluß.

Vergleicht man die Werte des *mittleren Luftblasendurchmessers* in den untersuchten anionischen und nichtionischen Tensidlösungen, zeigt sich ein deutlicher Unterschied. Während mit anionischen Tensiden eine Reduzierung des mittleren Luftblasendurchmessers schon bei geringen Konzentrationen festgestellt werden kann, ist beim nichtionischen Tensid NT1 eine wesentlich geringere Beeinflussung bzw. sogar eine Umkehr infolge der Tensidzugabe zu beobachten. Mit dem nichtionischen Tensid NT1 ergibt sich in Trinkwasser mit Zusatz von Elektrolyten eine Vergrösserung des mittleren Blasendurchmessers im Vergleich zu Wasser ohne Tenside. Die gleichen Aussagen lassen sich bezüglich des *Sauterdurchmessers* treffen (s. <u>Tabellen</u> <u>A.6.1.4</u> bis <u>A.6.1.6</u> und <u>Abbildung 8.15</u>).

Neben dem Blasendurchmesser wird der im folgenden diskutierte Parameter mittlerer relativer Luftanteil durch die Tensidzugabe ins Wasser beeinflußt.

8.4.1.5   Mittlerer relativer Luftanteil

Wasser ohne Tenside: In <u>Tabelle A.5.2</u> sind die Meßergebnisse zur Ermittlung des mittleren relativen Luftanteils in Wasser ohne Tenside zusammengefaßt und in <u>Abbildung 8.16</u> dimensionslos (entsprechend der Definition in Kapitel 8.4.1.3) in Abhängigkeit der elektrischen Leitfähigkeit dargestellt.

Man erkennt, daß sich der Luftanteil in allen Wässern maximal um nur 10 % unterscheidet und damit im Genauigkeitsbereich der Meßmethode liegt. Erwartungsgemäß ergeben sich die größten Werte, wenn Natriumsulfat ins Wasser zudosiert wird, da bei Salzzugabe an den Belüftungsele-

menten relativ kleine Primärblasen gebildet werden, die
im Vergleich zu Wässern ohne Elektrolyte weniger stark
koaleszieren. Weiterhin ist die Schlupfgeschwindigkeit
der kleinen Luftblasen geringer als die von Großblasen,
so daß sich die Blasen länger im Wasser befinden und so
zur Erhöhung des mittleren relativen Luftanteils beitragen können.

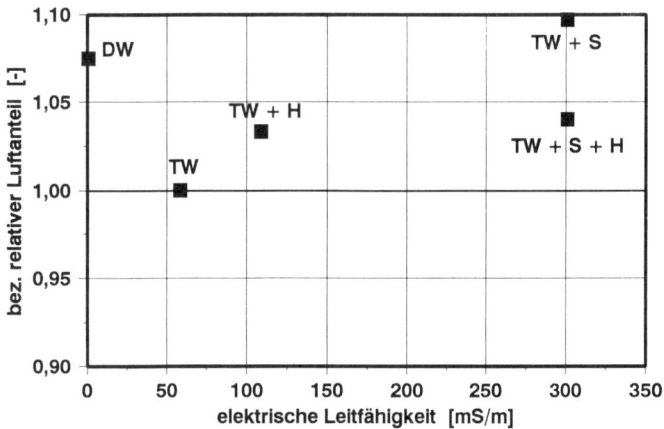

Abbildung 8.16: Bezogener mittlerer relativer Luftanteil
in Wasser ohne Tenside

Wasser mit anionischen Tensiden: In Abbildung 8.17 ist
der dimensionslose mittlere Luftanteil (Definition s. Kapitel 8.4.1.3) gegen die Tensidkonzentration aufgetragen
(s. Tabellen A.6.2.1 bis A.6.2.4). In destilliertem Wasser (Teilabbildung 1) zeigt er für die beiden anionischen
Tenside unterschiedliches Verhalten. Während der mittlere
Luftanteil in destilliertem Wasser unabhängig vom Bezug
beim Tensid AT1 überproportional mit der Konzentration
ansteigt, ist beim Tensid AT2 nur ein etwa linearer Anstieg zu beobachten. Zahlenmäßig ergeben sich Erhöhungen

Bezogener mittlerer relativer Luftanteil

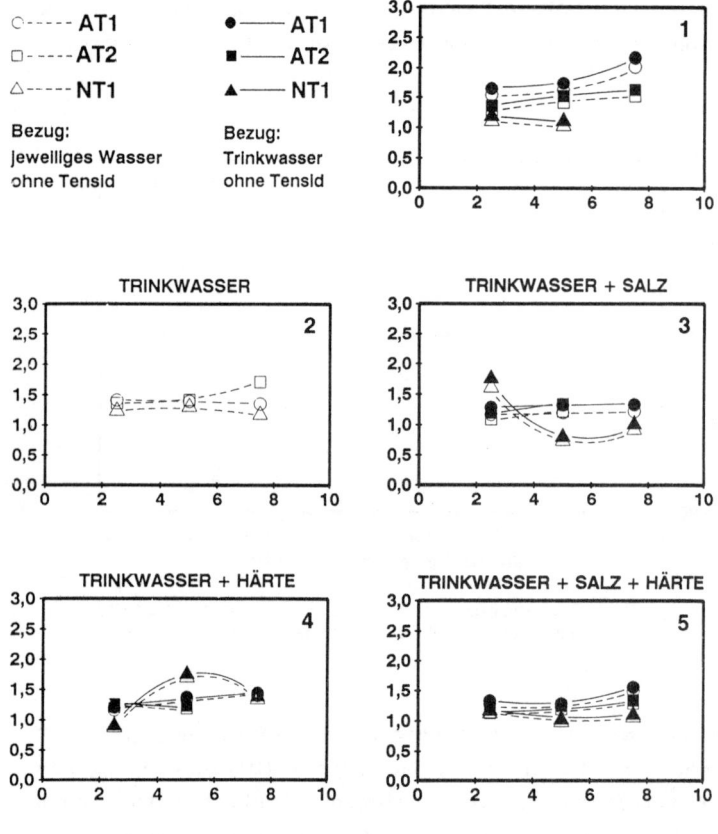

Tensidkonzentration [g/m³]

<u>Abbildung 8.17</u>: Bezogener mittlerer relativer Luftanteil in Tensidlösungen

des mittleren Luftanteils von 20 % bezogen auf destilliertes Wasser ohne Tensidzusatz bis zu 100 % im Vergleich mit Trinkwasser.

In Trinkwasser (Teilabbildung 2) mit dem Tensid AT1 fällt
der relative mittlere Luftanteil mit steigender Tensidkonzentration geringfügig linear ab, während er beim Tensid AT2 überproportional ansteigt. Insgesamt sind Erhöhungen des mittleren relativen Luftanteils gegenüber
Trinkwasser ohne Tensidzusatz von maximal 70 % zu erkennen. Diese Werte sind geringer als in destilliertem Wasser mit Zusatz von anionischen Tensiden.
Bei der Zudosierung von Natriumsulfat ins Trinkwasser
(Teilabbildung 3) ist der Einfluß beider Tenside nahezu
identisch und es ist eine Erhöhung des Luftanteils von
maximal 40 % festzustellen. In der gleichen Größenordnung
liegen die Werte, wenn dem Wasser Chemikalien zur Aufhärtung zugegeben werden (Teilabbildung 4). Ein zahlenmäßig
ähnliches Bild ergibt sich, wenn den Tensidlösungen
gleichzeitig Natriumsulfat und härteerhöhende Chemikalien
zudosiert werden (Teilabbildung 5). Jeweils ergibt sich
dabei jedoch ein mehr oder weniger ausgeprägter unterschiedlicher Einfluß der beiden anionischen Tenside.

Insgesamt ist bei allen Wasserqualitäten ein leichter Anstieg des mittleren relativen Luftanteils mit steigender
Tensidkonzentration festzustellen. Der zum Teil deutliche
Anstieg des mittleren Luftanteils in Tensidlösungen im
Vergleich zu Wasser ohne Tenside ist auf die schon beschriebene Hemmung der Koaleszenz durch die dosierten Ionen und die Reduzierung der Schlupfgeschwindigkeit der im
Wasser aufsteigenden Luftblasen infolge des Tensideinflusses zurückzuführen.

Wasser mit nichtionischen Tensiden: Durch die Zugabe des nichtionischen Tensids NT1 in destilliertes und Trinkwasser (s. Tabellen A.6.2.1 bis A.6.2.4 und Abbildung 8.17, Teilabbildungen 1 und 2) ergibt sich nur eine unwesentliche Änderung des mittleren relativen Luftanteils im Vergleich zu Wasser ohne Tenside.

Wesentlich anders sind die Verhältnisse, wenn das Tensid NT1 Trinkwasser mit Natriumsulfat zugegeben wird (Teilabbildung 3). Bei einer Konzentration von 2,5 g/m^3 beträgt der mittlere relative Luftanteil das 1,7-fache des Wertes in Wasser ohne Tensid, fällt jedoch auf nur 75 % des Wertes bei 5 g/m^3 sehr stark ab und erreicht bei 7,5 g/m^3 wieder den Wert in Trinkwasser mit Natriumsulfat ohne Tensid von etwa 1,0.

In aufgehärtetem Trinkwasser (Teilabbildung 4) ist ebenso wie in Wasser mit Natriumsulfat eine starke Konzentrationsabhängigkeit des mittleren relativen Luftanteils festzustellen. Die Einflüsse sind allerdings stark unterschiedlich. Bei der Tensidkonzentration von 2,5 g/m^3 ergibt sich eine Verringerung des mittleren relativen Luftanteils von 10 % gegenüber Wasser ohne Tenside. Bei 5,0 g/m^3 ist dagegen ein ausgeprägter Maximalwert mit einer Vergrößerung des mittleren relativen Luftanteils um 70 % im Vergleich zu Wasser ohne Tensid festzustellen. Diese Vergrößerung beträgt bei 7,5 g/m^3 nur noch 40 % des Wertes im Vergleich zu Wasser ohne Tensid.

In aufgesalztem und aufgehärtetem Wasser (Teilabbildung 5) ist der Einfluß der Tensidkonzentration auf den mittleren relativen Luftanteil nicht so deutlich ausgeprägt. Bei 2,5 g/m^3 ist eine leichte Erhöhung des mittleren relativen Luftanteils um 20 % gegenüber Wasser ohne Tensid zu erkennen. Bei 5 g/m^3 ergibt sich durch die Zugabe des nichtionischen Tensids keine Vergrößerung des relativen mittleren Luftanteils. Die Steigerung der Tensidkonzen-

tration auf 7,5 g/m^3 bewirkt eine unwesentliche Vergrösserung des mittleren relativen Luftanteils von etwa 5 %.

Vergleicht man beide Tensidgruppen miteinander, zeigen
sich ausgeprägte Unterschiede. Bei den anionischen Tensiden ist nur ein geringer Einfluß der Tensidkonzentration
auf den relativen mittleren Luftanteil festzustellen. Die
Vergrößerung des relativen mittleren Luftanteils durch
die Zugabe der anionischen Tenside ist in allen Wasserarten (mit Ausnahme in destilliertem Wasser) etwa gleich
groß. Beim nichtionischen Tensid NT1 ist dagegen ein extrem starker Konzentrationseinfluß auf den mittleren relativen Luftanteil festzustellen. Weiterhin ist eine extrem starke Abhängigkeit des mittleren relativen Luftanteils von der Wasserart zu erkennen. So ergeben sich beispielsweise in Trinkwasser mit Zusatz von Natriumsulfat
einerseits starke Vergrößerungen des mittleren relativen
Luftanteils gegenüber Wasser ohne Tensidzusatz (bei 2,5
g/m^3) als auch geringfügige Verkleinerungen (bei 5,0
g/m^3). In Trinkwasser mit Zusatz von härteerhöhenden Chemikalien sind die Verhältnisse umgekehrt. Dort ist bei
2,5 g/m^3 eine leichte Reduzierung und bei 5 g/m^3 eine
starke Vergrößerung des mittleren relativen Luftanteils
gegenüber Wasser ohne Tensidzusatz festzustellen.

Der Sauterdurchmesser und der mittlere relative Luftanteil ist zur Berechnung der spezifischen Grenzfläche notwendig. Dieser Parameter wird im nächsten Kapitel diskutiert.

8.4.1.6 Spezifische Grenzfläche

Die spezifische Grenzfläche in Wasser mit und ohne Zugabe
von Tensiden wird aus den gemessenen Parametern Luftblasendurchmesser (und Anzahl der gemessenen Blasen) sowie
dem mittleren relativen Luftanteil nach Gleichung 4.33
berechnet:

$$a = 6 \cdot \epsilon \cdot \frac{\Sigma \, n_i \cdot d_{B,e,i}^2}{\Sigma \, n_i \cdot d_{B,e,i}^3} \qquad [1/m] \qquad (4.33)$$

Wasser ohne Tenside: Die in Tabelle A.5.3 zusammengefaß-
ten Werte und in Abbildung 8.18 als Funktion der Leitfähigkeit dargestellten spezifischen Grenzflächen zeigen
für die Wässer ohne Salzdosierung fast gleich große Werte. Durch die Zugabe von Natriumsulfat und härteerhöhende
Chemikalien vergrößert sich die spezifische Grenzfläche
gegenüber Trinkwasser um etwa 20 %. Dies kann zum einen
damit begründet werden, daß der mittlere Luftanteil im
Wasser leicht ansteigt und zum anderen, daß der mittlere
Blasendurchmesser bzw. der Sauterdurchmesser gleichzeitig
relativ stark verkleinert werden (s. Abbildung 8.12 und
8.13).

Wasser mit anionischen Tensiden: Die Ergebnisse der Versuche zur Ermittlung der spezifischen Grenzfläche (s. Tabellen A.6.3.1 bis A.6.3.4) sind in Abbildung 8.19 aufgetragen. In destilliertem Wasser (Teilabbildung 1) bewirkt
die Zudosierung von Tensiden eine Erhöhung der spezifischen Grenzfläche, die in Abhängigkeit von der Tensidkonzentration von 200 % bis maximal 425 % reicht, wobei mit
Tensid AT1 erheblich höhere Werte als mit Tensid AT2 erzielt werden. Einen sehr großen Einfluß auf die spezifische Grenzfläche in destilliertem Wasser hat auch die

Tensidkonzentration: die größeren Werte ergeben sich mit
steigender Konzentration.

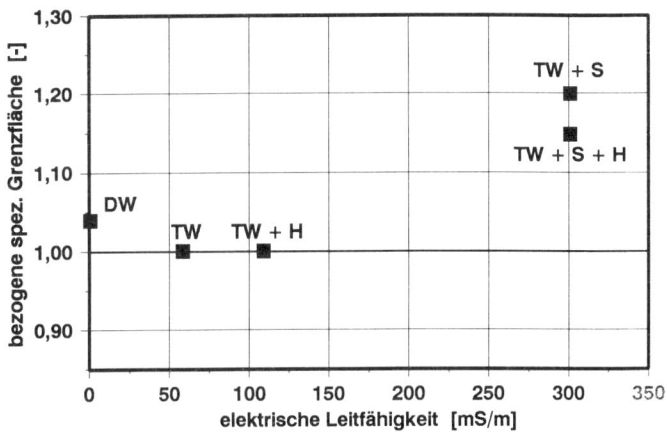

<u>Abbildung 8.18</u>: Bezogene spezifische Grenzfläche in
Wasser ohne Tenside

In Trinkwasser (Teilabbildung 2) sind geringere Erhöhungen der spezifischen Grenzfläche von 225 % bis geringfügig über 300 % festzustellen. Der Einfluß des Tensidtyps
(AT1 und AT2) ist dabei relativ gering. Nur bei einer
Tensidkonzentration von 7,5 g/m^3 ist eine Abhängigkeit
der spezifischen Grenzfläche vom Tensidtyp zu erkennen.
In Trinkwasser ist beim Tensid AT1 eine lineare Erhöhung
der spezifischen Grenzfläche mit steigender Tensidkonzentration zu beobachten, während beim Tensid AT2 eine
schwach überproportionale Zunahme vorliegt.
Wesentlich anders gestalten sich die Verhältnisse bei der
Dosierung von Natriumsulfat ins Wasser (Teilabbildung 3).
Beim Tensid AT1 ist die spezifische Grenzfläche beim Bezug auf Trinkwasser mit Salzzusatz ohne Tenside um 100 %
und bezogen auf Trinkwasser um 140 % größer. Während beim
Tensid AT1 kein Einfluß der Tensidkonzentration zu erken-

nen ist, ergibt sich beim Tensid AT2 eine starke Abhängigkeit der spezifischen Grenzfläche von der Tensidkonzentration. Ebenso wie bei den Messungen zur Bestimmung des mittleren Luftanteils konnten bei einer Konzentration von 7,5 g/m³ keine Messungen mehr durchgeführt werden, da eine zu starke Schaumentwicklung auftrat, so daß die Versuchsreihe abgebrochen werden mußte.

Die Erhöhung der Wasserhärte (Teilabbildung 4) bewirkt beim Tensid AT1 eine Vergrößerung der spezifischen Grenzfläche mit steigender Tensidkonzentration, während beim Tensid AT2 dabei eine leichte Verringerung beobachtet werden kann. Insgesamt erhöht sich die Grenzfläche (je nach Konzentration) um 100 bis 200 %, wenn Tenside zudosiert werden.

In gleichem Maß erhöht sich die spezifische Grenzfläche in aufgesalztem und aufgehärtetem Wasser (Teilabbildung 5).

Wasser mit nichtionischen Tensiden: Diese Tensidgruppe zeigt gegenüber Wasser zum Teil höhere (bis zu 90 %), zum Teil jedoch auch niedrigere Werte (s. Tabellen A.6.3.1 bis A.6.3.4 und Abbildung 8.19). Mit steigender Tensidkonzentration fällt die spezifische Grenzfläche schwach (destilliertes Wasser, Trinkwasser) bis relativ stark (Trinkwasser mit Natriumsulfat, Trinkwasser mit Natriumsulfat und härteerhöhende Chemikalien) ab. In Trinkwasser mit härteerhöhenden Chemikalien ist bei 2,5 g/m³ nur ein geringer und bei 5 g/m³ ein relativ starker Anstieg der spezifischen Grenzfläche festzustellen. Bei 7,5 g/m³ fällt der Wert wieder etwas ab.

ꞁtrachtet man den Einfluß der anionischen und des nicht-
ꞏschen Tensids auf die spezifische Grenzfläche im Zu-

Bezogene spezifische Grenzfläche

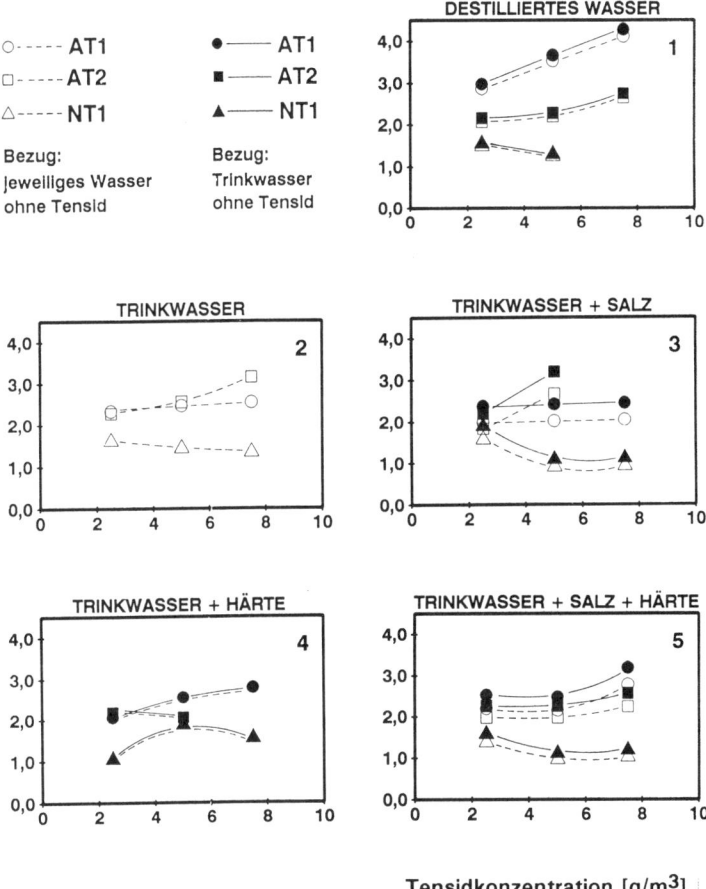

Abbildung 8.19: Bezogene spezifische Grenzfläche in Tensidlösungen

sammenhang, ist festzustellen, daß mit dem nichtionischen
Tensid in allen Wässern bei gleicher Tensidkonzentration
generell eine geringere spezifische Grenzfläche gemessen
wird als mit den anionischen Tensiden. Während mit den
anionischen Tensiden fast ausschließlich ein Anstieg der
spezifischen Grenzfläche mit steigender Tensidkonzentration auftritt, zeigt sich beim nichtionischen Tensid eine
umgekehrte Tendenz. Mit steigender Tensidkonzentration
fällt die spezifische Grenzfläche (mit Ausnahme des aufgehärteten Wassers) stetig ab.

Nachdem die Größe der spezifischen Grenzfläche in Tensidlösungen bekannt ist, wird nachfolgend der Belüftungskoeffizient diskutiert.

8.4.1.7   Belüftungskoeffizient

Wasser ohne Tenside: In <u>Abbildung 8.20</u> ist der Belüftungskoeffizient (bezogen auf den Wert in Trinkwasser)
als Funktion der elektrischen Leitfähigkeit dargestellt
(s.a. <u>Tabelle A.5.4</u>). Durch den Bezug auf Trinkwasser
entspricht der aufgetragene Parameter dem in der Abwassertechnik bekannten α-Wert.

Die Abhängigkeit des bezogenen Belüftungskoeffizienten
(y) von der elektrischen Leitfähigkeit (x) läßt sich
durch die Gleichung

$$y \ [-] = 0,9879 + 0,265 \cdot x \ [10^3 \ mS/m]$$

beschreiben (r = 0,938). Der bezogene Belüftungskoeffizient in destilliertem Wasser und aufgehärtetem Wasser unterscheidet sich nur wenig von demjenigen in Trinkwasser.

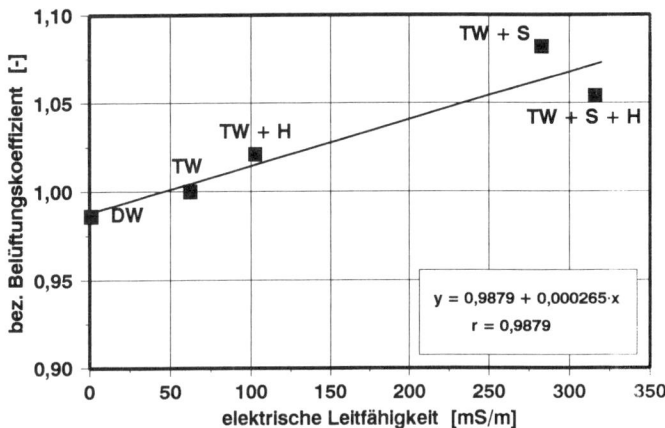

Abbildung 8.20: Bezogener Belüftungskoeffizient in Wasser
ohne Tenside

Bedingt durch die Zugabe von Natriumsulfat ins Wasser,
ergibt sich im aufgesalzten Wasser eine etwa achtprozen-
tige Erhöhung des Belüftungskoeffizienten. Einen etwas
geringeren Einfluß auf den Belüftungskoeffizienten hat
die gleichzeitige Aufsalzung und Aufhärtung des Wassers.

Die Vergrößerung des Belüftungskoeffizienten mit steigender elektrischer Leitfähigkeit ist auf die Änderung der
Koaleszenzeigenschaften des Wassers zurückzuführen. Die
bei Anwesenheit von Salzen im Wasser festgestellte Koaleszenzhemmung führt durch die Vergrößerung der spezifischen Grenzfläche zu einem besseren Stoffübergang.

ZLOKARNIK, 1980 b hat in Natriumsulfatlösungen Messungen
zur Bestimmung des Beschleunigungsfaktors m (entspricht
dem α-Wert) durchgeführt. Bei vergleichbaren Natriumsul-
fatkonzentrationen konnte er Vergrößerungen des Belüftungskoeffizienten von etwa 6 % ermitteln. Mit der oben

angegeben Regressionsfunktion ergibt sich bei einer Leitfähigkeit von 300 mS/m eine Vergrößerung des Belüftungskoeffizienten von 6,8 % gegenüber destilliertem Wasser.
Die Übereinstimmung der von Zlokarnik gemessenen Werten
mit den eigenen Ergebnissen ist als sehr gut zu bezeichnen.

Wasser mit anionischen Tensiden: In <u>Abbildung 8.21</u> ist
der Belüftungskoeffizient bezogen auf die jeweilige Wasserqualität und auf Trinkwasser gegen die Tensidkonzentration aufgetragen (s.a. <u>Tabellen A.6.4.1</u> bis <u>A.6.4.4</u>).
Der Tensidtyp hat bei den Messungen in destilliertem Wasser (Teilabbildung 1) einen unterschiedlichen Einfluß auf
die Größe des bezogenen Belüftungskoeffizienten. Während
beim Typ AT1 eine starke Abhängigkeit von der Tensidkonzentration festzustellen ist, zeigt sich beim Typ AT2 nur
ein geringer Einfluß. Bei einer Tensidkonzentration von
2,5 g/m^3 ergeben sich beim Typ AT1 Werte von 0,9 und beim
Typ AT2 von nur 0,75. Bei höheren Tensidkonzentrationen
sind die bezogenen Belüftungskoeffizienten mit Werten von
etwas über 0,70 fast gleich groß.
In Trinkwasser (Teilabbildung 2) ist mit steigender Tensidkonzentration (Tensid AT1) eine lineare Verringerung
des Belüftungskoeffizienten von 0,8 bei 2,5 g/m^3 bis auf
0,75 bei 7,5 g/m^3 festzustellen. Der Wert sinkt beim Tensid AT2 relativ schnell von etwa 0,8 bei der geringen bis
auf etwa 0,65 bei der mittleren Tensidkonzentration ab.
Bei der hohen Tensidkonzentration ergibt sich fast der
gleiche Wert.
Die Zudosierung von Natriumsulfat (Teilabbildung 3) verringert den spezifischen Belüftungskoeffizienten im Mittel auf etwa 75 %, wobei die höheren Werte bei niedriger
und die geringeren Werte bei hoher Tensidkonzentration
auftreten.

Bezogener Belüftungskoeffizient

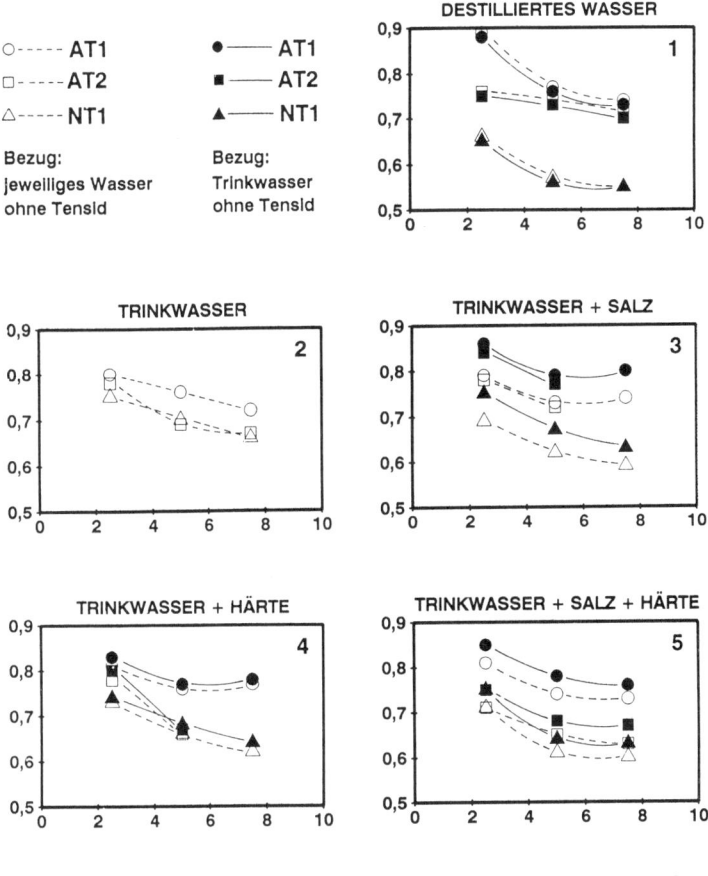

Tensidkonzentration [g/m³]

<u>Abbildung 8.21</u>: Bezogener Belüftungskoeffizient in Tensid-
lösungen

Die Erhöhung der Wasserhärte (Teilabbildung 4) bewirkt
bei der Konzentration von 2,5 g/m³ sowohl beim Tensid AT1
als auch AT2 etwa die gleiche Reduzierung des α-Wertes.
Bei 5 g/m³ ergeben sich zwischen den beiden Tensidtypen
jedoch deutliche Unterschiede. Während beim Tensid AT1
Werte des spezifischen Belüftungskoeffizienten von etwa
0,75 festgestellt werden, ergeben sich beim Tensid AT2
Werte um 0,65.
Durch die Härteerhöhung des aufgesalzten Wassers (Teilabbildung 5) ergeben sich für die beiden anionischen Tenside deutlich unterschiedliche Werte für den bezogenen Belüftungskoeffizienten, wobei mit dem Tensid AT1 über den
gesamten Konzentrationsbereich höhere Werte als mit dem
Tensid AT2 festzustellen sind. Bei der mittleren Tensidkonzentration ist beispielsweise beim Tensid AT1 ein Wert
von etwa 0,75 und beim Tensid AT2 von nur 0,65 zu beobachten.

Wasser mit nichtionischen Tensiden: Auch mit dem nichtionischen Tensid NT1 ist in allen Wässern mit steigender
Konzentration eine Reduzierung des bezogenen Belüftungskoeffizienten festzustellen (s. Tabellen A.6.4.1 bis
A.6.4.4 und Abbildung 8.21). In destilliertem Wasser
(Teilabbildung 1) sinkt der bezogene Belüftungskoeffizient von 0,65 bei 2,5 g/m³ auf 0,55 bei 7,5 g/m³ ab. Etwas
höhere Werte sind in Trinkwasser (Teilabbildung 2) zu beobachten (0,75 bzw. 0,67). Wird dem Trinkwasser Natriumsulfat zugegeben (Teilabbildung 3), bleibt der Wert bei
2,5 g/m³ mit 0,75 konstant, fällt aber bis 7,5 g/m³ auf
etwa 0,6 ab. In aufgehärtetem Wasser (Teilabbildung 4)
entsprechen die Werte denen in Trinkwasser. Die Dosierung
von Natriumsulfat in aufgehärtetes Wasser (Teilabbildung
5) bewirkt nur bei 5 g/m³ eine Reduzierung des α-Wertes
im Vergleich zu aufgehärtetem Wasser. Sowohl bei 2,5 als
auch bei 7,5 g/m³ verändern sich die Werte nicht.

Vergleicht man die beiden anionischen und das nichtionische Tensid bezüglich des Einflusses auf den bezogenen Belüftungskoeffizienten ist zu erkennen, daß in allen Wässern im untersuchten Konzentrationsbereich mit dem nichtionischen Tensid geringere Werte gemessen werden als mit den beiden anionischen Tensiden. Besonders deutlich ist der Unterschied in destilliertem Wasser ausgeprägt. In Wässern mit Natriumsulfat und härteerhöhenden Chemikalien nähern sich die Werte des Belüftungskoeffizienten wieder an.

Bei einer Tensidkonzentration von 5 g/m^3, die in den Arbeitsanleitungen und Normen zur Ermittlung des Sauerstoffzufuhrvermögens von Belüftungssystemen vorgeschrieben ist, konnten α-Werte von 0,55 bis 0,80 beobachtet werden. Der Unterschied der Werte beträgt etwa 40 %. Dies verdeutlicht den starken Einfluß des Tensidtyps und der Wasserqualität auf den Sauerstoffübergang.

In der Glassäule mit Belüftungsteller wurden neben den bisher vorgestellten Versuchen im Konzentrationsbereich von 2,5 bis 7,5 g/m^3 auch Versuche bis zu einer Tensidkonzentration von 100 g/m^3 zur Ermittlung des α-Wertes durchgeführt. Insbesondere wurde das anionische Tensid AT1 und das nichtionische Tensid NT1 untersucht. In Abbildung 8.22 sind alle in Trinkwasser gemessenen α-Werte gegen die Tensidkonzentration aufgetragen (s.a. Tabelle A.7.1).

In Abbildung 8.22 ist eine stetige Abnahme des α-Wertes mit steigender Tensidkonzentration bis etwa 20 g/m^3 zu beobachten. Im höheren Konzentrationsbereich ergeben sich deutliche Unterschiede zwischen den einzelnen untersuchten Tensiden bezüglich der Größe des α-Wertes. Während mit dem Tensid AT1 bei Konzentrationen über 20 g/m^3 keine

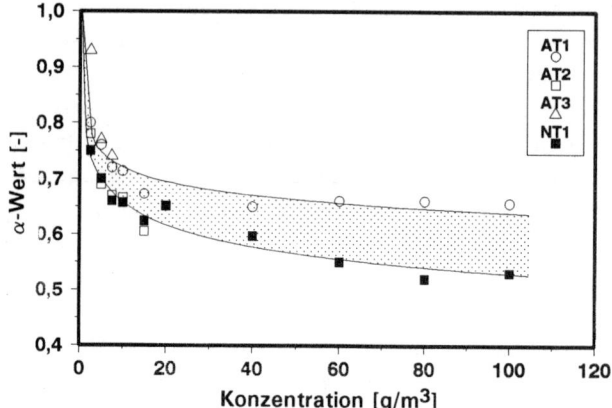

<u>Abbildung 8.22</u>: α-Werte in Trinkwasser

Änderung der Größe des α-Wertes von α ≈ 0,65 stattfindet,
ist beim nichtionischen Tensid NT1 ein kontinuierliches
Absinken im untersuchten Bereich bis 100 g/m^3 zu beobachten. Bei den hohen Konzentrationen wurden α-Werte von etwa 0,5 erreicht.

8.4.1.8   Sauerstoffaustauschkoeffizient

Der Parameter Sauerstoffaustauschkoeffizient ist mit
einem relativ großen Fehler behaftet, da er aus dem Belüftungskoeffizienten und der spezifischen Grenzfläche
berechnet werden muß (k$_L$a/a) und alle Meßfehler der Bla-
sengrößenbestimmung, der Ermittlung des mittleren relativen Luftanteils und der Bestimmung des Belüftungskoeffizienten aufsummiert werden. Geringfügige Unterschiede der
Werte infolge der Wasserqualität und der Tensidzugabe,

181

wie sie im folgenden diskutiert werden, sind deshalb vor
diesem Hintergrund zu sehen.

Wasser ohne Tenside: Der in <u>Abbildung 8.23</u> gegen die
elektrische Leitfähigkeit aufgetragene bezogene Sauerstoffaustauschkoeffizient zeigt Abweichungen gegenüber
Trinkwasser von maximal nur etwa 10 % (s.a. <u>Tabelle</u>
<u>A.5.5</u>). In destilliertem Wasser beträgt die Abweichung
gegenüber Trinkwasser 5 % und in aufgehärtetem Trinkwasser 2%. Eine Verkleinerung des Stoffaustauschkoeffizienten von etwa 10 % im Vergleich zu Trinkwasser ist zum einen zu beobachten, wenn eine Aufsalzung des Wassers mit
Natriumsulfat vorgenommen wird. Zum anderen wird der
Sauerstoffaustauschkoeffizient verringert, wenn aufgehärtetes Wasser zusätzlich mit Natriumsulfat aufgesalzt
wird. Die Unterschiede im Vergleich zu Trinkwasser sind
insgesamt aber als relativ gering zu bezeichnen.

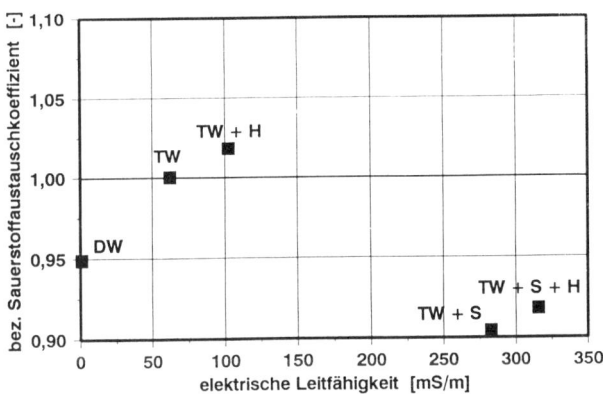

<u>Abbildung 8.23</u>: Bezogener Sauerstoffaustauschkoeffizient
in Wasser ohne Tenside

Wasser mit anionischen Tensiden: Die Abhängigkeit des
Sauerstoffaustauschkoeffizienten von der Tensidkonzentra-

tion ist in Abbildung 8.24 dargestellt (s.a. Tabellen
A.6.5.1 bis A.6.5.3). Bei allen untersuchten Wasserqualitäten ist mit steigender Tensidkonzentration eine Verringerung des Sauerstoffaustauschkoeffizienten festzustellen. In destilliertem Wasser (Teilabbildung 1) beträgt
der Sauerstoffaustauschkoeffizient maximal 38 % und minimal 18 % der in destilliertem Wasser ohne Tensidzusatz
gemessenen Werte, wobei die höheren Werte mit dem Tensid
AT2 und die niedrigeren Werte mit dem Tensid AT1 erreicht
werden.

Durch die Zugabe von Tensiden in Trinkwasser (Teilabbildung 2) werden im Vergleich zu destilliertem Wasser bei
den Tensidkonzentrationen von 5 und 7,5 g/m^3 etwas höhere
Werte des bezogenen Sauerstoffaustauschkoeffizienten erreicht (0,38 bis 0,21).

Besonders große Auswirkungen auf den bezogenen Sauerstoffaustauschkoeffizienten hat die Dosierung von Natriumsulfat ins Wasser (Teilabbildung 3). Beim Tensid AT1
wird ein mittlerer bezogener Sauerstoffaustauschkoeffizient von 35 % (bezogen auf Trinkwasser mit Natriumsulfat,
ohne Tenside) gemessen, während beim Tensid AT2 bei einer
Konzentration von 2,5 g/m^3 ein bezogener Sauerstoffaustauschkoeffizient größer als 40 % und bei einer Konzentration von 5 g/m^3 von nur 25 % erreicht wird. Bezieht
man die Werte auf Trinkwasser, ergibt sich beim Tensid
AT1 ein mittlerer Wert von 35 % und beim Tensid AT2 ein
maximaler bezogener Sauerstoffaustauschkoeffizient von
38 % und ein minimaler von 25 %.

Weniger Einfluß auf den Sauerstoffaustauschkoeffizienten
hat die Aufhärtung des Wassers (Teilabbildung 4). Die
Werte bewegen sich in Abhängigkeit der Tensidkonzentration zwischen 40 und 30 %.

Ein ähnliches Bild ist beim Trinkwasser mit gleichzeitiger Dosierung von Natriumsulfat, Calciumchlorid und Magnesiumsulfat zu beobachten (Teilabbildung 5). Dort erge-

Bezogener Sauerstoffaustauschkoeffizient

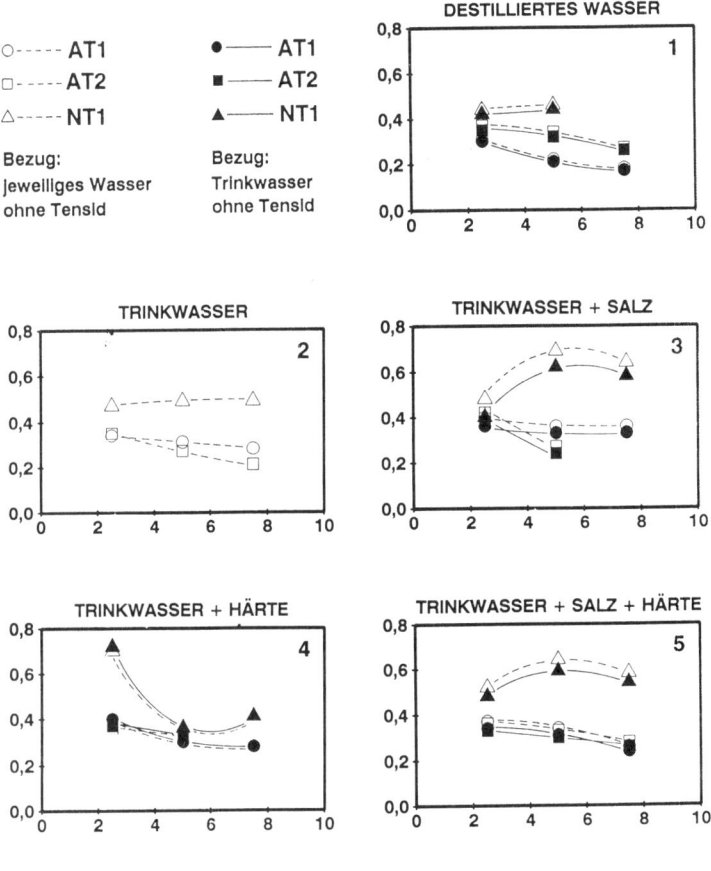

Tensidkonzentration [g/m³]

Abbildung 8.24: Bezogener Sauerstoffaustauschkoeffizient in Tensidlösungen

ben sich bei der höheren Tensidkonzentration $(7,5 \ g/m^3)$ geringere Werte um 30 %.

Wasser mit nichtionischen Tensiden: Die spezifischen Sauerstoffaustauschkoeffizienten mit dem nichtionischen Tensid NT1 unterscheiden sich relativ stark von denen mit den beiden anionischen Tensiden (s. Tabellen A.6.5.1 bis A.6.5.3 und Abbildung 8.24). In allen Wässern ist der bezogene Sauerstoffaustauschkoeffizient größer als in Lösungen mit anionischen Tensiden. Eine einheitliche Tendenz der Änderung der Sauerstoffaustauschkoeffizenten mit steigender Tensidkonzentration ist jedoch nicht zu erkennen.

Während in destilliertem Wasser (Teilabbildung 1) die Werte mit dem Tensid NT1 nur geringfügig über denen der anionischen Tenside liegen, sind die Unterschiede in Trinkwasser (Teilabbildung 2) deutlicher ausgeprägt. Mit steigender Tensidkonzentration bleibt der Wert etwa gleich groß.

In Trinkwasser mit Natriumsulfatzusatz (Teilabbildung 3) liegen die Werte bei einer Konzentration von $2,5 \ g/m^3$ in den ionischen und nichtionischen Tensidlösungen in der gleichen Größenordnung. Große Unterschiede sind jedoch bei 5 und $7,5 \ g/m^3$ zu beobachten. Dort sind die spezifischen Sauerstoffaustauschkoeffizienten mit dem nichtionischen Tensid fast doppelt so groß wie in den anionischen Tensidlösungen.

Die Erhöhung der Wasserhärte (Teilabbildung 4) bewirkt ein Anstieg des bezogenen Sauerstoffaustauschkoeffizienten bei $2,5 \ g/m^3$ im Vergleich zum Wasser mit den anionischen Tensiden auf den doppelten Wert. Bei $5 \ g/m^3$ ist ein Unterschied zwischen den beiden Tensidtypen kaum zu erkennen. Ein etwas größerer Wert des Sauerstoffaustauschkoeffizienten ist bei $7,5 \ g/m^3$ festzustellen.

Die Dosierung von Natriumsulfat in aufgehärtete Tensidlösungen (Teilabbildung 5) bewirkt beim Tensid NT1 ein Anstieg des Stoffaustauschkoeffizienten im Vergleich zu den
anionischen Tensidlösungen. Dabei werden die größten Werte bei 5 g/m³ festgestellt.

Vergleicht man den bezogenen Sauerstoffaustauschkoeffizienten in anionischen und nichtionischen Tensidlösungen
zeigt sich, daß deutliche Unterschiede bestehen. In allen
Wasserarten ergeben sich mit den anionischen Tensiden geringere Sauerstoffaustauschkoeffizienten als mit dem
nichtionischen Tensid. Der Einfluß der Tensidkonzentration ist beim nichtionischen Tensid deutlicher ausgeprägt
als bei den anionischen Tensiden.

8.4.1.9 Sauerstoffsättigungskonzentration

Zur Ermittlung des Einflusses von Tensiden auf die Sauerstoffsättigungskonzentration wird die bei Sauerstoffzufuhrmessungen aus der Eintragskurve errechnete Sättigungskonzentration unter Versuchsbedingungen c_{SV} (bezogen
auf 10 °C und 1013,25 hPa) herangezogen (s.a. Kapitel
6.2).

Wasser ohne Tenside: In Abbildung 8.25 ist die bezogene
Sauerstoffsättigungskonzentration (unter Versuchsbedin-
gungen bei 10 °C und 1.013,25 hPa) gegen die elektrische
Leitfähigkeit aufgetragen (s.a. Tabelle A.5.6).

Es zeigt sich, daß die Beeinflussung der Sauerstoffsättigungskonzentration durch die hier zugegebenen Wasserin-
haltsstoffe sehr gering ist und im Bereich des Meßfehlers
von Sauerstoffzufuhrmessungen liegt. Diese Ergebnisse

konnten auch erwartet werden, da Beeinflussungen der Sauerstoffsättigungskonzentration erst bei wesentlich höheren Salzkonzentrationen festgestellt wurden. So ist nach
HITCHMAN (1978) bei einer Chloridkonzentration von 2
kg/m^3 (vergleichbar mit der hier maximal eingestellten
elektrischen Leitfähigkeit von 300 mS/m) und einem Luftdruck von 1013,25 hPa eine Verringerung der Sauerstoffsättigungskonzentrationen von nur 2 % zu erwarten.

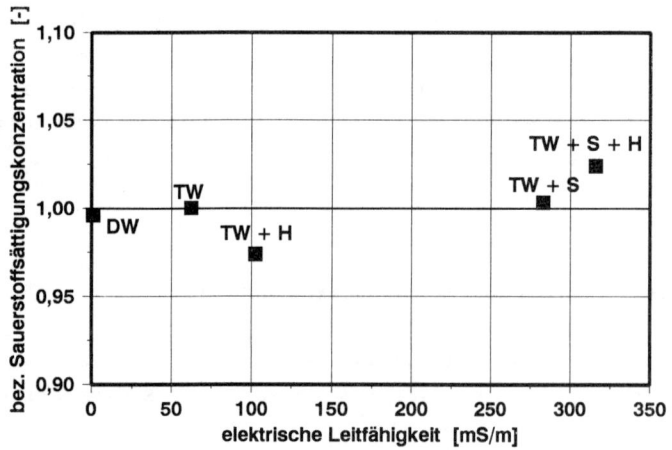

Abbildung 8.25: Bezogene Sauerstoffsättigungskonzentration in Wasser ohne Tenside

Wasser mit anionischen Tensiden: Die in Abbildung 8.26
dargestellten Sauerstoffsättigungskonzentrationen in Tensidlösungen sind aufgrund der erwarteten geringen Unterschiede nur auf Trinkwasser bezogen. Es ist zu erkennen,
daß die Werte bei allen Wasserqualitäten (destilliertes
Wasser, Trinkwasser etc.) um weniger als 3 % abweichen
(s.a. Tabellen A.6.6.1 bis A.6.6.3). Eine merkliche Beeinflussung der Sauerstoffsättigungskonzentration durch
Tenside in den verschiedenen Wässern ist im Konzentra-

Bezogene Sauerstoffsättigungskonzentration

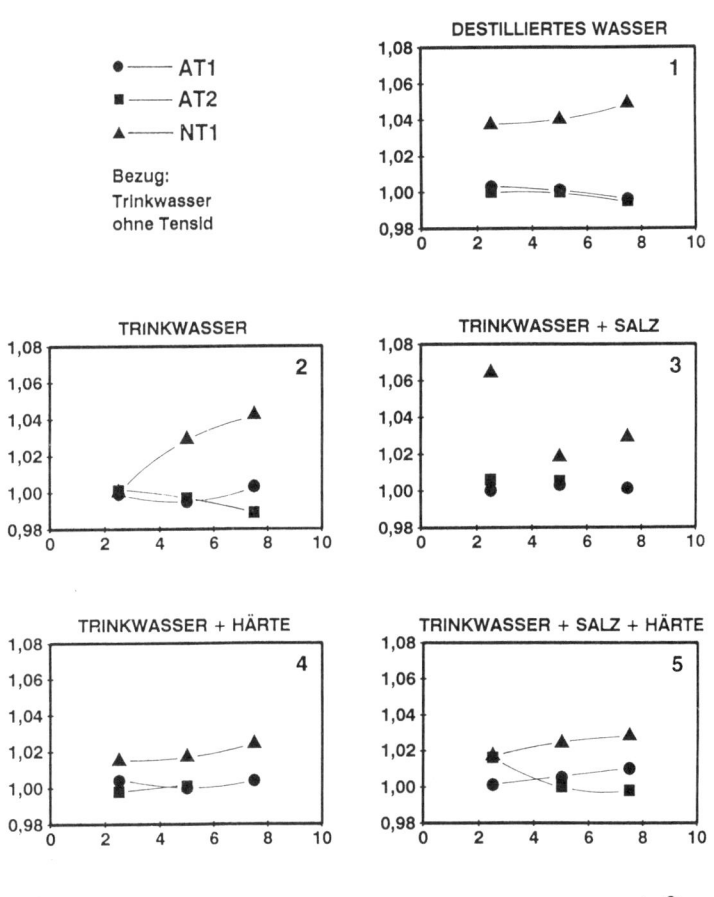

Tensidkonzentration [g/m³]

<u>Abbildung 8.26</u>: Bezogene Sauerstoffsättigungskonzentration
in Tensidlösungen

tionsbereich von 2,5 bis 7,5 g/m^3 nicht nachweisbar. Auch
bei höheren Konzentrationen von 10, 15 und 100 g/m^3 der
anionischen Tenside im Wasser ist eine Abhängigkeit der
Sauerstoffsättigungskonzentration von der Tensidzugabe
nicht zu beobachten (s. Abbildung 8.27).

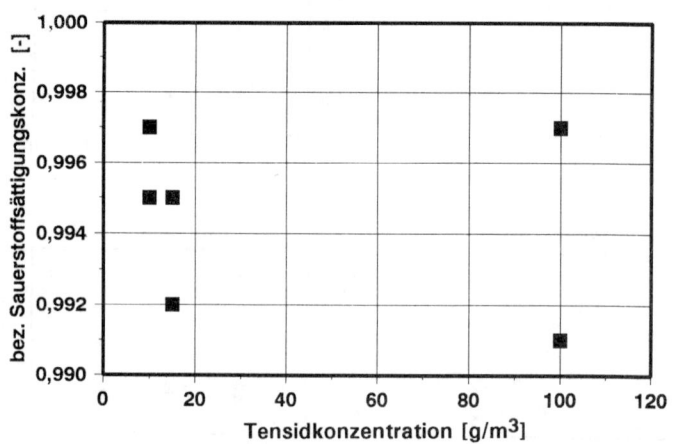

Abbildung 8.27: Bezogene Sauerstoffsättigungskonzentration bei hohen Tensidkonzentrationen

Wasser mit nichtionischen Tensiden: Im Gegensatz zu den
anionischen Tensidlösungen ist eine Beeinflussung der
Sauerstoffsättigungskonzentration durch die Zugabe des
nichtionischen Tensids NT1 schon bei Konzentrationen von
2,5 g/m^3 bis 7,5 g/m^3 nachzuweisen (s. Tabellen A.6.6.1
bis A.6.6.3 und Abbildung 8.26). Der geringste Einfluß
ist in aufgehärtetem Trinkwasser und in Wasser mit
gleichzeitiger Zugabe von Natriumsulfat und härteerhöhen-
der Chemikalien zu erkennen. Im Vergleich zu Trinkwasser
ist dort eine Erhöhung der Sauerstoffsättigungskonzentration von 1 bis 2 % festzustellen. In destilliertem Wasser, Trinkwasser und Trinkwasser mit Salzzusatz sind die

Einflüsse stärker ausgeprägt. Die Erhöhung der Sauerstoffsättigungskonzentration von etwa 4 % in destilliertem Wasser im Vergleich zu Wasser ohne Tensidzusatz ist
von der Tensidkonzentration nahezu unabhängig. In Trinkwasser ist dagegen ein deutlicher Einfluß der Tensidkonzentration auf die spezifische Sauerstoffsättigungskonzentration festzustellen. Mit steigender Tensidkonzentration vergrößert sich die spezifische Sauerstoffsättigungskonzentration im Vergleich zu Trinkwasser von 3 %
bei 5 g/m^3 auf 4 % bei 7,5 g/m^3. In Trinkwasser mit Zusatz von Natriumsulfat ist bei 2,5 g/m^3 eine Erhöhung der
Sättigungskonzentration von 7 % im Vergleich zur Lösung
ohne Tensid zu erkennen. Bei 5 g/m^3 nimmt der Einfluß auf
etwa 2 % ab, um bei 7,5 % wieder auf 3 % anzusteigen.

8.4.1.10 pH-Wert

Zur Ermittlung des Einflusses der Tensidkonzentration auf
den pH-Wert werden die zu untersuchenden Tenside in der
jeweiligen Konzentration in die nur schwach durchmischte
(nicht belüftete) Glassäule zugegeben und der pH-Wert am
Meßgerät abgelesen. Die erhaltenen Meßwerte sind in Abbildung 8.28 gegen die Tensidkonzentration aufgetragen
(s.a. Tabelle A.8.1).

Es ist zu erkennen, daß durch die Tensiddosierung der pH-
Wert im Vergleich zu Wasser generell geringfügig (im Mittel um 0,6 Einheiten) erhöht wird. Die Erhöhung ist umso
ausgeprägter, je größer die Tensidkonzentration ist. Ein
signifikanter Unterschied der Größe des pH-Wertes zwischen den beiden anionischen und dem nichtionischen Tensid ist nicht festzustellen.

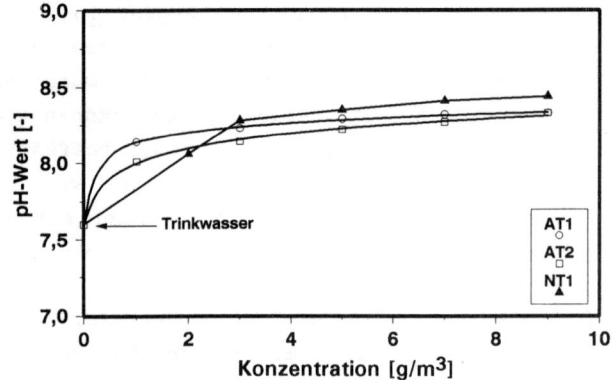

Abbildung 8.28: pH-Wert in Abhängigkeit von der
Tensidkonzentration

Der Anstieg des pH-Wertes in den Tensidlösungen gegenüber
Wasser kann auf die Zugabe der stark alkalischen Tensid-
stammlösungen zurückgeführt werden. Da sich der pH-Wert
in den Tensidlösungen nur geringfügig erhöht, ist ein
Einfluß dieser Kenngröße auf die den Stoffübergang beeinflussenden Parameter nicht zu erwarten.

8.4.1.11 Gegenüberstellung des Belüftungskoeffizienten, der spezifischen Grenzfläche und des Sauerstoffaustauschkoeffizienten in Tensidlösungen

Mit dem vorliegenden Kapitel werden die drei wichtigsten
bisher getrennt ausgewerteten Parameter Belüftungskoeffizient, spezifische Grenzfläche und Sauerstoffaustauschkoeffizient gemeinsam in ihrer Abhängigkeit von der Tensid-

konzentration diskutiert. Dadurch zeigt sich besonders
übersichtlich, inwiefern der Belüftungskoeffizient durch
Veränderungen der spezifischen Grenzfläche und des Stoffaustauschkoeffizienten infolge der Tensidzugabe beeinflußt wird.

Zur Ermittlung dieser Abhängigkeiten ist in Abbildung
8.29 der bezogene Belüftungskoeffizient (k_La/k_La_0) (oben
rechts), die bezogene spezifische Grenzfläche (a/a_0) (unten links) und der bezogene Sauerstoffaustauschkoeffizient (k_L/k_{L0}) (unten rechts) in Trinkwasser gegen die Tensidkonzentration aufgetragen. Die bezogenen Parameter in
den Tensidlösungen wurden in Kapitel 8.4.1.3 definiert.

Die entsprechenden Parameter der anderen vier untersuchten Wässer (destilliertes Wasser, Trinkwasser mit Salz,
Trinkwasser mit Härte, Trinkwasser mit Salz und Härte)
sind zur besseren Übersichtlichkeit in Abbildung A.1 bis
A.4 im Anhang zusammengefaßt.

Abbildung 8.29 im Text und Abbildung A.1 bis A.4 im Anhang lassen erkennen, daß in anionischen Tensidlösungen
(alle Wasserqualitäten) der bezogene Belüftungskoeffizient zwischen 65 und 90 % des Trinkwasserwertes schwankt.
Dabei ergeben sich die kleineren Werte bei höherer Tensidkonzentration. Wesentlich anders gestalten sich die
Verhältnisse bei der bezogenen spezifischen Grenzfläche.
Dort ist mit höherer Tensidkonzentration ein Ansteigen
gegenüber Trinkwasser festzustellen. Bei der niedrigen
Tensidkonzentration von 2,5 g/m^3 ergibt sich durch die
Tensiddosierung mindestens eine Verdopplung der bezogenen
spezifischen Grenzfläche. Wird die Tensidkonzentration
auf 7,5 g/m^3 vergrößert, beträgt die Erhöhung maximal das
4,5-fache des Wertes in Trinkwasser. Im Gegensatz zur
spezifischen Grenzfläche wird der bezogene Sauerstoffaus-

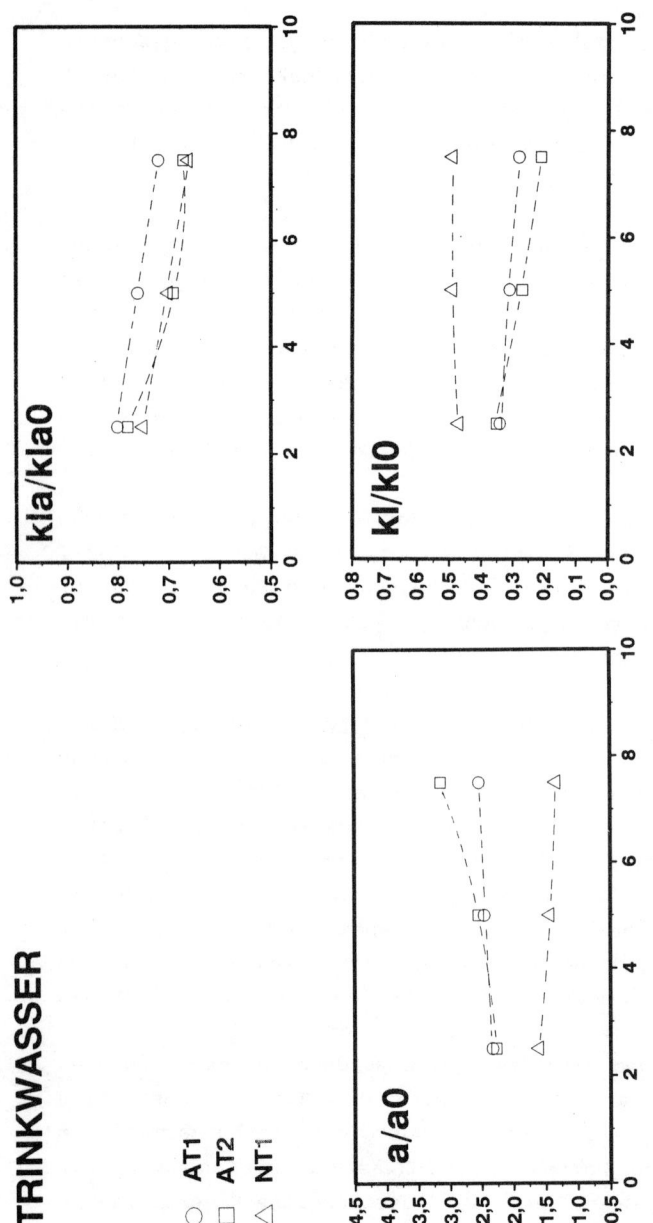

Abbildung 8.29: Belüftungskoeffizient, spezifische Grenzfläche und Sauerstoffaustausch-koeffizient in Trinkwasser mit Tensiden

tauschkoeffizient durch die Tensidzugabe sehr stark reduziert (40 bis 20 % der Werte in Wasser ohne Tenside), wobei die kleineren Werte bei hoher Tensidkonzentration
auftreten.

In nichtionischen Tensidlösungen sind die spezifischen
Belüftungskoeffizienten in allen Wässern kleiner als in
den anionischen Lösungen. Die Werte schwanken von 0,75
bei 2,5 g/m^3 bis 0,60 bei 7,5 g/m^3. In allen nichtionischen Tensidlösungen ist die Erhöhung der bezogenen spezifischen Grenzfläche im Vergleich zu Wasser ohne Tenside
geringer als in den anionischen Lösungen. Der bezogene
Sauerstoffaustauschkoeffizient wird dagegen durch das
Tensid NT1 weniger beeinflußt als durch die anionischen
Tenside. Ob dies für alle anderen nichtionischen Tenside
auch gilt, muß durch weitere Versuche geklärt werden.

Zusammenfassend ist festzustellen, daß im untersuchten
Konzentrationsbereich durch die Tensidzugabe der Sauerstoffeintrag in Wasser stark abnimmt. Der positive Einfluß der Vergrößerung der Grenzfläche wird durch die
starke Reduzierung des Stoffaustauschkoeffizienten über-
kompensiert, so daß letztendlich der Belüftungskoeffizient in Tensidlösungen gegenüber Wasser verkleinert wird.

8.4.2   Parameterbeziehungen in tensidhaltigen Wässern

8.4.2.1   Einführung

Die vorstehende Diskussion zeigt, daß der Sauerstoffübergang von einer Vielzahl von Parametern beeinflußt wird.
Zur Bestimmung dieser Parameter werden zum einen zeitauf-
wendige und komplizierte Messungen wie Blasengrößen- und
Sauerstoffzufuhrmessungen und zum anderen aber auch rela-

tiv einfache Messungen (Bestimmung des mittleren relativen Luftanteils und der Oberflächenspannung) durchgeführt. Unter der Voraussetzung, daß Abhängigkeiten zwischen einfach und schwierig zu messenden Parametern bestehen, müßten nur noch wenige einfache Messungen durchgeführt werden, um schwierig zu messende Parameter berechnen bzw. abschätzen zu können. In dieser Hinsicht
stellt die Abhängigkeit zwischen dem schwierig zu messenden Parameter Luftblasendurchmesser und der bedeutend
einfacheren Bestimmung der Oberflächenspannung einen ersten Ansatz dar. Diese Abhängigkeit wird im folgenden Kapitel 8.4.2.2 diskutiert.

Eine weitere Abhängigkeit stellt der Zusammenhang zwischen der Oberflächenspannung (einfach zu messen) und dem
α-Wert (schwierig zu bestimmen) dar. Bestehen signifikante Abhängigkeiten zwischen dem α-Wert und der Oberflächenspannung, kann mittels dieser Kenntnis und der bekannten Leistungsfähigkeit eines Belüftungssystems in
Wasser auf die Verhältnisse in Abwasser geschlossen werden, ohne daß aufwendige Messungen unter Betriebsbedingungen durchgeführt werden müssen. Aus diesem Grund werden im Kapitel 8.4.2.3 die Versuchsergebnisse dahingehend
ausgewertet, ob Zusammenhänge zwischen der Oberflächenspannung und dem α-Wert bestehen.

Der Sauerstoffübergang in Wasser (z.B. zahlenmäßig als
Sauerstoffaustauschkoeffizient ausgedrückt) kann auf Basis der Penetrationstheorie nach HIGBIE (1935) berechnet
werden $(k_L = 2 \cdot \sqrt{D_m \cdot v_S / (\pi \cdot d_{B,e})})$. Da angenommen werden
kann, daß die Parameter in der Gleichung nach der Pene-
trationstheorie auch in Tensidlösungen den Sauerstoffübergang beeinflussen, werden sie näher untersucht. Der
molekulare Diffusionskoeffizient D_m wird nach POGGEMANN
(1982) nicht vom Tensidgehalt des Wassers beeinflußt.

Dieser Parameter kann Änderungen des Sauerstoffaustauschkoeffizienten durch Tenside daher nicht verursachen. Dementsprechend ist der Sauerstoffaustauschkoeffizient nur
noch vom Luftblasendurchmesser und der Schlupfgeschwindigkeit abhängig, die wiederum eine Funktion des Blasendurchmessers ist. Demnach ist zu erwarten, daß der Sauerstoffaustauschkoeffizient in Tensidlösungen nur vom Luftblasendurchmesser abhängig ist. Aus diesem Grund wird im
Kapitel 8.4.2.4 die Beeinflussung des Sauerstoffaustauschkoeffizienten vom Luftblasendurchmesser in Tensidlösungen untersucht.

Im Kapitel 8.4.1 konnte gezeigt werden, daß die gemessenen Parameter durch Zugabe von Elektrolyten (Natriumsulfat und härteerhöhende Chemikalien) in Tensidlösungen beeinflußt werden. Deshalb soll im Kapitel 8.4.2.5 gezielt
der Einfluß von Natriumsulfat und in Kapitel 8.4.2.6 der
von härteerhöhenden Chemikalien auf die für den Sauerstoffübergang maßgebenden Parameter Belüftungskoeffizient, spezifische Grenzfläche und Sauerstoffaustauschkoeffizient untersucht werden.

Hypothesen aus der Literatur zur Erklärung der Änderung
der Größe der den Sauerstoffübergang beeinflussenden Parameter infolge der Tensidzugabe werden im Kapitel 8.5
erläutert. Mittels den durchgeführten Untersuchungen sollen einzelne Hypothesen überprüft werden.

8.4.2.2 Einfluß der Oberflächenspannung auf den mittleren Luftblasendurchmesser

Die Meßergebnisse zur Bestimmung der Abhängigkeit des
Luftblasendurchmessers von der Oberflächenspannung sind

in Tabelle A.8.2 zusammengefaßt und in Abbildung 8.30
grafisch dargestellt. Dabei ist der Blasendurchmesser als
Funktion der Oberflächenspannung aufgetragen. Angegeben
sind die Werte für Luftblasen in Trinkwasser ohne Tensidzusatz sowie für Trinkwasser mit anionischen und nichtionischen Tensiden.

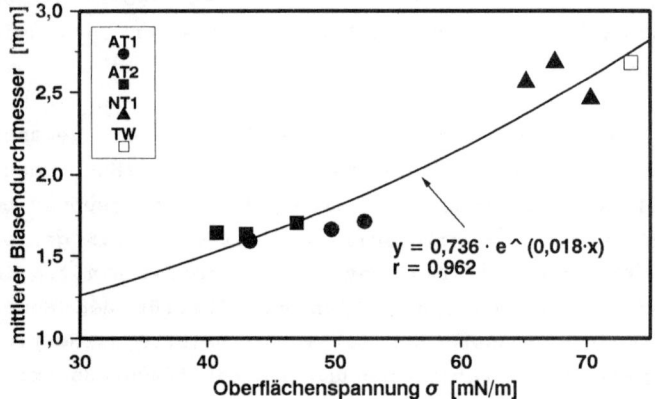

Abbildung 8.30: Abhängigkeit des Luftblasendurchmessers
von der Oberflächenspannung

Die Abhängigkeit des mittleren Luftblasendurchmessers von
der Oberflächenspannung läßt sich nach Abbildung 8.30
durch die Exponentialfunktion

$$y \ (mm) = 0,736 \cdot e^{0,018 \cdot x} \ (mN/m)$$

($r = 0,962$) beschreiben.

Tendenziell ist mit sinkender Oberflächenspannung eine
Reduzierung der Luftblasendurchmesser festzustellen. Es
ist zu erkennen, daß die im Vergleich zu Trinkwasser ge-

ringfügige Reduzierung der Oberflächenspannung des nichtionischen Tensids NT1 auch nur eine minimale Verringerung
des mittleren Blasendurchmessers bewirkt. Bedingt durch
die im Vergleich zu Wasser beträchtliche Reduzierung der
Oberflächenspannung durch das anionische Tensid wird auch
der mittlere Luftblasendurchmesser in Trinkwasser mit anionischen Tensiden stark verkleinert.

Bei den anionischen Tensiden ist mit abnehmender Oberflächenspannung eine kontinuierliche Reduzierung des mittleren Luftblasendurchmessers zu beobachten. Diese Abhängigkeit ist bei dem untersuchten nichtionischen Tensid nicht
entsprechend eindeutig ausgeprägt. Die Meßwerte schwanken
bei diesem Tensid relativ stark. Diese relativ starke
Streuung der Meßwerte des Blasendurchmessers bei nur geringen Konzentrationsunterschieden konnte auch DROGARIS
(1983) mit dem nichtionischen Tensid Tween 20 feststel-
len.

Der Einfluß der Oberflächenspannung ist nicht nur im Innern der Flüssigkeit sondern schon bei der Bildung der
Luftblasen an den Belüftungselementen wirksam. Dies verdeutlicht Gleichung 8.3, mit der der Blasendurchmesser an
senkrecht stehenden Kapillaren $d_{B,Kap.}$ berechnet werden
kann (GRASSMANN, 1983):

$$d_{B,Kap.} = \left[\frac{6 \cdot d_D \cdot \sigma}{g \cdot \Delta\rho} \right]^{1/3} \quad [m] \qquad (8.3)$$

Es ist zu erkennen, daß bei konstanten Kapillar- bzw. Düsendurchmesser d_D der Durchmesser der Blase beim Ablösen
einzig durch die Oberflächenspannung beeinflußt wird. Bedingt durch die Zugabe der Tenside wird nach dem Ablösen
von der Kapillare die Koaleszenz verhindert, was sich in

einem geringeren mittleren Durchmesser der Blasen gegenüber koaleszenzfördernden Lösungen äußert.

Zur Abschätzung des Einflusses der Oberflächenspannung
auf den mittleren Luftblasendurchmesser kann Gleichung
4.25 herangezogen werden, mit der eine Berechnung des
mittleren Blasendurchmessers in der Flüssigkeit möglich
ist (Mersmann, 1962 zitiert bei LIEPE, 1988):

$$d_{B,mittel} = 1,8 \cdot \sqrt{\frac{\sigma}{g \cdot \rho_L}} \qquad (4.25)$$

Man erkennt die prinzipielle Abhängigkeit des mittleren
Blasendurchmessers von der Oberflächenspannung. LIEPE,
1988 hat anstelle des Vorfaktors 1,8 nur einen Wert von
1,3 gefunden. Aufgrund der Diskrepanz der in der Literatur angegebenen Werte für den Vorfaktor wurde dieser Faktor mit den eigenen Versuchsdaten (Tabelle A.8.3) berechnet. Daraus ergibt sich ein mittlerer Faktor in den untersuchten Tensidlösungen bzw. Wässern von nur 0,85. Die
stark unterschiedlichen Werte des Faktors können nicht
erklärt werden.

Insgesamt zeigen die Ausführungen, daß mit kleinerer
Oberflächenspannung der mittlere Luftblasendurchmesser
reduziert wird. Die vermutete Abhängigkeit zwischen dem
einfach zu messenden Parameter Oberflächenspannung und
dem schwieriger zu bestimmenden Parameter mittlerer Luftblasendurchmesser ist gegeben, so daß zur Ermittlung des
mittleren Luftblasendurchmessers dieser nicht mit aufwendigen Meßmethoden, sondern stellvertretend durch die relativ einfache Messung der Oberflächenspannung bestimmt
werden kann. Weitere Versuche mit unterschiedlichen Tensidtypen müssen durchgeführt werden, um die diskutierte

Abhängigkeit (besonders im Bereich der Oberflächenspannung von 55 bis 65 mN/m) zu erhärten.

**8.4.2.3 Einfluß der Oberflächenspannung auf den
bezogenen Belüftungskoeffizienten**

Der soeben diskutierte Parameter Luftblasendurchmesser
beeinflußt die spezifische Grenzfläche, die wiederum neben dem Sauerstoffaustauschkoeffizienten die Größe des
Belüftungskoeffizienten bestimmt. Nachfolgend wird untersucht, ob eine direkte Abhängigkeit des bezogenen Belüftungskoeffizienten (α-Wert) von der Oberflächenspannung
besteht. Dazu ist in Abbildung 8.31 der bezogene Belüftungskoeffizient (α-Wert) gegen die Oberflächenspannung
aufgetragen (s.a. Tabelle A.8.4). Zusätzlich wird der
Tensidtyp und dessen Konzentration im Wasser unterschieden.

Tendenziell ist insgesamt zu erkennen, daß mit sinkender
Oberflächenspannung und zunehmender Tensidkonzentration
auch der α-Wert geringer wird, daß dieser Einfluß jedoch
extrem stark vom Tensidtyp abhängt. Im Vergleich zum
nichtionischen Tensid NT1 werden mit den anionischen Tensiden AT1 und AT2 deutlich geringere Oberflächenspannungen gemessen. Der α-Wert ist dagegen bei den beiden Tensidgruppen (anionisch/nichtionisch) fast gleich groß. In
Abhängigkeit der Tensidkonzentration sinkt er von etwa
0,8 bis auf 0,65 ab. Bei gleicher Oberflächenspannung von
47 mN/m ergeben sich je nach Tensidtyp α-Werte von 0,8
bis 0,7. Betrachtet man alle drei Tenside zusammen, so
stellt sich ein α-Wert von z.B. α = 0,75 bei der Oberflächenspannung von 46 mN/m (AT2), 49 mN/m (AT1) und 71 mN/m
(NT1) ein. Der α-Wert wird demnach infolge der bei den

einzelnen Tensidtypen verschiedenen Oberflächenspannungen
unterschiedlich verändert.

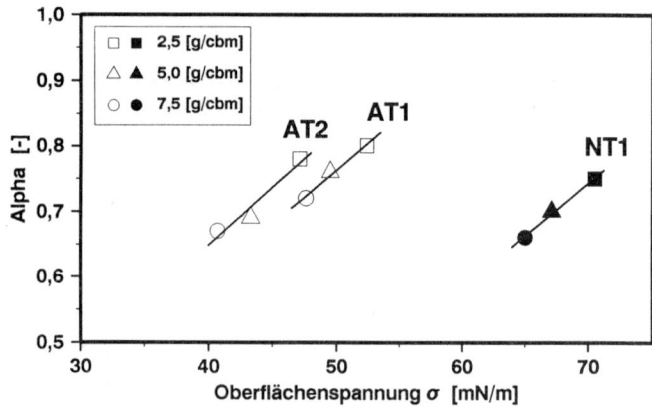

Abbildung 8.31: Abhängigkeit des α-Wertes von der Oberflächenspannung

Insgesamt ist festzustellen, daß sich bei gleicher Tensidkonzentration sowohl unterschiedliche Oberflächenspannungen als auch α-Werte ergeben. Dies zeigt, daß die
Oberflächenspannung zur Voraussage des α-Wertes von Belüftungssystemen ungeeignet ist. Die in Kapitel 8.4.2.1
vermutete direkte Abhängigkeit des bezogenen Belüftungskoeffizienten (α-Wert) von der Oberflächenspannung besteht nicht. α-Werte lassen sich daher nicht aus Oberflächenspannungsmessungen ableiten.

Die Auftragung des α-Wertes gegen die Tensidkonzentration
(s. Abbildung 8.21) zeigt, daß auch zwischen diesen beiden Parametern kein eindeutiger Zusammenhang besteht. Es
lassen sich lediglich Größenordnungen des α-Wertes angeben.

8.4.2.4 Abhängigkeit des Sauerstoffaustauschkoeffizienten vom mittleren Blasendurchmesser

Neben der spezifischen Grenzfläche beeinflußt der Sauerstoffaustauschkoeffizient maßgeblich den Sauerstoffeintrag. In der Anhangtabelle A.8.5 ist die Abhängigkeit des Sauerstoffaustauschkoeffizienten vom mittleren Blasendurchmesser zusammengefaßt und in Abbildung 8.32 gegen den mittleren Blasendurchmesser in allen Wasserarten mit und ohne Zugabe von Tensiden aufgetragen.

In der oberen Grafik in Abbildung 8.32 sind die Ergebnisse der Messungen mit den Tensiden bei einer Konzentration von 2,5 g/m^3 und in den darunter befindlichen Grafiken bei 5 g/m^3 (linke Grafik) sowie 7,5 g/m^3 (rechte Grafik) dargestellt.

In allen drei Grafiken sind die mittleren Blasendurchmesser in Wasser ohne Tenside von etwa 2,5 bis 3,0 mm eingetragen. Bei diesen Durchmessern beträgt der Sauerstoffaustauschkoeffizient im Mittel $2,1 \cdot 10^{-4}$ m/s. Schon bei einer geringen Konzentration von 2,5 g/m^3 **anionischer Tenside** im Wasser verringert sich der mittlere Blasendurchmesser auf 1,5 bis 2 mm. Dabei reduziert sich der Sauerstoffaustauschkoeffizient auf 1,1 bis $0,8 \cdot 10^{-4}$ m/s. Dies entspricht einer prozentualen Reduzierung über 60 % im Vergleich zu Wasser ohne Tenside. Die weitere Steigerung der Tensidkonzentration auf 5 und 7,5 g/m^3 bewirkt nur noch eine geringfügige weitere Senkung des Sauerstoffaustauschkoeffizienten. Systematische Einflüsse der Wasserqualität auf Blasendurchmesser und Sauerstoffaustauschkoeffizient in anionischen Tensidlösungen sind nicht nachzuweisen.

202

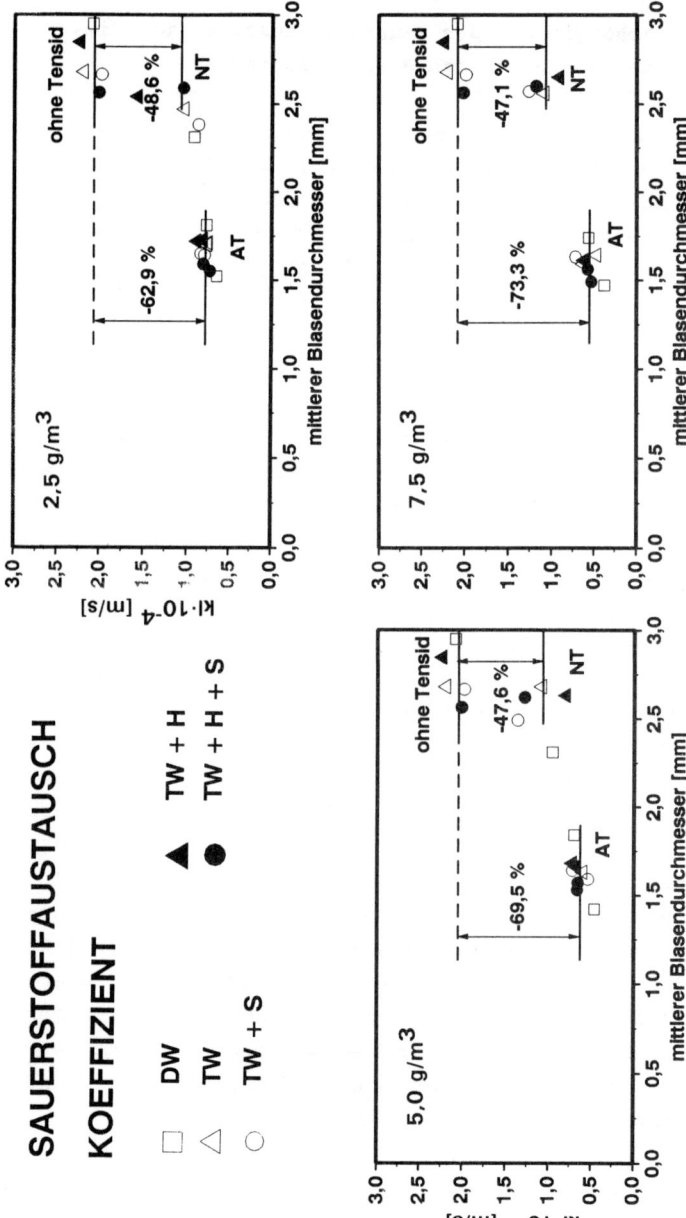

Abbildung 8.32: Abhängigkeit des Sauerstoffaustauschkoeffizienten vom mittleren Blasendurchmesser

Die Zugabe des **nichtionischen Tensids** ins Wasser bewirkt nur eine geringfügige Erniedrigung des mittleren Luftblasendurchmessers im Vergleich zu Wasser. Trotz der relativ geringen Abnahme des Blasendurchmessers wird der Stoffaustauschkoeffizient relativ stark herabgesetzt, wobei die Werte jedoch größer bleiben als in anionischen Tensidlösungen.

Daß dieser Effekt nicht primär eine Folge des geringen Blasendurchmessers sondern hauptsächlich der Tenside ist, zeigen Untersuchungen von OBERNOSTERER (1990), der den mittleren Blasendurchmesser durch Zugabe von Natriumchlorid ins Wasser reduzierte. Dabei blieb der Sauerstoffaustauschkoeffizient im Durchmesserbereich von etwa 3 mm bis 1,5 mm (im Gegensatz zu Wasser mit Tensiden, s. Abbildung 8.32) konstant. Einen geringen, aber doch meßbaren Einfluß der Salzkonzentration auf den Stoffaustauschkoeffizienten stellten MEUSEL (1979) sowie ZIEMINSKI (1971) fest. Damit ist nachgewiesen, daß die Reduzierung des Sauerstoffaustauschkoeffizienten in Tensidlösungen (Abbildung 8.32) ausschließlich auf den Tensideinfluß und nicht aufgrund kleinerer Luftblasendurchmesser zurückzuführen ist.

Die Ausführungen zeigen, daß der Sauerstoffaustauschkoeffizient vom mittleren Blasendurchmesser abhängig ist. Da sich der mittlere Blasendurchmesser aus einer Oberflächenspannungsmessung ableiten läßt (s. Kapitel 8.4.2.2), wäre zu erwarten, daß der Sauerstoffaustauschkoeffizient durch Messung der Oberflächenspannung ermittelt werden kann. Eine diesbezüglich Auftragung der Meßdaten zeigt aber, daß kein funktionaler Zusammenhang zwischen der Oberflächenspannung und dem Stoffaustauschkoeffizienten besteht.

8.4.2.5   Einfluß von Natriumsulfat in Tensidlösungen

Die den Sauerstoffeintrag ins Wasser bestimmenden Parameter werden durch Elektrolyte (Natriumsulfat und härteerhöhende Chemikalien) beeinflußt (s. Kapitel 8.4.1.4 bis 8.4.1.11). Aus diesem Grund soll im vorliegenden Kapitel gezielt sowohl der Einfluß von Natriumsulfat in **Trinkwasser mit Tensiden** als auch in **aufgehärtetem Trinkwasser mit Tensiden** auf die den Sauerstoffeintrag bestimmenden Parameter spezifische Grenzfläche, Belüftungskoeffizient und Sauerstoffaustauschkoeffizient untersucht werden. Dazu werden die Ergebnisse der durchgeführten Versuche in der Glassäule mit Belüftungsteller herangezogen (Versuchsprogramm s. Tabelle 7.2) und entsprechend ausgewertet. Die elektrische Leitfähigkeit als Maß für die Konzentration an Natriumsulfat beträgt sowohl in Trinkwasser mit Tensiden als auch in aufgehärtetem Trinkwasser mit Tensiden maximal 300 mS/m. Die Wasserhärte beträgt in Trinkwasser mit Tensiden 17,7 °dH und in aufgehärtetem Trinkwasser mit Tensiden 30 °dH.

Zur Ermittlung des Einflusses von **Natriumsulfat in Trinkwasser mit Tensiden** wird der jeweilige Parameter in Trinkwasser mit Tensiden und Natriumsulfat auf den entsprechenden Wert in Trinkwasser mit Tensiden bezogen. Sowohl in den Wässern ohne als auch in den Lösungen mit Tensiden werden jeweils die luftvolumenstrombezogenen Werte benutzt. Der Bezug der Parameter auf den Luftvolumenstrom ist notwendig, da aus versuchs- und meßtechnischen Gründen der Luftvolumenstrom bei den einzelnen Messungen unterschiedlich ist (s.a. Kapitel 8.4.1.3). Am Beispiel des Belüftungskoeffizienten wird die Berechnung der dimensionslosen Parameter gezeigt:

$$\frac{k_L a}{k_L a_0{}'} = \frac{\begin{array}{l}\text{luftvolumenstrombezogener Belüftungskoeffizient}\\\text{in Trinkwasser mit Tensiden und Natriumsulfat}\end{array}}{\begin{array}{l}\text{luftvolumenstrombezogener Belüftungskoeffizient}\\\text{in Trinkwasser mit Tensiden}\end{array}}$$

Die Ergebnisse der Auswertung der Versuchsergebnisse mittels der vorstehenden Gleichungen sind im Anhang in Tabelle A.8.6.1 zusammengefaßt.

Der Einfluß von **Natriumsulfat in aufgehärtetem Trinkwasser mit Tensiden** wird entsprechend bestimmt. Der Wert in Trinkwasser mit Tensiden, Natriumsulfat und härteerhöhenden Chemikalien wird auf den Wert in Trinkwasser mit Tensiden und härteerhöhenden Chemikalien bezogen.

$$\frac{k_L a}{k_L a_0{}'} = \frac{\begin{array}{l}\text{luftvolumenstrombezogener Belüftungskoeffizient}\\\text{in Trinkwasser mit Tensiden, Natriumsulfat und}\\\text{härteerhöhenden Chemikalien}\end{array}}{\begin{array}{l}\text{luftvolumenstrombezogener Belüftungskoeffizient}\\\text{in Trinkwasser mit Tensiden und härteerhöhenden}\\\text{Chemikalien}\end{array}}$$

Die diesbezüglichen Ergebnisse der Auswertung in aufgehärtetem Trinkwasser sind in der Anhangtabelle A.8.6.2 zusammengefaßt.

In Abbildung 8.33 sind die Ergebnisse dieser Auswertung grafisch dargestellt. Die bezogenen Parameter Belüftungskoeffizient, spezifische Grenzfläche und Sauerstoffaustauschkoeffizient sind gegen die Tensidkonzentration aufgetragen. Das Tensid AT1 ist mit einem Kreis, AT2 mit einem Quadrat und NT1 mit einem Dreieck symbolisiert. Beim Bezug auf Trinkwasser mit Tensiden werden offene Symbole und beim Bezug auf aufgehärtetes Trinkwasser mit Tensiden ausgefüllte Symbole verwendet. Die Symbole sind beim Bezug auf Trinkwasser mit gestrichelten und beim Bezug auf aufgehärtetes Trinkwasser mit durchgezogenen Linien verbunden.

Einfluß von Natriumsulfat in Trinkwasser mit Tensiden (offene Symbole in <u>Abbildung 8.33</u>):

Durch die Natriumsulfatzugabe wird der **Belüftungskoeffizient** bei beiden anionischen Tensiden in den untersuchten Konzentrationsbereichen vergrößert. Die geringste Erhöhung des Belüftungskoeffizienten gegenüber Tensidlösungen ohne Salzzugabe beträgt 4,5 % (AT1 bei 5 g/m^3), die maximale 12 % (AT2 bei 5 g/m^3). Dagegen ergibt sich mit dem nichtionischen Tensid NT1 eine Reduzierung des Belüftungskoeffizienten von etwa 5 %. Der Einfluß der Tensidkonzentration ist insgesamt relativ gering.

Bei der **spezifischen Grenzfläche** sind in anionischen Tensidlösungen die Ergebnisse dagegen uneinheitlicher. Dort sind sowohl die vermuteten Vergrößerungen der Grenzfläche, aber auch geringfügige Verkleinerungen festzustellen, wobei sich große Unterschiede zwischen den beiden anionischen Tensidtypen ergeben. Beim Tensid AT1 bleibt die spezifische Grenzfläche mit steigender Tensidkonzentration konstant, während sich beim Tensid AT2 schon bei 5 g/m^3 ein starker Anstieg (etwa 20 %) gegenüber der Lösung mit 2,5 g/m^3 zeigt. Die Grenzfläche bei der Konzentration von 7,5 g/m^3 mit dem Tensid AT2 konnte nicht bestimmt werden, da eine sehr starke Schaumentwicklung infolge der Salzzugabe die Blasengrößenmessung verhinderte. Beim Tensid NT1 wird die spezifische Grenzfläche durch die Zugabe von Natriumsulfat nicht beeinflußt.

207

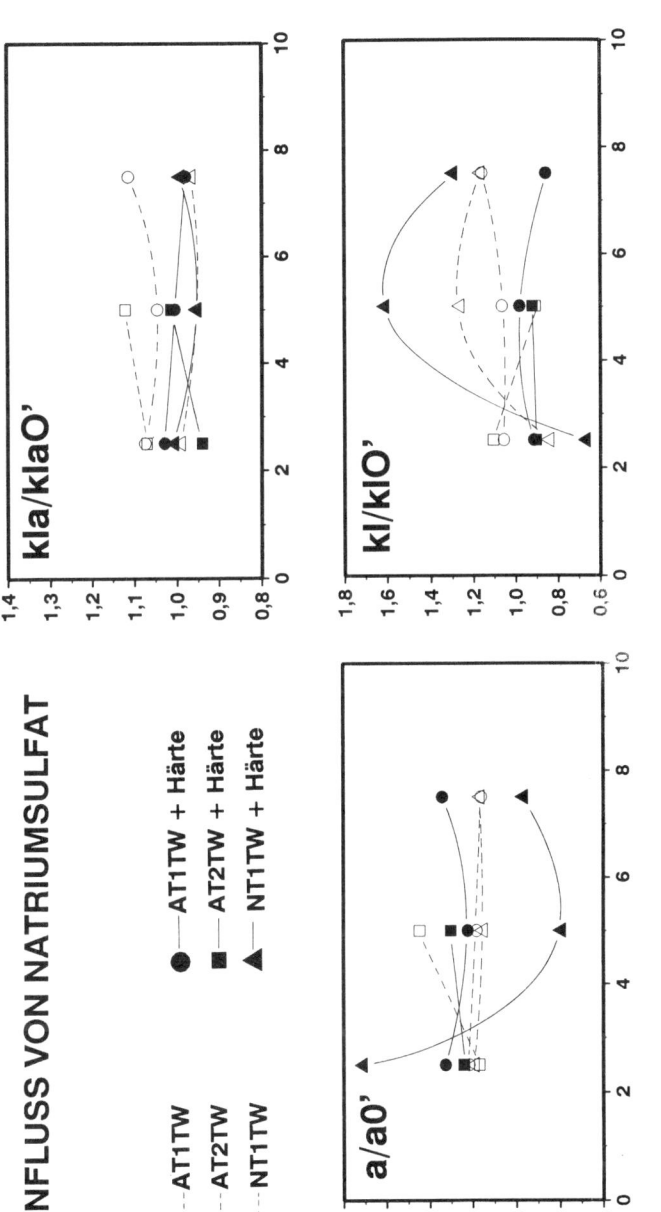

Abbildung 8.33: Einfluß von Natriumsulfat in Tensidlösungen

Der **Sauerstoffaustauschkoeffizient** ist in den anionischen
Tensidlösungen mit Salzzugabe bis auf eine Ausnahme grös-
ser (maximal 15 %) als in Tensidlösungen ohne Zusatz von
Natriumsulfat. Beim Tensid AT1 ist ein geringer stetiger
Anstieg des Sauerstoffaustauschkoeffizienten mit steigender Tensidkonzentration festzustellen, während beim Tensidtyp AT2 ein starkes Absinken zu erkennen ist. Bei 5
g/m^3 ergibt sich eine Verringerung des Sauerstoffaustauschkoeffizienten von etwa 10 % gegenüber Tensidlösungen ohne Zusatz von Natriumsulfat. Mit dem Tensid NT1 ist
bei 2,5 g/m^3 eine Reduzierung des Sauerstoffaustauschkoeffizienten um fast 20 % gegenüber der Tensidlösung ohne
Salzzusatz festzustellen. Bei 5 g/m^3 ergibt sich dagegen
eine Steigerung um etwa 25 % und bei 7,5 g/m^3 um etwa
15 %.

**Einfluß von Natriumsulfat in aufgehärtetes Trinkwasser
mit Tensiden** (ausgefüllte Symbole in Abbildung 8.33):

Die Zugabe von Natriumsulfat in aufgehärtete **anionische
Tensidlösungen** bewirkt je nach Tensidkonzentration unwesentliche Erhöhungen, aber auch geringfügige Verkleinerungen des **Belüftungskoeffizienten**. Die maximale Vergrösserung beträgt 3 %, die maximale Reduzierung 6 %. Diese
gegenteiligen Ergebnisse sind dadurch zu erklären, daß
zum einen die **spezifische Grenzfläche erhöht**, zum anderen
der **Sauerstoffaustauschkoeffizient erniedrigt** wird. Beide
Effekte heben sich somit gegenseitig auf.

Wesentlich anders gestalten sich die Verhältnisse in Wasser mit dem **nichtionischen Tensid NT1**. Der Salzeinfluß
auf den **Belüftungskoeffizienten** ist ebenso wie bei den
anionischen Tensiden mit maximal 5 % Abweichung zu tensidfreiem Wasser relativ gering. Dagegen ergibt sich bei

der **spezifischen Grenzfläche** bei 2,5 g/m³ eine Erhöhung
um 50 %, die bei 5 g/m³ in eine Reduzierung von 40 % um-
schlägt. Die weitere Steigerung der Tensidkonzentration
bewirkt wieder ein Ansteigen der spezifischen Grenzfläche, die allerdings immer noch etwa 20 % unterhalb des
Wertes der Tensidlösung ohne Salzzusatz liegt. Beim **Sauerstoffaustauschkoeffizienten** ist der umgekehrte Effekt
zu beobachten. Während bei einer Konzentration von 2,5
g/m³ ein Absinken gegenüber Lösungen ohne Salzsatz von
35 % zu erkennen ist, steigt der Wert bei 5 g/m³ auf 60 %
Erhöhung an. Mit etwa 30 % Erhöhung gegenüber Trinkwasser
mit Tensidzusatz fällt der Wert bei 7,5 g/m³ wieder etwas
ab.

Vergleicht man den Einfluß der Zugabe von Natriumsulfat
in Trinkwasser und aufgehärtetem Trinkwasser mit anionischen und nichtionischen Tensiden ist zu erkennen, daß
nachweisbare Unterschiede in bezug auf den Belüftungskoeffizienten bestehen. Während sich in Trinkwasser mit
Tensiden eine Erhöhung des Belüftungskoeffizienten von
maximal 12 % ergibt, ist in aufgehärtetem Trinkwasser mit
Tensiden nur ein relativ geringer Einfluß der Salzzugabe
auf diesen Parameter festzustellen. Die Tensidkonzentration übt im Vergleich zum Tensidtyp nur einen relativ geringen Einfluß aus. Der Einfluß von Natriumsulfat in
Trinkwasser und aufgehärtetem Trinkwasser auf die spezifische Grenzfläche und den Sauerstoffaustauschkoeffizienten ist uneinheitlicher. Es sind sowohl Vergrößerungen
als auch Verkleinerungen festzustellen. Im Vergleich zum
Belüftungskoeffizienten ist bei der spezifischen Grenzfläche und beim Sauerstoffaustauschkoeffizienten der Einfluß der Tensidkonzentration und des Tensidtyps stärker
ausgeprägt.

Hypothesen zur Beschreibung der Beeinflussung der diskutierten Parameter durch die Salzzugabe in Tensidlösungen
werden in Kapitel 8.5 erläutert.

8.4.2.6   Einfluß der Wasserhärte in Tensidlösungen

Das Koaleszenzverhalten von Blasen in Tensidlösungen läßt
sich nach ZLOKARNIK (1980 b) pauschal mit dem Schaumvermögen beurteilen. Nach seinen Angaben wird die Blasenkoaleszenz mit steigendem Schaumvermögen intensiviert. Wie
Untersuchungen von HÜLS (1988 a) zeigen, ist das Schaumvermögen vom Härtegrad des Wassers abhängig. Beispielsweise ergibt sich bei gleicher Konzentration des anionischen Tensids Alkylbenzolsulfonat durch die Erhöhung der
Wasserhärte von 0 °dH auf 13 °dH eine Reduzierung des
Schaumvermögens (und damit der Koaleszenzhäufigkeit) um
fast 100 %. Aus diesem Grund ist der Einfluß der Wasserhärte auf die Blasenkoaleszenz (ausgedrückt durch die
Größe der resultierenden spezifischen Grenzfläche) sowie
auf den Stoffübergang (Belüftungs- und Sauerstoffaustauschkoeffizient) von Bedeutung.

Der Einfluß von härteerhöhenden Chemikalien auf den Sauerstoffübergang wird analog zum vorigen Abschnitt anhand
der Parameter spezifische Grenzfläche, Belüftungskoeffizient und Sauerstoffaustauschkoeffizient untersucht. Dazu
werden diese Parameter in **Trinkwasser mit Tensiden** und
aufgehärtetem Trinkwasser mit Tensiden den Werten in destilliertem Wasser mit Tensiden gegenübergestellt. Aus
der Veränderung der bezogenen Werte in den beiden angeführten Wässern im Vergleich zu den Tensidlösungen in destilliertem Wasser läßt sich der Einfluß der Wasserhärte
auf die einzelnen Parameter nachweisen. Die Wasserhärte

beträgt im destilliertem Wasser 0 °dH, im Trinkwasser
17,7 °dH und in aufgehärtetem Wasser 30 °dH. Nachfolgend
ist die Berechnung der bezogenen Werte am Beispiel des
Belüftungskoeffizienten angegeben:

$$\frac{k_L a}{k_L a_0{}''} = \frac{\text{luftvolumenstrombezogener Belüftungskoeffizient in Trinkwasser mit Tensiden}}{\text{luftvolumenstrombezogener Belüftungskoeffizient in destilliertem Wasser mit Tensiden}}$$

$$\frac{k_L a}{k_L a_0{}''} = \frac{\text{luftvolumenstrombezogener Belüftungskoeffizient in aufgehärtetem Trinkwasser mit Tensiden}}{\text{luftvolumenstrombezogener Belüftungskoeffizient in destilliertem Wasser mit Tensiden}}$$

Der Bezug der Parameter auf den Luftvolumenstrom in den
obigen Gleichungen ist notwendig, da bei den einzelnen
Messungen der Luftvolumenstrom nicht exakt gleich eingestellt werden konnte (s. Kapitel 8.4.1.3)

Die spezifische Grenzfläche und der Sauerstoffaustauschkoeffizient werden analog den oben angegebenen Gleichungen berechnet. In die Untersuchung werden die beiden anionischen Tenside AT1 und AT2 sowie das nichtionische
Tensid NT1 einbezogen. Die Ergebnisse sind im Anhang in
Tabelle A.8.7.1 und in Abbildung 8.34 dargestellt. In der
Grafik sind die entsprechend den obigen Angaben berechneten bezogenen Belüftungskoeffizienten, spezifischen
Grenzflächen und Sauerstoffaustauschkoeffizienten bei unterschiedlichen Tensidkonzentration (2,5; 5,0 und 7,5
g/m^3) in Abhängigkeit der Wasserhärte [°dH] aufgetragen.
Die unterschiedlichen Tensidtypen und Tensidkonzentrationen sind entsprechend der Legende in Abbildung 8.33 gekennzeichnet. Das Tensid AT1 ist bei den unterschiedli-

chen Wasserhärten mit durchgezogenen Linien, Tensid AT2 mit gestrichelten Linien und NT1 mit gepunkteten Linien verbunden.

Durch die Erhöhung der Wasserhärte von 0 °dH auf 17,7 °dH wird der **Belüftungskoeffizient** mit dem anionischen Tensid AT2 um maximal 3 % vergrößert. Dagegen ergeben sich mit dem Tensid AT1 Reduzierungen um bis zu 10 %. Infolge der Erhöhung der Wasserhärte von 17,7 °dH auf 30 °dH wird der Belüftungskoeffizient auf 5 % in der Lösung mit dem Tensid AT1 vergrößert. Eine weitere Reduzierung des Belüftungskoeffizienten mit dem Tensid AT1 wird nicht beobachtet.

Wesentlich anders gestalten sich die Verhältnisse mit dem nichtionischen Tensid NT1. Vergleicht man die Werte in destillertem (0 °dH) und Trinkwasser (17,7 °dH) ergibt sich eine Vergrößerung (in Abhängigkeit der Tensidkonzentration) von 15 % bis fast 25 %. Durch die weitere Erhöhung der Wasserhärte auf 30 °dH wird der bezogene Belüftungskoeffizient auf 15 bis 20 % leicht reduziert.

Die **spezifische Grenzfläche** zeigt für die beiden anionischen Tenside deutlich unterschiedliche Werte. Während härteerhöhende Chemikalien die spezifische Grenzfläche in Trinkwasser mit dem Tensid AT2 leicht vergrößern (maximal 15 % bei 17,7 °dH), ergeben sich mit dem Tensid AT1 sowohl in Trinkwasser als auch aufgehärtetem Trinkwasser sehr starke Reduzierungen der spezifischen Grenzfläche. Besonders ausgeprägt ist dieser Effekt im Trinkwasser mit 17,7 °dH, wo Verringerungen der spezifischen Grenzfläche im Vergleich zu den Tensidlösungen in destilliertem Wasser von bis zu 40% gemessen werden. Wird die Wasserhärte auf 30 °dH erhöht, verringert sich dieser Einfluß geringfügig. Bei beiden Wasserhärten (17,7 °dH und 30 °dH) ist die Größe der spezifischen Grenzfläche von der Konzentra-

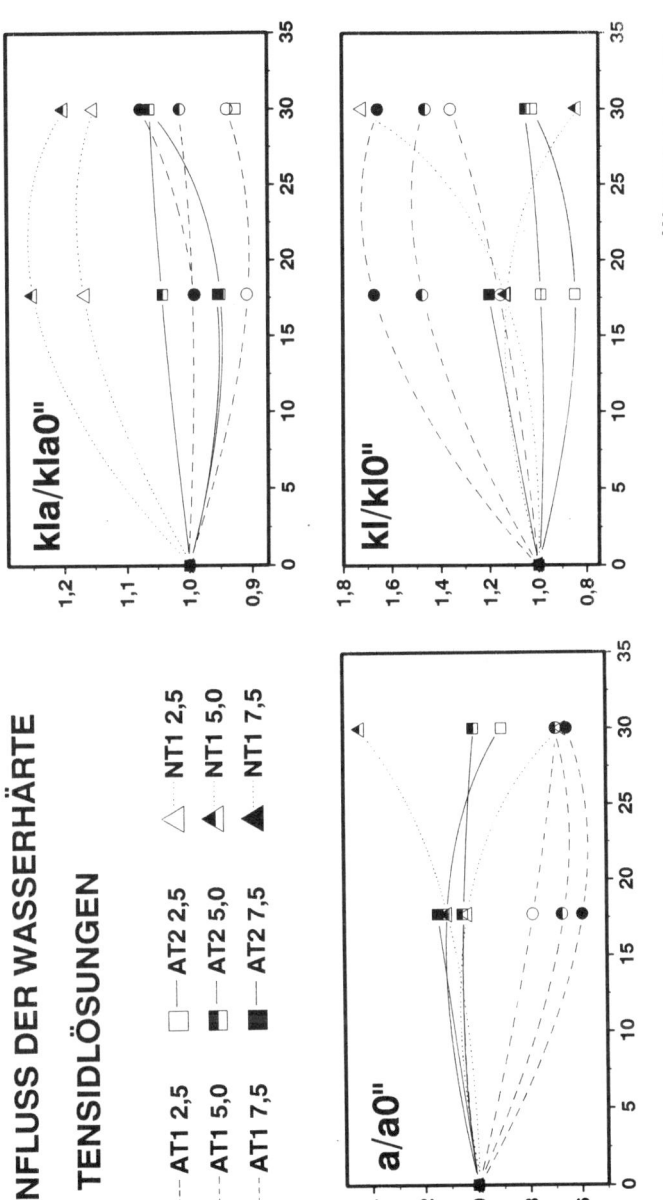

Abbildung 8.34: Einfluß der Wasserhärte in Tensidlösungen

tion der zugegebenen Tenside abhängig, wobei die Auswirkungen der untersuchten anionischen Tenside unterschiedlich sind. Während beim Tensid AT1 die spezifische Grenzfläche mit steigender Konzentration im Vergleich zu Tensidlösungen in destilliertem Wasser verringert wird,
zeigt sich beim Tensid AT2 mit höherer Konzentration eine
Vergrößerung. Diese Abhängigkeit ist in Trinkwasser besonders ausgeprägt. In aufgehärtetem Trinkwasser wird der
Einfluß geringer.

In der nichtionischen Tensidlösung ist die spezifische
Grenzfläche stark von der Wasserhärte, aber auch von der
Tensidkonzentration abhängig. In Trinkwasser ergibt sich
bei 2,5 g/m^3 nur eine unwesentliche Steigerung der spezifischen Grenzfläche im Vergleich zu destilliertem Wasser.
Wird die Wasserhärte auf 30 °dH gesteigert, fällt die
spezifische Grenzfläche um 30 % gegenüber destilliertem
Wasser ab. Die Erhöhung der Tensidkonzentration von 2,5
auf 5,0 g/m^3 ergibt in Trinkwasser eine Erhöhung um 5%
und in Wasser mit 30 °dH eine Vergrößerung um 40 % gegenüber destilliertem Wasser.

Ebenso wie die spezifische Grenzfläche ist auch der bezogene **Sauerstoffaustauschkoeffizient** von härteerhöhenden
Chemikalien im Wasser abhängig, wobei die Einflüsse in
Trinkwasser etwas ausgeprägter als in aufgehärtetem
Trinkwasser sind. Während bei Zugabe des Tensides AT1
eine relativ starke Erhöhung des Sauerstoffaustauschkoeffizienten mit steigender Konzentration der härteerhöhenden Chemikalien festzustelllen ist, zeigt sich in Lösungen mit dem Tensid AT2 nur eine geringfügige Erhöhung, in
der Hauptsache sogar signifikante Reduzierungen des Zah-
lenwertes. Die Vergrößerung des Sauerstoffaustauschkoeffizienten mit zunehmender Wasserhärte ist von der Konzentration der zugegebenen Tenside abhängig: In Lösungen mit
dem Tensid AT1 ist beim Tensid AT2 die Auswirkung der

härteerhöhenden Chemikalien nicht so deutlich ausgeprägt.
Hier sind sowohl Vergrößerungen des Sauerstoffaustauschkoeffizienten mit steigender Tensidkonzentration (bei
17,7 °dH) als auch Verkleinerungen (bei 30 °dH) festzustellen.
Der bezogene Sauerstoffaustauschkoeffizient in den nichtionischen Tensidlösungen ist stark von der Wasserhärte
abhängig. Während in Trinkwasser sowohl bei 2,5 als auch
bei 5,0 g/m^3 eine Erhöhung des Stoffaustauschkoeffizienten von etwa 10 % gegenüber destilliertem Wasser zu beobachten ist, zeigt sich bei 30 °dH ein deutlich unterschiedliches Verhalten. Bei 2,5 g/m^3 ergibt sich eine Erhöhung des Sauerstoffaustauschkoeffizienten von fast 70 %
gegenüber destilliertem Wasser, während bei 5,0 g/m^3 eine
Reduzierung um 20 % gemessen wird.

Zusammenfassend läßt sich sagen, daß die Wasserhärte den
Belüftungskoeffizienten, die spezifische Grenzfläche und
den Sauerstoffaustauschkoeffizienten beeinflußt. Insgesamt ist sowohl ein Einfluß des Tensidtyps (AT1/AT2/NT1)
als auch im geringeren Maße der Tensidkonzentration festzustellen. Die deutlichen Unterschiede zwischen den Tensidtypen sind auch bei der spezifischen Grenzfläche zu
beobachten. Zusätzlich ergibt sich bei diesem Parameter
auch ein starker Einfluß der Erhöhung der Wasserhärte von
17,7 auf 30 °dH. Die gleichen Aussagen lassen sich für
den Sauerstoffaustauschkoeffizienten treffen. Insgesamt
sind die Einflüsse bei der spezifischen Grenzfläche und
dem Sauerstoffaustauschkoeffizienten am stärksten ausgeprägt, jedoch in der Weise, daß sie sich zu geringen Effekten auf den Belüftungskoeffizienten kompensieren.

Nachfolgend wird der Einfluß der Wasserhärte auf die eben
diskutierten Größen in aufgesalzten Tensidlösungen ermittelt. Dazu werden diese Parameter in **Trinkwasser mit Na-**

triumsulfat und Tensiden sowie in **aufgehärtetem Trinkwasser mit Natriumsulfat und Tensiden** den Werten in destilliertem Wasser mit Tensiden in Beziehung gesetzt. Die Berechnung der dimensionslosen Parameter ist beispielhaft für den Belüftungskoeffizienten angegeben (notwendiger Luftvolumenstrombezug s. Kapitel 8.4.1.3):

$$\frac{k_L a}{k_L a_0{}''} = \frac{\begin{array}{c}\text{luftvolumenstrombezogener Belüftungskoeffizient}\\ \text{in Trinkwasser mit Natriumsulfat und Tensiden}\end{array}}{\begin{array}{c}\text{luftvolumenstrombezogener Belüftungskoeffizient}\\ \text{in destilliertem Wasser mit Tensiden}\end{array}}$$

$$\frac{k_L a}{k_L a_0{}''} = \frac{\begin{array}{c}\text{luftvolumenstrombezogener Belüftungskoeffizient}\\ \text{in aufgehärtetem Trinkwasser mit Natriumsulfat}\\ \text{und Tensiden}\end{array}}{\begin{array}{c}\text{luftvolumenstrombezogener Belüftungskoeffizient}\\ \text{in destilliertem Wasser mit Tensiden}\end{array}}$$

Es werden sowohl die anionischen Tenside AT1 und AT2 sowie das nichtionische Tensid NT1 untersucht. Die Ergebnisse sind in der Anhangtabelle A.8.7.2 zusammengefaßt und in Abbildung 8.35 dargestellt. Der Aufbau der Abbildung, die Symbole und die verbindenden Linien zwischen den einzelnen Tensidtypen bei unterschiedlichen Wasserhärten entsprechen denen in Abbildung 8.34.

Der Belüftungskoeffizient wird in **anionischen Tensidlösungen** durch die Dosierung von Natriumsulfat in Trinkwasser und aufgehärtetes Wasser (17,7 °dH) nur geringfügig beeinflußt. Die Werte schwanken zwischen 0,93 und 1,10. Durch die Erhöhung der Wasserhärte auf 30 ° dH werden die Werte kaum verändert. Bezüglich der spezifischen Grenzfläche ergeben sich beim Tensid AT1 nur unwesentliche Änderungen der Werte gegenüber Lösungen ohne Elektrolytzu-

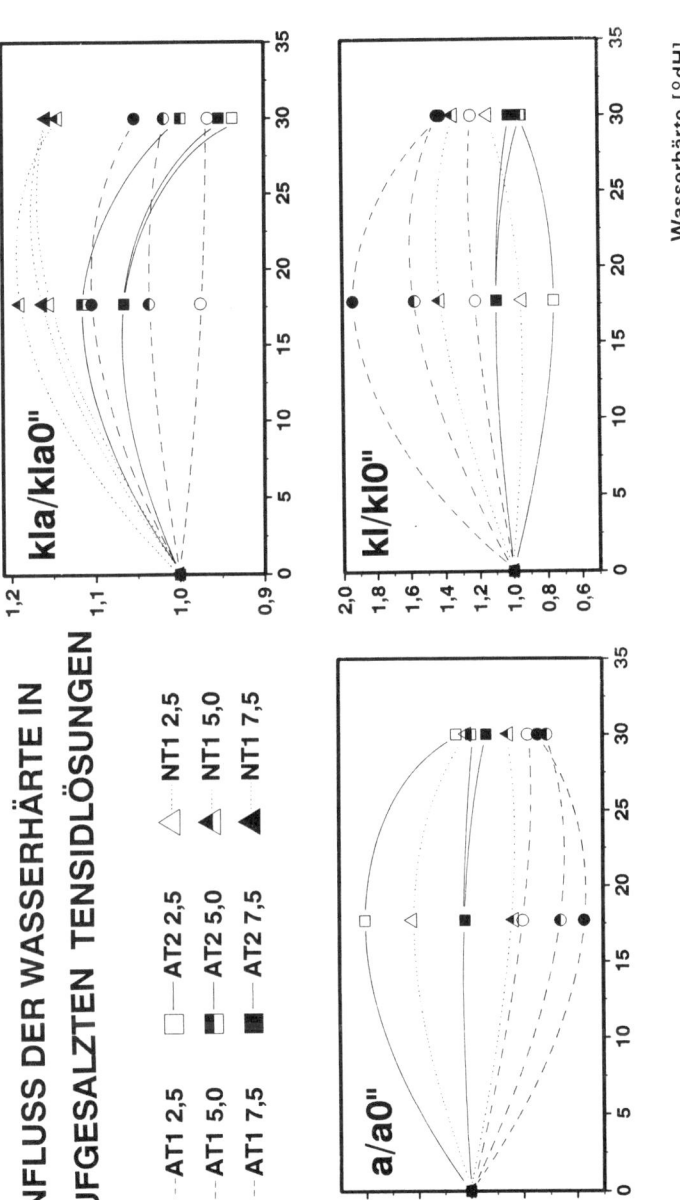

Abbildung 8.35: Einfluß der Wasserhärte in aufgesalzten Tensidlösungen

satz. Dagegen sind diese Unterschiede beim Tensid AT2
deutlicher ausgeprägt. Die Erhöhung der Wasserhärte bewirkt in anionischen Tensidlösungen sowohl Vergrößerungen
als auch Verkleinerungen des Stoffaustauschkoeffizienten,
wobei der Tensidtyp und die Tensidkonzentration einen
Einfluß haben.

In **nichtionischen Tensidlösungen** wird eine deutlichere
Zunahme des Belüftungskoeffizienten infolge der gleich-
zeitigen Zugabe von Natriumsulfat und härteerhöhenden
Chemikalien als in anionischen Lösungen beobachtet. Gegenüber destilliertem Wasser sind bei 17,7 °dH Steigerungen des bezogenen Belüftungskoeffizienten bis zu 20 %
festzustellen, die bei 30 °dH etwa auf 15 % zurückgehen.
Bei beiden Wasserhärten wird der bezogene Belüftungskoeffizient nur sehr geringfügig von der Tensidkonzentration
beeinflußt. Die spezifische Grenzfläche wird in bezug auf
destilliertes Wasser in Abhängigkeit der Tensidkonzentration sowohl verkleinert als auch vergrößert. Dabei ergeben sich bei der Tensidkonzentration von 2,5 g/m^3 Vergrößerungen der spezifischen Grenzfläche und bei 5,0 g/m^3
Verkleinerungen gegenüber destilliertem Wasser. Dementsprechend zeigen sich auch beim Sauerstoffaustauschkoeffizient Zu- und Abnahmen.

Betrachtet man **zusammmenfassend** den Einfluß der Wasserhärte auf die diskutierten Parameter ist folgendes festzustellen: Der bezogene **Belüftungskoeffizient** wird durch
die Erhöhung der Wasserhärte in anionischen Tensidlösungen vergrößert (maximal 15 %). Durch die Zugabe von Natriumsulfat in aufgehärtete anionische Tensidlösungen
wird der bezogene Belüftungskoeffizient sowohl vergrößert
als auch verkleinert, wobei sich gegenüber den Lösungen
ohne Natriumsulfat etwas größere Streuungen der Werte ergeben. In der aufgehärteten nichtionischen Lösung ist die

Vergrößerung des bezogenen Belüftungskoeffizienten stärker ausgeprägt (maximal 15 %), die durch die Zugabe von Natriumsulfat nochmals erhöht wird (20 %). Die Erhöhung der Wasserhärte von 17,7 °dH auf 30 °dH bewirkt nur noch eine geringfügige Änderung des Belüftungskoeffizienten.

Die bezogene **spezifische Grenzfläche** wird in aufgehärteten anionischen Tensidlösungen gegenüber destilliertem Wasser verkleinert, wobei der Einfluß der Tensidkonzentration relativ stark ausgeprägt ist. Durch die Zugabe von Natriumsulfat in diese Lösungen wird in Abhängigkeit des Tensidtyps (AT1/AT2/NT1) die spezifische Grenzfläche sowohl verkleinert als auch vergrößert. Dabei ist je nach Tensidtyp und Wasserhärte (17,7 °dH und 30 °dH) ein Einfluß der Tensidkonzentration festzustellen. In der aufgehärteten nichtionischen Tensidlösung wird die spezifische Grenzfläche bei geringer Wasserhärte je nach Tensidkonzentration geringfügig bis sehr stark vergrößert. Durch die Zugabe von Natriumsulfat in diese Lösungen werden die Verhältnisse umgekehrt. Bei geringer Wasserhärte wird die spezifische Grenzfläche leicht erhöht, wogegen bei der höheren Wasserhärte in Abhängigkeit der Tensidkonzentration sowohl Vergrößerungen als auch Verkleinerungen auftreten.

Ähnliche Effekte sind auch beim **spezifischen Sauerstoffaustauschkoeffizienten** zu beobachten. Sowohl die Tensidgruppe (anionisch/nichtionisch) als auch der Tensidtyp (AT1/AT2/NT1), die Tensidkonzentration und die Wasserhärte selbst beeinflussen die Größe des Sauerstoffaustauschkoeffizienten.

Insgesamt sind die Einflüsse bei der spezifischen Grenzfläche und beim Stoffaustauschkoeffizienten am stärksten ausgeprägt, jedoch dahingehend, daß sie sich zu geringen Effekten auf den Belüftungskoeffizienten kompensieren.

Hypothesen zur Erklärung der Änderung des Belüftungskoeffizienten, der spezifischen Grenzfläche und des Sauerstoffaustauschkoeffizienten infolge der Zugabe von Tensiden ins Wasser werden nachfolgend diskutiert.

8.5 Hypothesen zur Erklärung der Änderung der Größe der Parameter infolge Tensidzugabe

8.5.1 Einführung

Aufgrund der relativ geringen Kenntnisse über die Auswirkungen von Tensiden auf den Sauerstoffübergang kann
letztlich nicht geklärt werden, welche Mechanismen für
die Veränderung des Stoffübergangs bei der Anwesenheit
von Tensiden im Wasser verantwortlich sind. Dies ist auch
nicht Ziel der vorliegenden Arbeit, in der vorrangig die
Beeinflussungen der Tensidzugabe auf die den Sauerstoffübergang bestimmenden Parameter aufgezeigt werden sollen.
Dementsprechend waren auch die durchgeführten Versuche
nicht darauf abgestimmt, Hypothesen zu Beschreibung des
Einflusses von Tensiden auf den Sauerstoffübergang zu bestätigen bzw. neue aufzustellen. Die im Folgenden angeführten Hypothesen sollen deshalb lediglich einen Über-
blick über die in der Literatur angeführten Hypothesen
zur Änderung der Größe der Parameter infolge der Tensidzugabe geben. Mittels der durchgeführten Versuche soll
jedoch versucht werden, einzelne Hypothesen zu erhärten
bzw. zu widerlegen.

Durch die Zudosierung von Tensiden in unterschiedliche
Wässer wird im Vergleich zu Wasser ohne Tenside generell
die spezifische Grenzfläche vergrößert (s. Abbildung
8.19) und der Sauerstoffaustauschkoeffizient erniedrigt
(s. Abbildung 8.24). Die Erhöhung der spezifischen Grenz-

fläche wird auf Koaleszenzhemmung zurückgeführt (POGGE-
MANN, 1982; DROGARIS, 1983; LIEPE, 1988; KEITEL, 1978),
während die Verringerung des Sauerstoffaustauschkoeffizienten auf einer Hemmung des Stoffstromes beruhen soll
(SZTATESCNY, 1977; POGGEMANN, 1982; LIEPE, 1988). Nachfolgend werden zuerst die Hypothesen zur Beeinflussung
der spezifischen Grenzfläche durch Tenside und anschliessend die Hypothesen zur Hemmung des Stoffstroms diskutiert.

8.5.2   Spezifische Grenzfläche

Bevor die Hypothesen zur Erklärung der Änderung der spezifischen Grenzfläche durch Tensidzugabe vorgestellt werden, wird zuerst der Begriff Koaleszenzhemmung genauer
definiert. Nach SCHUBERT (1985) ist unter dem Begriff
Koaleszenz die vollständige Vereinigung von dispersen
Teilchen (z.B. Blasen) in einem Fluid nach erfolgter Annäherung zu verstehen. Unter Koaleszenzhemmung wird demnach die Verhinderung der Vereinigung evtl. sogar die Un-
terbindung der Annäherung der Blasen bezeichnet.

Wie eingehend diskutiert wurde, wird die Koaleszenz von
Luftblasen in Wasser durch Zugabe von Elektrolyten, Alkoholen und Tensiden verhindert. Dabei ist von Bedeutung,
ob die Größe der Luftblasen bei der Entstehung am Belüftungselement oder erst in der Flüssigkeit infolge der Zugabe der Stoffe beeinflußt werden. Würde der Durchmesser
der am Belüftungselement entstehenden Blase im starken
Maße durch Tenside verringert, könnte man nicht von einer
Koaleszenzhemmung entsprechend der obigen Definition
sprechen. Vielmehr müßte dann von einer Reduzierung des

Durchmessers bei der Entstehung der Blasen am Belüftungselement ausgegangen werden.

Da Gleichungen zur Bestimmung des Blasendurchmessers beim
Entstehen an Belüftungselementen nicht bekannt sind, wurde stellvertretend dafür Gleichung 8.3 herangezogen, die
den Einfluß der Oberflächenspannung auf den Durchmesser
einer entstehenden Blase an einer senkrecht stehenden Düse angibt. Für einen Düsendurchmesser von 0,1 mm ist in
Abbildung 8.36 der Durchmesser der an der Kapillare
$d_{B,Kap.}$ entstehenden Luftblase gegen die Oberflächenspannung aufgetragen.

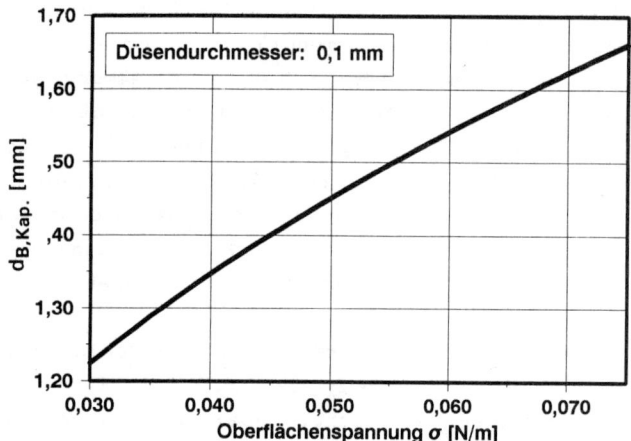

Abbildung 8.36: Durchmesser der entstehenden Luftblasen
an einer Kapillare in Abhängigkeit der
Oberflächenspannung

Es ist zu erkennen, daß sich bei der Oberflächenspannung
von Wasser von etwa 70 mN/m ein Durchmesser von 1,62 mm
und bei einer typischen Oberflächenspannung einer Tensidlösung von 40 mN/m ein Durchmesser von 1,37 mm ergibt.

Die Abweichung des Durchmessers der entstehenden Blase in
der Tensidlösung ist im Vergleich zum Durchmesser in Wasser mit 15,4 % Unterschied sehr gering. Ähnlich geringe
Unterschiede zeigen sich auch, wenn der Düsendurchmesser
in Gleichung 8.3 variiert wird. Am Lehrstuhl für Strömungsmechanik der Universität Erlangen/Nürnberg wurden
Versuche durchgeführt, um den theoretisch nachzuweisenden
Einfluß von Tensiden auf die Größe der Blase beim Entstehen zu belegen (BISCHOF, 1990). Es wurde festgestellt,
daß die Reduzierung des Blasendurchmessers infolge Tenside im Vergleich zu Wasser ohne Tenside sehr gering ist
und etwa im Bereich der oben angegebenen Größenordnung
liegt. Die Ergebnisse der theoretischen Betrachtung anhand von Gleichung 8.3 wurden damit bestätigt.

Die Ausführungen zeigen, daß der Blasendurchmesser beim
Entstehen in Tensidlösungen im Vergleich zu Wasser fast
gleich ist. Da sich der mittlere Durchmesser in Wasser im
Vergleich zu Tensidlösungen jedoch sehr stark unterscheidet (s. Abbildung 8.14), muß die Durchmesserdifferenz auf
Koaleszenzhemmung in der Tensidlösung direkt nach dem Ablösen der Blase vom Belüftungselement zurückgeführt werden.

In der Literatur sind drei Hypothesen bezüglich der maßgebenden Mechanismen bei der Koaleszenzhemmung durch Tenside zu finden:

  - starre Blasenoberflächen,
  - molekulare Tensidschicht,
  - elektrische Kräfte.

Starre Blasenoberfläche: Durch die Anlagerung von Tensiden an der Blasenoberfläche ergibt sich nach KEITEL
(1978) und POGGEMANN (1982) eine starre Blasenoberfläche,

die durch die Zunahme der Oberflächenviskosität mit zunehmender Tensidkonzentration (POSKANZER, 1975) bewirkt
wird. Die Blasenoberflächen verhalten sich dann wie starre Membranen. Der Abfluß des Flüssigkeitsfilms zwischen
zwei sich berührenden Blasen wird im Vergleich zu beweglichen Oberflächen erschwert (Stufe zwei des Koaleszenzvorganges, s. Kapitel 4.4).

ZLOKARNIK (1980 b) hat mittels eines Hohlrührers in Wasser ohne Tenside sehr kleine Blasen mit einem Durchmesser
von weniger als 1 mm erzeugt, die nach CLIFT (1978) als
starr anzusehen sind. Sofort nach Verlassen der Disper-
gierzone im Rührerbereich mit starren Blasenoberflächen
koaleszierten die Blasen, was die Richtigkeit der diskutierten Hypothese widerlegt.

Molekulare Tensidschicht: DROGARIS (1983) führt die Koaleszenzhemmung darauf zurück, daß durch Tenside eine molekulare Tensidschicht an den Blasenoberflächen aufgebaut
wird, die ein Aufplatzen des Flüssigkeitsfilms zwischen
zwei sich annähernden Blasen behindert (Stufe drei des
Koaleszenzvorganges). Diese Hypothese kann anhand von Abbildung 8.19 überprüft werden, in der die bezogene spezifische Grenzfläche gegen die Tensidkonzentration aufgetragen ist. Bei Gültigkeit der Hypothese müßte mit steigender Tensidkonzentration und damit anwachsender Tensidschicht die spezifische Grenzfläche größer werden. Aus
Abbildung 8.19 ist zu erkennen, daß dies nicht zutrifft,
da sich sogar in allen untersuchten Wasserarten bei einzelnen Tensidtypen Reduzierungen der spezifischen Grenzfläche ergeben. Die Theorie, daß infolge molekularer Ten-
sidschichten die Koaleszenz gehemmt wird, kann nicht aufrecht erhalten werden.

Elektrische Kräfte: LIEPE (1988) erklärt die Koaleszenzhemmung mit elektrischen Abstoßungkräften zwischen den
Blasen. Diese Hypothese wird nachfolgend anhand von Abbildung 8.37 und Abbildung 8.38 (s.S. 227) erläutert.

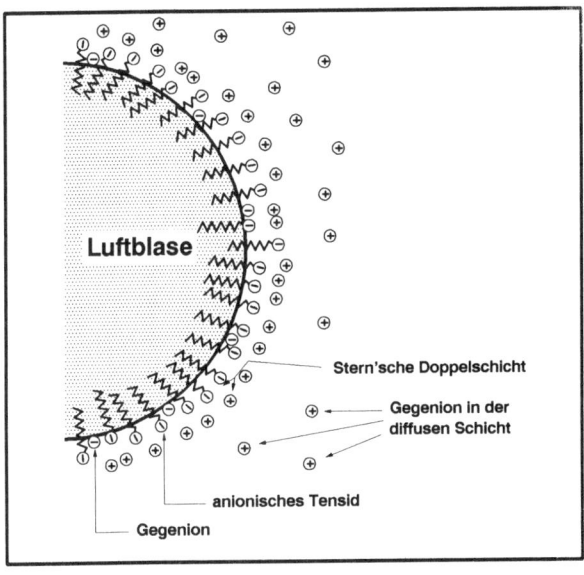

Abbildung 8.37: Elektrische Schichten an einer Luftblase

In Abbildung 8.37 sind die an einer Luftblase angelagerten anionischen Tenside mit dem in die Flüssigkeit ragen-
den negativ geladenen hydrophilen Teil dargestellt. Ein
Teil der im Wasser befindlichen Gegenionen (positiv geladen) wird unmittelbar direkt an der Blasenoberfläche angeordnet. Die Summe dieser angelagerten Gegenionen wird
als Stern'sche Schicht bezeichnet. Der andere Teil der
Gegenionen (positiv und negativ geladen) wird infolge
Wärmebewegung der Wassermoleküle diffus in der Flüssigkeit in der Nähe der Blase verteilt. Dieser Bereich wird

diffuse oder Gony-Schicht genannt. Infolge der in den Schichten angelagerten Ionen werden elektrische Kräfte wirksam, die als elektrostatische Kraft F_{el} (infolge der Doppelschicht) und als sterische Kraft F_{st} (infolge der Stern'schen Schicht) bezeichnet werden. Beide Kräfte wirken gegenüber anderen Teilchen abstoßend. Neben diesen beiden abstoßenden Kräften tritt noch eine anziehende Kraft auf: die van-der-Waals-Kraft F_{vdW}. Sie ergibt sich infolge von Anziehungskräften, die zwischen Atomen und Molekülen, auch beim Fehlen chemischer Bindungen wirksam sind. Sie besitzen eine relativ große Reichweite.

Nähern sich zwei Blasen einander an, setzt sich die gesamte Wechselwirkungskraft in Abhängigkeit des Abstandes der Teilchen (a) aus den drei diskutierten Komponenten zusammen:

$$F(a) = F_{vdW}(a) + F_{el}(a) + F_{st}(a)$$

Die Tatsache, ob zwei sich annähernde Blasen anziehen oder abstoßen ist davon abhängig, welche der diskutierten Kräfte überwiegen, bzw. ob die resultierende Wechselwirkungskraft anziehend oder abstoßend wirkt.

In Abbildung 8.38 (nach SCHUBERT, 1985) ist die Wechselwirkungskraft F_{max} von hydrophilen Teilchen in Abhängigkeit des Abstandes a der Teilchen qualitativ aufgetragen. Zusätzlich sind die einzelnen Kraftkomponenten eingezeichnet. In der linken Teilabbildung sind die Kraftkomponenten in einer Lösung mit geringer Ionenstärke aufgezeichnet.

Aus Abbildung 8.38 (linker Teil) ist zu erkennen, daß bei einem mittleren Abstand a der Teilchen voneinander die elektrostatische Abstoßungskraft F_{el} dominiert. Dement-

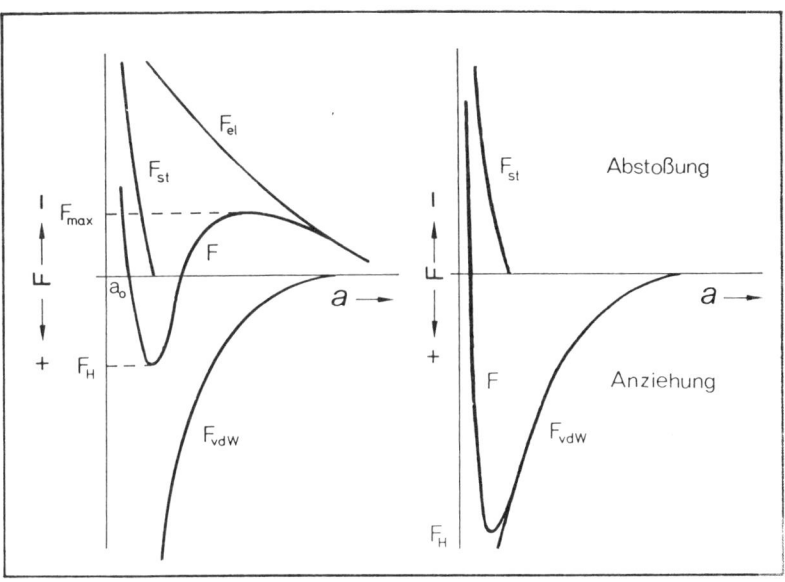

Abbildung 8.38: Wechselwirkungskraft von hydrophilen Teilchen in Abhängigkeit des Abstandes der Teilchen

Aus Abbildung 8.38 (linker Teil) ist zu erkennen, daß bei einem mittleren Abstand a der Teilchen voneinander die elektrostatische Abstoßungskraft F_{el} dominiert. Dementsprechend wirkt die resultierende Wechselwirkungskraft F_{max} abstoßend. Wenn sich zwei Teilchen vereinigen wollen, muß diese "Kraft"barriere überwunden werden. Die kinetische Energie der Blasen reicht zur Überwindung der Barriere nicht aus (DÖLL, 1986). Vielmehr muß von außen kinetische Energie, beispielsweise in Form von mechanischer Energie (z.B. durch Belüften) zugeführt werden.

schen Abstoßungskräfte stattfindet. Durch die Zugabe von
Elektrolyten konzentrieren sich die diffus in der Nähe
der Blase verteilten Gegenionen in der diffusen Schicht.
Dadurch wird die Abstoßungskraft in dieser Schicht reduziert. Im Gegensatz dazu wird die Anziehungskraft nicht
oder nur geringfügig verändert. Im *rechten Teil* der **Abbildung 8.**38 sind die Kraftkomponenten bei Unterdrückung
der elektrischen Kraft durch die Zugabe von Elektrolyten
dargestellt. Insgesamt überwiegt die anziehende Kraft;
die Blasen können koaleszieren.

Bei Gültigkeit der vorgestellten Hypothese muß der mittlere Luftblasendurchmesser in Tensidlösungen durch die
Zugabe von Elektrolyten und der damit einsetzenden Koaleszenz vergrößert werden. Aus diesem Grund wurden die in
der Glassäule mit Belüftungsteller gemessenen mittleren
Blasendurchmesser in Trinkwasser mit Tensiden und Natriumsulfat den Werten in destilliertem Wasser mit Tensiden
gegenübergestellt (s. Tabelle A.8.8). Diese bezogenen
Werte sind in Abbildung 8.39 als Funktion der Tensidkonzentration aufgetragen.

Es ist zu erkennen, daß mit dem Tensid AT1 und NT1 in
Trinkwasser mit Salzzusatz im Vergleich zu destilliertem
Wasser mit den entsprechenden Tensiden größere mittlere
Luftblasendurchmesser gemessen wurden. Demgegenüber wur-
den mit dem Tensid AT2 kleinere Werte festgestellt. Eine
eindeutige Bestätigung der Hypothese mittels der eigenen
Daten kann damit nicht getroffen werden.

Betrachtet man die drei vorgestellten Hypothesen im Zusammenhang, ist festzustellen, daß eine allgemeingültige
Beschreibung der Koaleszenzhemmung infolge Tenside der-
zeit nicht gegeben ist.

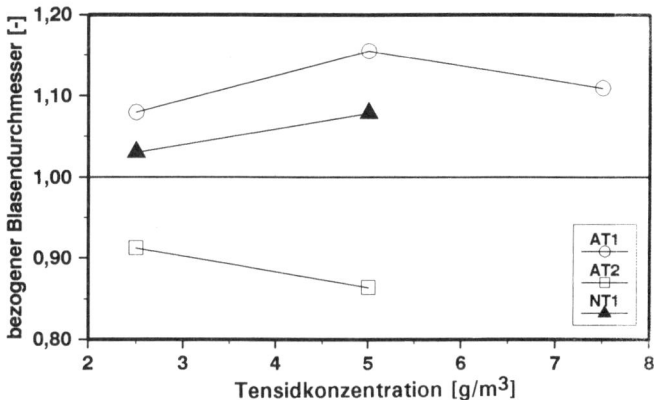

Abbildung 8.39: Auf destilliertes Wasser bezogene Luftblasendurchmesser in Abhängigkeit der
Tensidkonzentration

8.5.3 Sauerstoffaustauschkoeffizient

Die bekannte und durch die Versuche bestätigte Hemmung
des Stoffstroms infolge Tenside (ausgedrückt durch den
Sauerstoffaustauschkoeffizienten) wird in der Literatur
unterschiedlich begründet. Zum einen sollen dafür starre
Blasenoberflächen und zum anderen molekulare Barrieren an
der Grenzschicht verantwortlich sein.

Starre Blasen: Durch die Zugabe von sehr geringen Tensid-
mengen ergeben sich starre Blasen ohne innere Zirkulation
(LIEPE, 1988; SCHUBERT, 1985). Nach Angaben von SZTA-
TESCNY (1977) und POGGEMANN (1982) führen die starre
Oberfläche und fehlende innere Zirkulationen zu einem ge-
ringen Sauerstoffübergang in die flüssige Phase. Demnach

müßte sich infolge von kleinen Blasen im Vergleich zu
größeren Blasen geringere Sauerstoffaustauschkoeffizienten ergeben. Dies kann mittels Abbildung 4.7 bestätigt
werden, in der der Sauerstoffaustauschkoeffizient in
Trinkwasser gegen den Luftblasendurchmesser aufgetragen
ist. Werden dagegen kleine, starre Luftblasen durch Zugabe von größeren Mengen an Salzen erzeugt, wird nach OBER-
NOSTERER (1990), MEUSEL (1979) und ZIEMINSKI (1971) der
Stoffaustauschkoeffizient nicht signifikant beeinflußt.
Somit wird deutlich, daß die Reduzierung des Stoffaustauschkoeffizienten in Tensidlösungen nicht nur durch
starre Blasenoberflächen verursacht werden kann. Die Hypothese kann damit nicht aufrecht erhalten werden.

Molekulare Barriere: LIEPE (1988) geht davon aus, daß der
Stoffaustauschkoeffizient durch den Aufbau einer Tensidschicht an der Blasenoberfläche reduziert wird. Durch die
sich ausbildende molekulare Tensidschicht wird eine zusätzliche Barriere für den diffundierenden Stoff aufgebaut. Zur Überprüfung der Hypothese wird Abbildung 8.24
herangezogen, in der der dimensionslose Sauerstoffaustauschkoeffizient als Funktion der Tensidkonzentration
aufgetragen ist. Wenn die Hypothese gilt, muß bei steigender Tensidkonzentration der Sauerstoffaustauschkoeffizient bedingt durch die anwachsende molekulare Tensidschicht reduziert werden. In destilliertem Wasser (s. Abbildung 8.24; Teilabbildung 1) mit den beiden anionischen
Tensiden ist die Reduzierung mit steigender Tensidkonzentration nachzuweisen. Das nichtionische Tensid zeigt
einen leichten Anstieg mit steigender Konzentration, die
aber vor dem Hintergrund der diskutierten Meßgenauigkeit
zu sehen ist. In allen anderen untersuchten Wasserarten
fällt der Sauerstoffaustauschkoeffizient mit steigender
Tensidkonzentration leicht ab. Mit dem nichtionischen
Tensid sind dagegen hauptsächlich Vergrößerungen des Sau-

erstoffaustauschkoeffizienten mit ansteigender Tensidkonzentration zu beobachten. Dies zeigt, daß die Hypothese
der Stoffstromhemmung nicht alleine auf die Ausbildung
einer molekularen Tensidschicht, sondern auch von der
Wasserart (mit den entsprechenden Salzen) abhängig ist.

Zusammenfassend ist festzustellen, daß nicht eindeutig
geklärt werden kann, welcher der beiden Effekte (starre
Blasen, molekulare Barriere) letztlich für die Hemmung
des Stoffstroms maßgebend ist.

8.6   Zusammenfassung der Auswertung

Im vorliegenden Kapitel werden die Ergebnisse der Auswertung zusammengefaßt. Schlußfolgerungen aus den Untersu-
chungsergebnissen werden im folgenden Kapitel 9 gezogen.

Die Zusammenfassung der Versuchsauswertung wird getrennt
für die drei Versuchsreaktoren vorgenommen.

■ **Glasbecken im technischen Maßstab:**

Bei den Untersuchungen zur Ermittlung des **Koaleszenzzustandes** bei feinblasigen Druckluftbelüftungssystemen **in
Wasser ohne Tenside** hat sich gezeigt, daß die Luftblasenkoaleszenz nur in Bereichen direkt über den Belüftungselementen ($\approx 0,30$ m) stattfinden kann. Es wurde nachgewiesen, daß die Blasen oberhalb dieses Bereiches nicht
koaleszieren. Eine Redispergierung von Luftblasen, die zu
einer Verbesserung des Sauerstoffeintrags beitragen würde, ist aufgrund einer zu geringen Energiedissipation im
Druckluftbelüftungsbekken, auch im Bereich höchsten Ener-

gieeintrags direkt über den Belüftungselementen nicht
möglich.

■ **Säule mit Einzeldüse:**

Die **Schlupfgeschwindigkeit von Luftblasen in Tensidlösun-**
gen (y) steigt im Bereich des Blasendurchmessers (x) von
0,2 mm bis 1,00 mm linear mit dem Durchmesser an:

$$y \ [cm/s] \ = \ -0,4231 \ + \ 13,3171 \ \cdot \ x \ [mm] \qquad (r = 0,977)$$

Die Schlupfgeschwindigkeit ist nicht signifikant von der
Wasserart, dem Tensidtyp (chemische Struktur), der Ten-
sidkonzentration und dem Alter der Tensidlösung abhängig.
Oberhalb des genannten Durchmesserbereichs kann die
Schlupfgeschwindigkeit mit der Funktion

$$y \ [cm/s] \ = \ 13,6072 \ + \ 10,8667 \cdot (\ln \ x) \ [mm] \qquad (r = 0,962)$$

berechnet werden, die mit Daten von HABERMAN (1954) bestimmt wurde.

■ **Glassäule mit Belüftungsteller:**

Wasser ohne Tenside:
Von besonderen Interesse in Wasser ohne Tenside ist der
Einfluß von Salzen, die bei Sauerstoffeintragsmessungen
zugegeben werden, auf die den Sauerstoffübergang beeinflußenden Parameter. Der mittlere Luftblasendurchmesser
wird ebenso wie der Sauterdurchmesser durch die Zugabe
von Natriumsulfat sowie gleichzeitiger Dosierung von Natriumsulfat und härteerhöhenden Chemikalien im Vergleich
zu Trinkwasser verkleinert. Infolgedessen wird der mitt-

lere relative Luftanteil und die spezifische Grenzfläche
vergrößert. Der bezogene Belüftungskoeffizient (y) (in
der Abwassertechnik als α-Wert bekannt) steigt mit größer
werdender Leitfähigkeit (x) (als Maß für den Salzgehalt)
entsprechend der Gleichung

$$y \; [-] \; = \; 0,988 \; + \; 0,265 \; \cdot \; x \; [10^3 \; mS/m] \qquad (r \; = \; 0,938)$$

an, wobei die Vergrößerung bei 300 mS/m (maximaler Wert,
bei dem noch Sauerstoffzufuhrmessungen durchgeführt werden dürfen) etwa 7 % beträgt. Außer in Trinkwasser mit
härteerhöhenden Chemikalien wird der Sauerstoffaustauschkoeffizient im Vergleich zu Trinkwasser leicht reduziert.
Die Sauerstoffsättigungskonzentration wird durch die Zugabe von Salzen nicht beeinflußt.

Wasser mit Tensiden:
Infolge der Zugabe von anionischen Tensiden ins Wasser
wird der bezogene **mittlere Luftblasendurchmesser** schon
bei geringen Tensidkonzentrationen deutlich reduziert.
Dagegen ergibt sich mit dem nichtionischen Tensid eine
wesentlich geringere Beeinflussung, zum Teil eine (geringfügige) Vergrößerung des mittleren Blasendurchmessers
im Vergleich zu Wasser ohne Tenside. Die Tensidkonzentration hat ebenso wie die Wasserart wenig Einfluß auf den
mittleren Blasendurchmesser. Die gleichen Aussagen lassen
sich bezüglich des Sauterdurchmessers treffen.

Beim bezogenen **mittleren relativen Luftanteil** sind die
Ergebnisse uneinheitlicher. In anionischen Tensidlösungen
wird der mittlere relative Luftanteil in allen Wasserarten im Vergleich zu Wasser ohne Tenside vergrößert. Durch
die Steigerung der Tensidkonzentration wird der bezogene
mittlere relative Luftanteil nur wenig verändert. Dagegen

ergibt sich in den nichtionischen Tensidlösungen eine
stärkere Konzentrationsabhängigkeit des mittleren relativen Luftanteils, besonders in Trinkwasser mit Salzzusatz
und in aufgesalzenem Trinkwasser. Dort zeigen sich sowohl
Vergrößerungen als auch Verkleinerungen des mittleren relativen Luftanteils im Vergleich zu Wasser ohne Tenside.

Die bezogene **spezifische Grenzfläche** ist in nichtionischen Lösungen bei gleicher Konzentration generell geringer als in Wasser mit anionischen Tensiden, wobei im Vergleich zu Wasser ohne Tenside teilweise eine starke
(teilweise besonders ausgeprägte) Vergrößerung der spezifischen Grenzfläche stattfindet. Mit anionischen Tensiden
ist bei steigender Konzentration eine Zunahme der spezifischen Grenzfläche festzustellen, während beim nichtionischen Tensid die spezifische Grenzfläche abnimmt (mit
Ausnahme in aufgehärtetem Trinkwasser).

Der bezogene **Belüftungskoeffizient** (α-Wert) ist in allen
untersuchten Wässern mit dem nichtionischen Tensid kleiner als mit den anionischen Tensiden. Dabei ist in allen
Wasserarten eine relativ starke Konzentrationsabhängigkeit festzustellen.

Für den bezogenen **Sauerstoffaustauschkoeffizienten** ergeben sich in allen Wässern größere Werte in nichtionischen
im Vergleich zu anionischen Lösungen. Auch bei diesem Parameter ist eine relativ starke Beeinflussung durch die
Tensidkonzentration festzustellen.

Insgesamt sind die Einflüsse bei der spezifischen Grenzfläche und dem Sauerstoffaustauschkoeffizienten am stärksten ausgeprägt, jedoch in der Weise, daß der Einfluß auf
den Belüftungskoeffizienten kompensiert wird.

Ein Einfluß von anionischen Tensiden auf die **Sauerstoff-sättigungskonzentration** unter Versuchsbedingungen ist nicht feststellbar. In nichtionischen Lösungen ergeben sich dagegen Vergrößerungen der Sauerstoffsättigungskonzentration von bis zu 7 % gegenüber Wasser ohne Tenside.

Bei den Untersuchungen zur gegenseitigen Abhängigkeit der ausgewählten Parameter wurden folgende Ergebnisse erzielt:

Der **Einfluß** der **Oberflächenspannung** (x) **auf den mittleren Luftblasendurchmesser** (y) in Trinkwasser läßt sich mit der Exponentialfunktion

$$y \ [mm] \ = \ 0,736 \ \cdot \ e^{0,018 \cdot x} \ [mN/m] \qquad (r = 0,962)$$

beschreiben. Tendenziell ist mit sinkender Oberflächenspannung eine Verringerung des mittleren Luftblasendurchmessers festzustellen.

Eine **Abhängigkeit** des **α-Wertes von der Oberflächenspannung** besteht nicht; α-Werte lassen sich daher nicht aus Oberflächenspannungsmessungen ableiten. Bei gleicher Oberflächenspannung (aber unterschiedlichen Tensidtypen) ergeben sich α-Werte, die sich bis zu 12 % unterscheiden.

Der **Sauerstoffaustauschkoeffizient** ist vom **mittleren Luftblasendurchmesser** abhängig. In anionischen Tensidlösungen ist schon bei geringen Konzentrationen eine stärkere Reduzierung des mittleren Luftblasendurchmessers und des Sauerstoffaustauschkoeffizienten als in nichtionischen Tensidlösungen festzustellen.

Die den Sauerstoffeintrag beeinflußenden Parameter werden durch die **Zugabe von Natriumsulfat in Tensidlösungen** ver-

ändert. Der Belüftungskoeffizient wird durch die Salzzugabe in Trinkwasser mit anionischen Tensiden um maximal
12 % gegenüber tensidfreiem Wasser erhöht, aber mit dem
nichtionischen Tensid um 5 % reduziert. In aufgehärtetem
Wasser ist ein Einfluß der Salzzugabe auf den Belüftungskoeffizienten kaum nachweisbar. Die spezifische Grenzfläche und der Sauerstoffaustauschkoeffizient werden sowohl
in Trinkwasser mit Tensiden als auch in aufgehärtetem
Trinkwasser mit Tensiden relativ stark von der Salzzugabe
beeinflußt. Bei beiden Parametern werden je nach Tensidkonzentration sowohl Vergrößerungen als auch Verkleinerungen festgestellt. Im Vergleich zum Belüftungskoeffizienten ist bei beiden Parametern ein wesentlich stärkerer
Einfluß des Tensidtyps und der Tensidkonzentration festzustellen.

Der bezogene Belüftungskoeffizient wird durch die **Wasserhärte in Tensidlösungen ohne Salzzusatz** beeinflußt. In
Trinkwasser mit anionischen Tensiden (17,7 °dH) wird der
bezogene Belüftungskoeffizient im Vergleich zu destilliertem Wasser je nach Tensidtyp um maximal 3 % vergrös-
sert, aber auch um bis zu 10 % verkleinert. Die weitere
Steigerung der Wasserhärte (30 °dH) bewirkt eine nur noch
unwesentliche Vergrößerung des Belüftungskoeffizienten
auf 5 %, aber keine weiteren Reduzierungen. In der nichtionischen Tensidlösung ergeben sich Vergrößerungen des
bezogenen Belüftungskoeffizienten gegenüber destilliertem
Wasser von etwa 20 %, die durch die Steigerung der Wasserhärte auf 30 °dH auf 15 bis 20 % reduziert wird.
Die spezifische Grenzfläche wird durch die Erhöhung der
Wasserhärte von 0 °dH auf 17,7 °dH in anionischen Lösungen sowohl vergrößert (maximal 15 %) als auch verkleinert
(maximal 40 %). Durch die weitere Steigerung der Wasserhärte auf 30 °dH wird zum einen die spezifische Grenzfläche nicht weiter verändert (AT1), zum anderen aber weiter

reduziert (AT2). Dabei ist eine starke (AT1), aber auch
weniger ausgeprägte (AT2) Beeinflussung durch die Tensidkonzentration festzustellen. Bei weiterer Erhöhung der
Wasserhärte kehrt sich der Effekt um. Dies ist auch mit
dem nichtionischen Tensid zu beobachten.
Ähnliche Konzentrationseinflüsse ergeben sich auch beim
bezogenen Sauerstoffaustauschkoeffizienten.

Die **Wasserhärte in** anionischen **Tensidlösungen mit Zusatz
von Natriumsulfat** bewirkt in Trinkwasser mit 17,7 °dH im
Vergleich zu destilliertem Wasser sowohl Reduzierungen
(7 %) als auch Erhöhungen (10 %) des bezogenen Belüftungskoeffizienten. Die weitere Steigerung der Wasserhärte auf 30 °dH verändert die Werte kaum. Mit dem nichtionischen Tensid sind bei 17,7 °dH Vergrößerungen des Belüftungskoeffizienten von 20 % und bei 30 °dH von etwa
15 % im Vergleich zu destilliertem Wasser festzustellen.
Die spezifische Grenzfläche wird bei 17,7 ° dH sowohl
vergrößert, als auch relativ stark reduziert. Bei 30 ° dH
ergeben sich kleinere bezogene spezifische Grenzflächen.
Ähnliche Abhängigkeiten sind auch beim bezogenen Sauerstoffaustauschkoeffizienten festzustellen, wobei sowohl
die Tensidkonzentration als auch die Wasserhärte selbst
Einflüsse haben.

In der Literatur werden drei **Hypothesen** über Mechanismen
der Beeinflussung der **spezifischen Grenzfläche** durch Koaleszenzhemmung angeführt: starre Blasenoberflächen, Aufbau einer molekularen Tensidschicht und elektrische Abstoßungskräfte. Keine der drei Hypothesen ist zur Beschreibung der Koaleszenzhemmung infolge Tenside geeignet. Als Gründe lassen sich anführen:

- Kleine, *starre Blasen* können auch in Wasser ohne Tenside erzeugt werden. In Bereichen geringen Energieeintrags koaleszieren die Blasen wieder.

- Die spezifische Grenzfläche muß durch die Steigerung der Tensidkonzentration und damit anwachsender *molekularer Tensidschicht* an der Blasenoberfläche vergrößert werden. In allen untersuchten Wasserarten ergeben sich neben den erwarteten Vergrößerungen auch Verkleinerungen der spezifischen Grenzfläche.

- Damit sich zwei Blasen vereinigen können, müssen abstossende *elektrische Kräfte* zwischen den Blasen reduziert werden, damit anziehende Kräfte überwiegen können. Die Reduzierung der elektrischen Kräfte geschieht durch die Zugabe von Elektrolyten. Demnach müssen in Tensidlösungen mit einer hohen Konzentration an Salzen im Vergleich zu Tensidlösungen ohne Salze größere Luftblasendurchmesser auftreten. Die eigenen Messungen zeigen, daß dies nicht mit allen untersuchten Tensiden der Fall ist. Es werden sowohl Vergrößerungen als auch Verkleinerungen der mittleren Durchmesser festgestellt.

Die Hemmung des **Sauerstoffaustauschkoeffizienten** infolge Tenside wird auf starre Blasenoberflächen oder den Aufbau einer molekularen Tensidschicht um die Blase zurückgeführt. Beide Hypothesen lassen sich durch die durchgeführten Versuche nicht bestätigen. Als Gründe lassen sich angeben:

- *Kleine Luftblasen* mit starren Blasenoberflächen lassen sich auch in Wasser mit Salzzugabe erzeugen. Eine signifikante Reduzierung des Sauerstoffaustauschkoeffizienten wird dabei nicht beobachtet.

- Bedingt durch den Aufbau einer molekularen Tensidschicht an der Blasenoberfläche muß mit steigender
Tensidkonzentration der Sauerstoffaustauschkoeffizient
kleiner werden. Dies wurde bei beiden anionischen Tensiden festgestellt. Mit dem nichtionischen Tensid sind
dagegen hauptsächlich Vergrößerungen des Sauerstoffaustauschkoeffizienten in den untersuchten Wasserarten
mit steigender Tensidkonzentration beobachtet worden.

9.   Schlußfolgerungen für die Praxis

Die durchgeführten theoretischen und praktischen Untersuchungen über Stoffaustauschmechanismen und Sauerstoffeintrag ermöglichen einige grundsätzliche Schlußfolgerungen bezüglich der Durchführung von Sauerstoffzufuhrmessungen in Wasser mit und ohne Zusatz von Tensiden sowie hinsichtlich der Steigerung der Leistungsfähigkeit von Druckluftbelüftungssystemen, deren Dimensionierung und Betrieb.

■ Messung des Sauerstoffzufuhrvermögens

Mit der vorliegenden Arbeit können Schlußfolgerungen über die Durchführung von Messungen zur Bestimmung des Sauerstoffzufuhrvermögens sowohl in Wasser (in den entsprechenden Arbeitsanleitungen und Normen als Reinwasser bezeichnet) als auch in Wasser mit Zusatz von Tensiden gezogen werden. Da nur die Parameter Belüftungskoeffizient und Sauerstoffsättigungskonzentration unter Versuchsbedingungen sowie das Produkt dieser beiden Parameter (Sauerstoffzufuhrvermögen) von technischem Interesse sind, werden nachfolgend auch nur diese Kennwerte diskutiert.

Bei Sauerstoffzufuhrversuchen wird dem Wasser Natriumsulfit zum Deoxigenieren zugegeben, daß zu Natriumsulfat oxidiert wird und somit den Elektrolytgehalt im Wasser erhöht. Die **Messungen in Reinwasser** bestätigen die aus der Literatur bekannte Tatsache, daß der Belüftungskoeffizient (und damit das Sauerstoffzufuhrvermögen) infolge der Natriumsulfitdosierung vergrößert wird. Bei den eigenen Versuchen wurde durch Zugabe von Natriumsulfit ins Trinkwasser die Leitfähigkeit auf 300 mS/m erhöht, bis zu der noch Sauerstoffzufuhrmessungen durchgeführt werden

dürfen. Bei dieser Leitfähigkeit wird eine Vergrößerung
des Belüftungskoeffizienten von 8 % im Vergleich zu
Trinkwasser festgestellt. Der Zusatz von Natriumsulfat in
aufgehärtetes Wasser (30 °dH) ergibt bei einer Leitfähigkeit von 300 mS/m eine Vergrößerung des Belüftungskoeffizienten gegenüber Trinkwasser von etwa 6 %. Unterschiedliche Wasserhärten in Reinwasser beeinflussen den Belüftungskoeffizienten nur geringfügig.
In allen Wasserarten wird die Sauerstoffsättigungskonzentration durch die Salzzugabe erwartungsgemäß nicht beeinflußt. Das Sauerstoffzufuhrvermögen in Trinkwasser wird
demnach entsprechend der Erhöhung des Belüftungskoeffizienten vergrößert.

In der ATV-Arbeitsanleitung (1979) wird eine Überdosierung von Natriumsulfit (mit einer sauerstofffreien Vorlaufzeit von 30 Minuten) gefordert, innerhalb derer sich
die hydraulischen Verhältnisse nach einer eventuell notwendigen Reduzierung der Sauerstoffeintragsleistung des
Belüftungssystems während der Sulfitzugabe wieder ein-
stellen können. Aufgrund der bekannten Beeinflussung des
Belüftungskoeffizienten durch Salze erscheint es im Interesse einer Steigerung der Genauigkeit von Sauerstoffzufuhrmessungen sinnvoll, die sauerstofffreie Vorlaufzeit
von 30 Minuten und damit die notwendige Sulfitzugabe zu
reduzieren. Aus der Vielzahl von durchgeführten Sauerstoffzufuhrmessungen im Versuchsbecken im technischen
Maßstab (BMFT, 1987) kann abgeleitet werden, daß eine
Vorlaufzeit von 15 Minuten ausreicht, um die hydraulischen Verhältnisse zu stabilisieren.

Die Untersuchungen in **Wasser mit Tensiden** zeigen, daß neben der bekannten Abhängigkeit des Belüftungskoeffizienten von der Tensidkonzentration auch die Zusammensetzung
des Wassers (Wasserart) den Belüftungskoeffizienten be-

einflußt. Insgesamt den stärksten Einfluß hat neben diesen beiden Faktoren der Typ des Tensides (chemische
Struktur). Dieser Einfluß wurde bisher bei Sauerstoffzufuhrmessungen nicht berücksichtigt. In Trinkwasser mit
einer Leitfähigkeit von etwa 60 mS/m schwankt der bezogene Belüftungskoeffizient (α-Wert) bei gleicher Konzentration an **anionischen Tensiden** von 5 g/m^3, aber verschiedenen Tensidtypen zwischen 0,69 und 0,76. Dies entspricht
einem Unterschied von etwa 9 %. Wird durch die Zugabe von
Natriumsulfat die elektrische Leitfähigkeit auf 300 mS/m
gesteigert, ergeben sich mit den gleichen Tensiden identische α-Werte von 0,78. Daraus ist zu erkennen, daß die
zur Durchführung von Sauerstoffzufuhrmessungen notwendige
Deoxigenierung in Wasser die Wirkung der Tenside beeinflußt, so daß sich unterschiedliche Belüftungskoeffizienten ergeben. Noch deutlicher wird der Elektrolyteinfluß,
wenn man die Ergebnisse in aufgesalzten anionischen Tensidlösungen mit erhöhter Wasserhärte heranzieht. Die α-
Werte schwanken in diesem Wasser bei gleicher Konzentration zwischen 0,78 und 0,68 noch stärker (Abweichung: etwa 15 %) als in Trinkwasser.
Die Sauerstoffsättigungskonzentration wird nicht durch
anionische Tenside beeinflußt. Dementsprechend wird das
Sauerstoffzufuhrvermögen in Wasser mit Tensiden ausschließlich in dem Maße wie der Belüftungskoeffizient
vergrößert oder verkleinert.
Insgesamt zeigen die Ausführungen, daß die Auswahl eines
anionischen Tensid starke Auswirkungen auf das Meßergeb-
nis hat. Da auch die Wasserhärte in Wasser mit Tensiden
den Belüftungskoeffizienten beeinflußt, ergeben sich in
Regionen mit unterschiedlicher Wasserhärte unter ansonsten identischen Bedingungen unterschiedliche Ergebnisse.

Ebenso wie bei den anionischen Tensiden ist auch beim untersuchten **nichtionischen Tensid** ein Einfluß der Tensid-

konzentration und der Wasserart auf den Belüftungskoeffizienten festzustellen. Die Zugabe von Salz in Trinkwasser
bewirkt hier ebenso wie die Aufhärtung des Trinkwassers
nur eine geringfügige Reduzierung des bezogenen Belüftungskoeffizienten. Erst bei gleichzeitiger Aufsalzung
und Aufhärtung ergibt sich eine deutliche Reduzierung des
bezogenen Belüftungskoeffizienten gegenüber Trinkwasser
von etwa 13 %. Die Sauerstoffsättigungskonzentration wird
in aufgesalztem und aufgehärtetem Wasser mit dem nichtionischen Tensid um 2 % gegenüber Trinkwasser erhöht. Dementsprechend nimmt das Sauerstoffzufuhrvermögen in diesem
Wasser um 15 % (1,13·1,02) gegenüber Trinkwasser zu.
Ebenso wie beim anionischen Tensid ist auch beim nichtionischen Tensid eine deutliche Beeinflussung des Sauerstoffzufuhrvermögens eines Belüftungssystems in Regionen
mit unterschiedlicher Wasserhärte festzustellen.

Da bereits geringste Tensidkonzentrationen im Wasser den
Sauerstoffübergang beeinflussen, darf für Sauerstoffzufuhrmessungen in Reinwasser auf Abwasserreinigungsanlagen
kein Wasser aus dem Ablauf von Nachklärbecken verwendet
werden. Vom Hersteller des Belüftungssystems garantierte
Werte des Sauerstoffzufuhrvermögens oder anderer charakteristischer Kennwerte könnten dann eventuell nicht erreicht werden. Trotz höherer Kosten sollte für Reinwas-
sermessungen Trinkwasser oder Grundwasser aus Betriebs-
brunnen herangezogen werden, von dem mit Sicherheit angenommen werden kann, daß keine Tenside darin enthalten
sind. Von diesem Wasser müssen Tensidanalysen durchgeführt werden, um beurteilen zu können, ob das Wasser für
Sauerstoffzufuhrmessungen verwendet werden kann. Oberflächenspannungsmessungen sind für diesen Nachweis nicht geeignet, da sich Tenside im Wasser befinden können, die
durch die Bildung von Kalkseifen ein Reaktionsprodukt
bilden, daß nicht oberflächenaktiv ist und damit durch

Oberflächenspannungsmessungen nicht nachgewiesen werden kann, aber doch einen verringernden Einfluß auf den Sauerstoffübergang ausüben kann.

Berücksichtigt man die Schwierigkeiten bei der Bestimmung des Sauerstoffzufuhrvermögens infolge der bei einigen Tensidtypen möglichen Änderung der Tensidkonzentration mit der Zeit sowie der unterschiedlichen und nicht vorhersehbaren Auswirkungen der Tenside auf das Sauerstoffzufuhrvermögen, zeigt sich deutlich, daß es nicht möglich ist, den Einfluß von oberflächenaktiven Substanzen auf Abwasserreinigungsanlagen pauschal durch die Zugabe von 5 g/m^3 eines beliebigen anionischen Tensids in Reinwasser zu erfassen. Die Dosierung von 5 g/m^3 eines anionischen Tensids zur Kennzeichnung des Einflusses von oberflächenaktiven Stoffen auf das Sauerstoffzufuhrvermögen sollte deshalb in Überarbeitungen oder Neufassungen von Arbeitsanleitungen und Normen nicht mehr empfohlen werden. Die Leistungsfähigkeit von Belüftungssystemen im Abwasser kann infolgedessen ausschließlich unter Betriebsbedingungen auf Abwasserreinigungsanlagen bestimmt werden. Dazu sind bekannte Meßmethoden wie Absorptions- und Desorptionsverfahren, besonders aber die Abluft-Methode (BOYLE, 1988) geeignet.

■ **Steigerung der Leistungsfähigkeit von Druckluftbelüftungssystemen:**

Zur Steigerung der Leistungsfähigkeit von Druckbelüftungselementen (und -systemen) können die Ergebnisse der durchgeführten Untersuchungen zum Koaleszenzzustand in Belüftungsbecken Hinweise liefern. Es konnte nachgewiesen werden, daß Luftblasen in Belüftungsbecken nicht koaleszieren. Eine Koaleszenz findet vermutlich nur im Bereich

direkt über den Belüftungselementen statt. Eine Redispergierung von Luftblasen ist in Druckbelüftungsbecken aufgrund zu geringer Energiedissipation nicht möglich. So
ist z.B. zur Redispergierung einer Blase von 1,6 mm eine
Energiedissipation von 85 W/kg notwendig. Die in einem
typischen Druckbelüftungsbecken vorhandene Energiedissipation von 0,42 W/kg liegt weit darunter.

Da eine Redispergierung der Luftblasen in Druckbelüftungsbecken mit Sicherheit ausgeschlossen werden kann,
bleibt zur Leistungssteigerung von Druckluftbelüftungssystemen nur die Möglichkeit, die Blasenkoaleszenz im Bereich direkt über den Belüftungselementen zu verhindern.
Dies ist dadurch zu erreichen, daß im Belebungsbecken
eine große Anzahl von Belüftungselementen angeordnet
wird, die mit geringer Luftbeaufschlagung betrieben werden. Der Luftvolumenstrom wird in diesem Fall durch eine
große Zahl von Luftaustrittsöffnungen verteilt. Kleine
Blasen mit einer geringen Blasenfolge strömen aus, so daß
sich die Blasen nicht berühren und somit nicht koaleszieren können. Infolge der geringen Geschwindigkeit des umgebenden Wassers ergibt sich auch nicht der beschriebene
Einschnürungseffekt, der zur Blasenkoaleszenz führt.

Der positive Einfluß der angesprochenen Maßnahmen (viele
Belüftungselemente, geringer Luftvolumenstrom pro Element) zur Steigerung des Sauerstoffübergangs in Wasser
ist in Abbildung 9.1 durch Auftragung des spezifischen
Sauerstoffausnutzungsgrades [%/m] in Abhängigkeit vom
Luftvolumenstrom [m^3_N/h] und der Anzahl der Belüftungselemente im Becken zu erkennen. Die Messungen mit Tellern
aus Kunststoffmaterial wurden im Glasbecken im technischen Maßstab durchgeführt (s. Tabelle A.9.1).

Aus Abbildung 9.1 ist zu erkennen, daß mit steigender Anzahl der Belüftungselemente bei gleichem Luftvolumenstrom
eine Vergrößerung des Sauerstoffausnutzungsgrades stattfindet. Besonders hohe Ausnutzungsgrade sind bei geringer
Luftbeaufschlagung der Belüftungselemente zu erreichen.

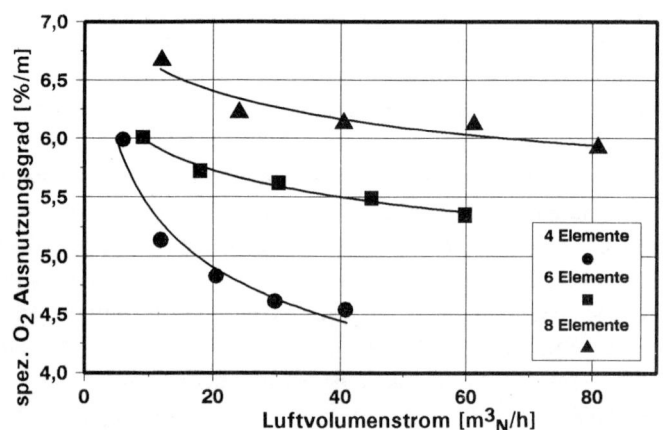

Abbildung 9.1: Sauerstoffausnutzungsgrad in Abhängigkeit
der Luftbeaufschlagung und der Anzahl der
Belüftungselemente

Bedingt durch die Reduzierung der Schlupfgeschwindigkeit
in Abwasser infolge oberflächenaktiver Stoffe im Vergleich zu Reinwasser (in der vorliegenden Arbeit am Beispiel von Tensiden nachgewiesen) ergibt sich eine längere
Aufenthaltszeit der Blasen im Wasser. Dadurch wird der
Luftgehalt im Wasser und die spezifische Grenzfläche vergrößert, was sich positiv auf den Stoffübergang auswirkt.
Insgesamt ergibt sich aber gegenüber Reinwasser ein Rückgang des Sauerstoffeintrags, der durch die Reduzierung
des Stoffaustauschkoeffizienten infolge von oberflächen-

aktiven Stoffen bewirkt wird. Die Ursache der Reduzierung
des Sauerstoffaustauschkoeffizienten ist in der Hemmung
des Stoffstroms durch Tenside zu sehen.

Mit einer weiteren Verkleinerung der Luftblasendurchmesser in Reinwasser kann eine zusätzliche Erhöhung des Sauerstoffeintrags über eine Vergrößerung der spezifischen
Grenzfläche aufgrund der Ergebnisse der vorliegenden Untersuchung und Literaturwerten nicht erreicht werden. Die
gebildeten kleinen Blasen werden aufgrund der in Kapitel
4.2 beschriebenen thermodynamischen Gesetzmäßigkeiten direkt über den Belüftungselementen koaleszieren.

■ Dimensionierung von Druckluftbelüftungssystemen:

Zur Dimensionierung von Druckluftbelüftungssystemen geht
man üblicherweise von der (bekannten) Leistungsfähigkeit
des Systems in Reinwasser aus und schließt über einen an-
genommenen α-Wert auf dessen Leistungsfähigkeit in Abwasser. Fehleinschätzungen bei der Annahme des α-Wertes können einerseits zu einem unwirtschaftlich überdimensio-
nierten Belüftungssystem oder aber andererseits bei Annahme eines hohen α-Wertes zu einem unterdimensionierten
System mit entsprechend schlechten Ablaufwerten führen.
Einer möglichst genauen Ermittlung des α-Wertes kommt daher besondere Bedeutung zu.

Es wurde verschiedentlich vorgeschlagen, zur Abschätzung
des α-Wertes die Oberflächenspannung heranzuziehen, da
mit der Verringerung der Oberflächenspannung auch eine
Reduzierung des α-Wertes erwartet wird. Abbildung 2.3
zeigt jedoch, daß sich bei gleicher Tensidkonzentration
Oberflächenspannungen ergeben, die zum Teil um fast 100 %

differieren. Bei gleicher Oberflächenspannung von 47 mN/m
ergeben sich je nach Tensidtyp α-Werte von etwa 0,8 bis
0,7 (s. Abbildung 8.31). Die Oberflächenspannung ist somit als Parameter zur Abschätzung des α-Wertes ungeeignet.

Ebenso wie die Oberflächenspannung ist auch die Tensidkonzentration im Zulauf zu biologischen Abwasserreinigungsanlagen nicht zur Ermittlung von α-Werten geeignet.
Dies ist anhand von Abbildung 8.21 zu erkennen, in der α-
Werte in Wässern mit verschiedenen Tensiden in Abhängigkeit der Konzentration aufgetragen sind. Bei gleicher
Tensidkonzentration ergeben sich unterschiedliche α-Wer-
te.

Die Ausführungen zeigen, daß α-Werte von Druckluftbelüftungssystemen nicht durch andere Meßgrößen oder Parameter
abgeschätzt werden können. Auf Grundlage der vorhandenen
Erfahrung und der im Rahmen der vorliegenden Arbeit
durchgeführten Versuche wird empfohlen, zur Dimensionierung von feinblasigen Druckluftbelüftungssystemen von einem mittleren α-Wert von 0,55 bis maximal 0,7 auszugehen.
Zur besonders wirtschaftlichen Dimensionierung kann der
α-Wert in Beckenlängsrichtung gesehen unterschiedlich angenommen werden. In der ersten Beckenhälfte mit hohen
Tensidkonzentrationen sollte der α-Wert mit 0,5 angesetzt
werden und kann in der zweiten Beckenhälfte mit entsprechend geringeren Tensidkonzentrationen infolge des
biologischen Abbaus der Tenside mit bis zu 0,85 angenommen werden.

Die durchgeführten Untersuchungen haben gezeigt, daß
Salze in Wasser mit Tensiden den Belüftungskoeffizienten
und damit das Sauerstoffzufuhrvermögen sehr stark beeinflussen. Aus diesem Grund ist es notwendig, die Beein-

flußung des Sauerstoffzufuhrvermögens durch gleichzeitig
hohe Salz- und Tensidkonzentrationen in Industrieabwas-
serreinigungsanlagen oder kommunalen Anlagen mit hohem
Industriewasseranteil bei der Dimensionierung von Druckluftbelüftungssystemen zu berücksichtigen.

■ Betrieb von Druckluftbelüftungssystemen:

Die von ZLOKARNIK (1980 b) festgestellte negative Beeinflußung des Sauerstoffübergangs infolge der Zugabe von
Entschäumern (nichtionische Tenside) wird durch die eigenen Messungen gestützt. Geringste Konzentrationen von
nichtionischen Tensiden im Wasser (2,5 g/m^3) ergeben einen α-Wert von etwa 0,7. Entschäumer, die hauptsächlich
nichtionische Tenside enthalten, sollten daher auf Abwasserreinigungsanlagen nach Möglichkeit nicht eingesetzt
werden.

Infolge der gestiegenen Reinigungsanforderungen werden
Phosphate mittels Fällungsverfahren aus dem Abwasser entfernt. Dazu wird neben Eisen- und Aluminiumsalzen teilweise auch Kalk eingesetzt. Wie die Untersuchungen zum
Einfluß von Tensiden auf den Sauerstoffübergang gezeigt
haben, wird das Sauerstoffzufuhrvermögen durch das Zusammenwirken von Tensiden und härteerhöhenden Chemikalien
(Calcium-Ionen) nachteilig beeinflußt. Auf Abwasserreinigungsanlagen mit Kalkfällung muß daher darauf geachtet
werden, daß durch das Zusammenwirken von Calcium-Ionen
und Tensiden das Sauerstoffzufuhrvermögen der Belüftungs-
einrichtung nicht reduziert und dadurch die Sauerstoffversorgung der Mikroorganismen gefährdet wird.

10. Zusammenfassung

Aufgrund der gestiegenen Reinigungsanforderungen werden kommunale Abwasserreinigungsanlagen mit dem Ziel der weitgehenden Nitrifikation und Denitrifikation ausgebaut, wobei vorrangig das Belebtschlammverfahren angewendet wird. Die zur Erzielung der Nitrifikation notwendige Steigerung des Sauerstoffeintrags ergibt eine Zunahme des Energiebedarfs auf das 2,7-fache des bisher üblichen. Eine weitgehende Denitrifikation bringt dies günstigstenfalls auf das 2,3-fache zurück. Effizienten Belüftungssystemen kommt daher zunehmende Bedeutung zu.

Zur Sauerstoffversorgung der Mikroorganismen werden dabei aufgrund verfahrenstechnischer und wirtschaftlicher Vorteile vorrangig Druckluftbelüftungssysteme eingesetzt. Während mit diesen Systemen in Reinwasser spezifische Sauerstoffausnutzungsgrade von 3,0 bis zu 8 %/m erzielt werden, nimmt die Sauerstoffeintragsleistung in Abwasser - ausgedrückt durch α-Werte von 0,3 bis 0,85 - stark ab.

Das Sauerstoffzufuhrvermögen selbst kann in Reinwasser mit der instationären Meßmethode sehr genau bestimmt werden. Unter Betriebsbedingungen sind solche Messungen schlecht reproduzierbar, so daß in Arbeitsanleitungen und Normen stattdessen empfohlen wird, Betriebsbedingungen durch den Zusatz von anionischen Tensiden (5 g/m^3) zu simulieren. Allerdings werden auch hier ähnlich schlechte Reproduzierbarkeiten beobachtet. Zur Klärung dieser Meßwertschwankungen wird der Einfluß von Tensiden auf den Sauerstoffübergang ins Wasser eingehend untersucht. Gleichzeitig wird damit auch der Einfluß von Tensiden und anderer oberflächenaktiver Stoffe auf den Sauerstoffeintrag unter Betriebsbedingungen erfaßt.

Zur Verdeutlichung der Vorgänge beim Belüften von Wasser
und Tensidlösungen werden in der vorliegenden Arbeit zunächst die Grundlagen des Sauerstoffeintrags bei der
Druckluftbelüftung dargestellt. Dabei werden sowohl die
Löslichkeit von Gasen in Flüssigkeiten als auch Diffusi-
onsvorgänge behandelt. Anschließend werden die heutigen
Kenntnisse über Luftblasen in Wasser und Tensidlösungen -
nach Einzelluftblasen und Blasenschwärmen unterschieden -
zusammengefaßt. Nach einer einführenden thermodynamischen
Betrachtung des Belüftungsvorganges werden die Bildung
von Luftblasen an Gaszerteilern diskutiert sowie Koaleszenzvorgänge untersucht. Da der Stoffübergang von Einzelblasen von deren Größe, Form, Bewegung und Schlupfgeschwindigkeit abhängig ist, werden diese Einflußfaktoren
erörtert. Abschließend werden Untersuchungen an Blasenschwärmen zusammengestellt.

Die Auswirkungen der Tenside auf den Sauerstoffübergang
lassen sich wie folgt zusammenfassen:

Die Tensidzugabe bewirkt eine Reduzierung der Oberflächenspannung. Damit wird die Koaleszenz gehemmt und der
mittlere Luftblasendurchmesser im Vergleich zu Reinwasser
verkleinert. Die kleinen Luftblasen steigen in Tensidlösungen langsamer auf, so daß bei gleichem Luftvolumenstrom auch der mittlere relative Luftanteil erhöht wird.
Insgesamt wird dadurch die spezifische Grenzfläche vergrößert, was sich positiv auf den Stoffübergang auswirkt.
Gleichzeitig wird der Sauerstoffaustauschkoeffizient
durch Stoffstromhemmung stark reduziert. Entsprechend der
Stärke der beiden entgegengesetzt wirkenden Einflußfaktoren ergeben sich sowohl Vergrößerungen als auch Verkleinerungen des Belüftungskoeffizienten und damit auch des
Sauerstoffzufuhrvermögens.

Eine theoretische Klärung dieser Einflüsse von Tensiden auf den Sauerstoffeintrag ist aufgrund der Komplexität der Zusammenhänge bisher nicht möglich. Ziel der vorliegenden Arbeit ist daher die experimentelle Untersuchung der dargelegten Einflüsse. Dazu werden Versuche an einer **Glassäule mit Belüftungsteller** durchgeführt und durch Untersuchungen an einer **Plexiglassäule mit Einzeldüse** ergänzt. Die bei diesen Versuchen angewandten Meßmethoden wurden vorgestellt und ausführlich diskutiert.

In der **Glassäule mit Belüftungsteller** wurden Messungen mit zwei anionischen Tensiden und einem nichtionischen Tensid (aus technischen Gründen schaumarm) durchgeführt. Die Tenside (Konzentrationen 2,5; 5,0 und 7,5 g/m^3) wurden zu fünf Wässern mit unterschiedlichen Elektrolytgehalten und Wasserhärten zugegeben (destilliertes Wasser, Trinkwasser, Trinkwasser mit Natriumsulfat, aufgehärtetes Trinkwasser, aufgehärtetes Trinkwasser mit Natriumsulfat), um deren Auswirkungen auf den Stoffübergang in Tensidlösungen erfassen und bewerten zu können.

Die Ergebnisse der Messungen in der Glassäule mit Belüftungsteller lassen sich wie folgt zusammenfassen:

- In Tensidlösungen wird der **mittlere Luftblasendurchmesser** im Vergleich zu Reinwasser schon durch geringe Tensidkonzentrationen reduziert, wobei besonders kleine Blasen mit anionischen Tensiden gebildet werden. Mit dem nichtionischen Tensid ergibt sich eine wesentlich geringere Beeinflussung, zum Teil eine (geringfügige) Vergrößerung des mittleren Blasendurchmessers.

- Als Folge des kleineren mittleren Luftblasendurchmessers wird die **spezifische Grenzfläche** (a=A/V) in allen

Tensidlösungen im Vergleich zu tensidfreiem Wasser vergrößert, wobei die höchsten Werte (bis zu 350 %) mit anionischen Tensiden erzielt werden. Die spezifische Grenzfläche in Lösungen mit dem nichtionischen Tensid liegt im Bereich von tensidfreiem Wasser.

- Der **bezogene Belüftungskoeffizient (α-Wert)** schwankt bei 5 g/m^3 mit unterschiedlichen anionischen Tensiden trotz erhöhter spezifischer Grenzfläche von 0,65 bis 0,80. In nichtionischen Tensidlösungen wird der α-Wert sogar auf 0,55 reduziert. Der α-Wert wird durch Natriumsulfat und die Wasserhärte beeinflußt. So ergeben sich in aufgesalzten Tensidlösungen Unterschiede der α-Werte von bis zu 12 %, die auf die unterschiedliche Struktur der Tenside zurückzuführen sind.

- Der **Sauerstoffaustauschkoeffizient** (berechnet als $k_L=k_La/a$) wird in allen Tensidlösungen im Vergleich zu Reinwasser reduziert, wobei der Einfluß der Wasserhärte und der Tensidkonzentration (bis zu 100 %) besonders groß ist. Generell ist der Sauerstoffaustauschkoeffizient in nichtionischen Tensidlösungen größer als in anionischen Lösungen.

- Die **Sauerstoffsättigungskonzentration** wird durch anionische Tenside nicht beeinflußt. Dagegen ist in nichtionischen Tensidlösungen eine Vergrößerung von bis zu 7 % gegenüber tensidfreiem Wasser nachzuweisen.

- Aufgrund der unterschiedlichen chemischen Struktur der Tenside unterscheidet sich das **Sauerstoffzufuhrvermögen** ($OC=k_La \cdot c_S$) um bis zu 15 %.

Die Ergebnisse der angestellten Untersuchungen über die gegenseitigen Abhängigkeiten der Parameter lassen sich wie folgt zusammenfassen:

- Mit abnehmender Oberflächenspannung (x) wird der mittlere Blasendurchmesser (y) kleiner;

$$(y \ [mm] = 0,736 \cdot e^{0,018 \cdot x} \ [mN/m]) \ (r=0,962).$$

- Eine Abhängigkeit des α-Wertes von der Oberflächenspannung besteht nicht; α-Werte lassen sich daher nicht aus Oberflächenspannungsmessungen ableiten.

- Der Sauerstoffaustauschkoeffizient k_L ist vom mittleren Blasendurchmesser, vom Tensidgehalt und vom Tensidtyp abhängig.

Insgesamt ermöglichen die Ergebnisse auch eine kritische Stellungnahme zu den bisher aufgestellten Hypothesen zum Tensideinfluß auf die Vergrößerung der spezifischen Grenzfläche durch Koaleszenzhemmung und auf die Reduzierung des Stoffaustauschkoeffizienten durch Hemmung des Stoffstroms. Anhand der durchgeführten Versuche kann nachgewiesen werden, daß die Hypothesen zur Beschreibung der Koaleszenzhemmung (starre Blasenoberflächen, Aufbau einer molekularen Tensidschicht und elektrische Abstossungskräfte) nicht zutreffend sind. Dies gilt auch für die Hypothesen zur Beschreibung der Hemmung des Stoffstroms (starre Blasenoberflächen und Aufbau einer molekularen Tensidschicht um die Blase). Umgekehrt erlauben die Ergebnisse nicht die Formulierung einer neuen Arbeitshypothese.

In der **Plexiglassäule mit Einzeldüse** wurden Schlupfgeschwindigkeiten von Einzelluftblasen in Tensidlösungen in
Abhängigkeit des Durchmessers ermittelt. Folgende Ergebnisse wurden gewonnen:

- Die **Schlupfgeschwindigkeit** (y) kann im untersuchten
  Durchmesserbereich (x) von 0,2 bis 1,0 mm mittels der
  Gleichung y [cm/s] = 0,4231 + 13,3171·x [mm] (r=0,977)
  und im Bereich von 1 bis 2 mm mit y [cm/s] = 13,6072 +
  10,8667·(ln x) [mm] (r=0,962) berechnet werden. Einflüsse des chemischen Aufbaus der Tenside, der Konzentration, des Alters der Tenside und der Wasserart auf
  die Schlupfgeschwindigkeit sind nicht nachzuweisen.
  Die Ursache der Reduzierung der Schlupfgeschwindigkeit
  ist darin zu sehen, daß sich durch Anreicherung von
  Tensiden am unteren Blasenteil eine Gewichtskraft ergibt, die der Auftriebskraft entgegenwirkt.

Zur Überprüfung der Frage, ob auch bei Druckluftbelüftungssystemen in Reinwasser Blasenkoaleszenz auftritt,
wurden Blasengrößenmessungen in einem **Glasbecken im technischen Maßstab** durchgeführt. Die Ergebnisse können wie
folgt zusammengefaßt werden:

- Die an Belüftungselementen gebildeten Luftblasen müssen aufgrund thermodynamischer Gesetzmäßigkeiten
  zwangsläufig koaleszieren. Dieser Vorgang ist 0,30 m
  über den Belüftungselementen abgeschlossen.

- Eine Redispergierung der Luftblasen zur Steigerung des
  Sauerstoffeintrags kann aufgrund zu geringer örtlicher
  Energiedissipation (0,6 % der für eine Redispergierung
  notwendige) bei der Druckluftbelüftung - auch im Be-

reich höchsten Energieeintrags direkt über den Belüftungselementen - nicht stattfinden.

Aus den Ergebnissen können einige für die **Belange der Praxis** wichtige Schlußfolgerungen gezogen werden:

- Bei der **Dimensionierung von Druckluftbelüftungssystemen** kann von einem mittleren α-Wert von 0,55 bis maximal 0,7 ausgegangen werden. Bei längsdurchströmten Becken kann zur wirtlichen Dimensionierung der α-Wert in der ersten Beckenhäfte mit 0,5 und in der zweiten Beckenhälfte mit bis zu 0,85 angesetzt werden.

- In **Neufassungen von Arbeitsanleitungen und Normen** zur Messung des Sauerstoffzufuhrvermögens von Belüftungssystemen ist aufgrund der aufgezeigten Beeinflussung des Belüftungskoeffizienten durch Elektrolyte die sauerstofffreie Vorlaufzeit bei **Messungen in Reinwasser** von bisher 30 auf 15 Minuten zu reduzieren. Wasser aus dem Ablauf von Abwasserreinigungsanlagen darf nicht für Messungen in Reinwasser verwendet werden.

- Bei **Sauerstoffzufuhrmessungen mit Tensiden** wird der Sauerstoffeintrag weniger durch die Tensidkonzentration sondern in bedeutend stärkerem Maße durch den chemischen Aufbau der Tenside beeinflußt. Die empfohlene Dosierung eines beliebigen anionischen Tensids ohne weitere Eingrenzung führt zur stark fehlerhaften Messung des Sauerstoffzufuhrvermögens und muß in Überarbeitungen von Arbeitsanleitungen zur Bestimmung des Sauerstoffzufuhrvermögens entfallen. Die Leistungsfähigkeit von Belüftungssystemen in Abwasser muß infolgedessen ausschließlich unter Betriebsbedingungen auf Abwasserreinigungsanlagen bestimmt werden, wozu besonders die Abluft-Methode geeignet ist.

11. Literatur

ABDELMESSIH, A.H.; F. DURST, u.a. (1980):
The Rise Velocity Of Air Bubbles In Water.
Univeristät Karlsruhe, Sonderforschungsbereich
80/ET/183.

ANDREE, H.; P. KRINGS (1975):
Tenside, Teil 2, Anwendungstechnische Eigenschaften.
Chemiker Zeitung, 99.Jhrg., S. 168 - 174.

ATV-Arbeitsanleitung (1979):
Arbeitsanleitung für die Bestimmung der Sauerstoff-
zufuhr von Belüftungssystemen in Reinwasser.
Korrespondenz Abwasser, 26. Jhrg., H. 8, S.416-423.

ATV (1985):
Lehr- und Handbuch der Abwassertechnik.
Dritte überarbeitete Auflage, Band IV, Biologisch-
chemische und weitergehende Abwasserreinigung,
Verlag Wilhelm Ernst & Sohn.

BAILLOD, R.C.; W.L. PAULSON u.a. (1986):
Accuracy and precision of plant scale and shop clean
water oxygen transfer tests.
Journal WPCF, Volume 58, Number 4, S. 290-299.

BAKKER, G. (1928):
Kappilarität und Oberflächenspannung.
in: Handbuch der Experimentalphysik, Akademische
Verlagsgesellschaft, Leipzig.

BHADA, D.; M.E. WEBER (1980):
In-Line Interaction of a Pair of Bubbles in a
Viscous Liquid.
Chem. Eng. Sci., Volume 35, S. 2467 - 2474.

BISCHOF, F. (1990):
Persönliche Mitteilung.

BMFT (1987):
Grundlagen und Optimierung der Sauerstoffzufuhr und
des Sauerstoffertrags beim Belebungsverfahren mit
Aufwuchskörpern.
Forschungsvorhaben im Auftrag des Bundesministers
für Forschung und Technologie (BMFT), Kennzeichen:
02WA87020.

BOCK, K.J; P. SCHÖBERL (1977):
Biologischer Abbau von Tensiden.
in: Chwala, A.; Anger, A.:
Handbuch der Textilhilfsmittel.
Verlag Chemie GmbH, Weinheim, New York.

BOYLE, W.C. (1989):
Fine Pore Aeration Systems.
Design Manual, EPA/625/1-89/023.

BOYLE, W.C.; B.G. HELLSTROM; L. EWING (1988):
Oxygen Transfer Efficiency Measurements Using Off-
Gas Techniques.
Water Sc. Tech., Vol. 21, Brighton, S. 1295-1300.

BOYLE, W.C. (1987):
Fine Pore (Fine Bubble) Aeration Systems.
Summary Report, EPA/625/8-85/010.

BRAUER, H.; D. MEWES (1971):
Stoffaustausch einschließlich chemischer Reaktionen.
Verlag Sauerländer, Aarau und Frankfurt am Main.

BRDICKA, R. (1965):
Grundlagen der physikalischen Chemie.
VEB Deutscher Verlag der Wissenschaften, Berlin.

BURCKHART, R.; W.-D. DECKWER (1975):
Bubble Size Distribution and Interfacial Areas of
Electrolyte Solutions in Bubble Columns.
Chemical Engineering Science, 30, S. 351 - 354.

CALDERBANK, P.H.; M.B. MOO-YOUNG (1961):
The continuous phase heat and mass-transfer
properties of dispersions.
Chemical Engineering Science, Volume 16, S. 39 - 54.

CAMP, T.R. (1958):
Gas transfer to and from aqueous solutions.
Journal of the Sanitary Engineering Division;
Proceedings of the ASCE, S. 1701-1 ff.

CASKEY; J.A. (1965):
The Effect of Surfactant Chain Length and Surface
Orientation on Gas Absorption Rates.
Ph.D. Thesis, Clemson University, Clemson S.C.

CASKEY, J.A.; W.B. BARLAGE (1972):
A Study of the Effects of Soluble Surfactants on Gas
Absorption Using Liquid Laminar Jets.
Journal of Colloid and Interface Science, Vol. 41,
No. 1, Oktober 1972, S. 52-62.

CASKEY, J.A.; D.L. MICHELSEN; Y.P. To (1973):
The Effect of Surfactant Hydrophilic Group on Gas
Absorption Rates.
Journal of Colloid and Interface Science, Vol. 42,
No.1.

CLIFT, R.; J.R. GRACE; M.E. WEBER (1978):
Bubbles, Drops and Particles.
Academic Press, Inc., New York.

COMMITTEE (1960):
Committee of Sanitary Engineering Research:
Solubility of Atmospheric Oxygen in Water.
Journal of San. Eng. Div. - ASCE 86, SA4,41.

CHWALA, A.; V. ANGER (1977):
Handbuch der Textilhilfsmittel.
Verlag Chemie GmbH, Weinheim, New York.

CULLEN, F.J.; J.F. DAVIDSON (1956):
The Effect of Surface Active Agents on the Rate of
Absorption of Carbon Dioxide by Water.
Chemical Engineering Science, Vol.11, S. 49 ff.

D'ANS/LAX, (1967):
Taschenbuch für Physiker und Chemiker.
Springer-Verlag, Berlin,Heidelberg, New York.

DECKWER, W.-D. (1985):
Reaktionstechnik in Blasensäulen.
Otto Salle Verlag, Frankfurt; Verlag Sauerländer,
Aarau.

DIN 53900, (1972):
Tenside (Begriffe).
Fachnormenausschuß Materialprüfung im Deutschen
Normenausschuß, Beuth-Verlag, Berlin.

DIN 53914, (1980):
Prüfung von Tensiden. Bestimmung der Oberflächen-
spannung.
Beuth-Verlag, Berlin.

DIN 38408 (1986):
Bestimmung des in Wasser gelösten Sauerstoffs
mittels membranbedeckter Sauerstoffsonden.
Normenausschuß Wasserwesen (NAW) im DIN, Deutsches
Institut für Normung e.V.

DIN 38409 (1980):
Bestimmung der methylenblauaktiven und der bismutak-
tiven Substanzen.
Beuth-Verlag, Berlin.

DÖLL, B. (1986):
Die Kompensation der Oberflächenladung kolloidaler
Silika-Suspensionen durch die Adsorption
kationischer Polymere in turbulent durchströmten
Rohrreaktoren.
Band 45 der Schriftenreihe des Instituts für Sied-
lungswasserwirtschaft der Universität Karlsruhe.

DROGARIS, G. (1983):
Koaleszenz von Gasblasen in Flüssigkeiten.
Dissertation an der Abteilung Chemietechnik der Uni-
versität Dortmund.

ECKENFELDER, W.W. (1968):
New Concepts In Oxygen Transfer And Aeration.
in: Advances in Water Quality Improvement.
Edited by E.F. Gloyna and W.W. Eckenfelder,
University of Texas Press, Austin and London.

EPA, (1983):
Development of Standard Procedures for Evaluating
Oxygen Transfer Devices:
American Society of Civil Engineers, New York, EPA-
600/283-102.

FACHGRUPPE WASSERCHEMIE (1989):
Kompendium Auswirkungen der Phosphat-Höchstmengen-
verordnung für Waschmittel auf Kläranlagen und in
Gewässern.
Arbeitskreis "Auswirkungen PHöchstMengV" im Haupt-
ausschuß "Phosphate u. "Wasser" der Fachgruppe Was-
serchemie in der Gesellschaft Deutscher Chemiker.
Academica-Verlag Richarz, Sankt Augustin.

FALBE, J. (1987):
Surfactants in Consumer Products. Theory, Technology
and Application.
Springer-Verlag, Berlin, Heidelberg, New York,
London, Paris, Tokio.

FLÖGEL, H.-H. (1987):
Modifizierte Laser-Doppler Anemometrie zur simulta-
nen Bestimmung von Geschwindigkeit und Größe einzelner Partikel.
VDI-Fortschrittsberichte, Reihe 3, Nr. 140.

GARNER, F.H.; D. HAMMERTON (1954):
Gasabsorption from Single Bubbles.
Trans. Instn. Chem. Engrs., Vol.32, Supplement,
S. S18 - S24.

GARBARINI, G.R.; CHI TIEN (1969):
Mass Transfer from Single Gas Bubble - A Comparative
Study on Experimental Methods.
The Canadian Journal of Chemical Engineering, Vol.
47, S. 35 - 41.

GILLES, J. (1987):
Öffentliche Abwasserbeseitigung im Spiegel der
Statistik.
Korrespondenz Abwasser, 34. Jhrg., 5/87, S. 414-437.

GRASSMANN, P. (1983):
Physikalische Grundlagen der Verfahrenstechnik.
Otto Salle Verlag, Frankfurt; Verlag Sauerländer,
Aarau.

GRIEVES, R.B. (1982):
Adsorptive Bubble Separation Methods.
in: Treatise on Analytical Chemistry.
Part I, Theory and Practice, Second Edition, John
Wiley & Sons, New York.

GRIFFITH, R.M. (1962):
The Effect of Surfactants on the Terminal Velocity
of Drops and Bubbles.
Chem. Eng. Sci., 17, S. 1057 ff.

HABERMAN, W.; R.K. MORTON (1954):
An experimental study of bubbles moving in liquids.
ASCE, Vol. 84, Separate No. 387, January, 1954.

HANEL, R. (1982):
Der Sauerstoffeintrag und seine Messung beim Bele-
bungsverfahren unter besonderer Beachtung der Visko-
sität und Oberflächenspannung.
Dissertation am Fachbereich Wasser und Verkehr der
Technischen Hochschule Darmstadt, WAR-Schriftenrei-
he, Band 13.
Hrsg.: Verein zur Föderung des Institutes für
Wasserversorgung, Abwasserbeseitigung und Raumpla-
nung der Technischen Hochschule Darmstadt e.V.

HARTIG, H. (1975):
Oberflächenaktive Waschmittelrohstoffe.
in: Chemiker-Zeitung, 99. Jhrg., Nr. 4, S. 175-182.

HIGBIE, R. (1935):
The rate of absorption of a pure gas into a still
liquid during short periods of exposure.
American Institute of Chemical Engineers, May 13-15,
S. 365 ff.

HITCHMAN, M.L. (1978):
Measurement of Dissolved Oxygen.
John Wiley & Sons, Inc. and Orbisphere Corp.

HOBBS, S.Y.; C.F. PRATT (1974):
Modifications in Bubble Flow on Antifoam Addition.
AIChE J., 20, S. 178 - 182.

HONG, WON-HI, H. BRAUER (1984):
Stoffaustausch zwischen Gas und Flüssigkeit in
Blasensäulen.
VDI Forschungsheft, Nr. 624, VDI-Verlag Düsseldorf.

HÜLS (1988 a):
Lineares Alkylbenzolsulfonat MARLON A.
Druckschrift der Firma Hüls, Marl, 1. Auflage,
Mai 1988.

HÜLS (1988 b):
Marlipal 013, Alkylpolyethylenglykolether,
Nichtionische Tenside.
Produktinformation der Firma Hüls, vorläufige
Fassung FEA 25/01.88.

HÜLS (1988 c):
Marlipal 24, Alkylpolyglykolether, Nichtionische
Tenside.
Produktinformation der Firma Hüls, vorläufige
Fassung FEA 25/03.88.

HWANG, H.J. (1983):
Comprehensive Studies Of Oxygen Transfer Under
Nonideal Conditions.
PH.D. Thesis, University of California, Los Angeles.

JANICKE, W. (1989):
Tensid-Adsorption an Belebtschlamm.
11. Mitt. über das Verhalten synthetischer organischer Verbindungen bei der Abwasserbehandlung.
Z. Wasser-Abwasser-Forschung, 22, S. 57 - 64.

JEKAT, H. (1975):
Messung von Blasengrößenverteilungen in Druckblasen-
säulen im Bereich von 1 bis 100 bar.
Dissertation am Fachbereich Maschinenwesen der Technischen Universität München.

JOHNSON, A.I.; L. BRAIDA (1957):
The Velocity of Fall of Circulating and Oscillating
Liquid Drops Through Quiescent Liquid Phases.
The Canadian Journal of Chemical Engineering,
Volume 35, S. 165 - 172.

KÖGL, B.; F. MOSER; H. POINTNER (1981):
Grundlagen der Verfahrenstechnik.
Springer-Verlag, Wien, New York.

KAYSER, R. (1980):
Weiterentwicklung der Methoden zur Messung der
Sauerstoffzufuhr unter Betriebsbedingungen.
10. Abwassertechnisches Seminar vom 27./28.3.1980.
"Belüftungssysteme und Energiehaushalt bei der Ab-
wasserreinigung". Berichte aus Wassergütewirtschaft
und Gesundheitsingenieurwesen. Band 28.
Hrsg.: Gesellschaft zur Förderung des Lehrstuhls für
Wassergütewirtschaft und Gesundheitsingenieurwesen
der Technischen Universität München.

KEITEL, G. (1978):
Untersuchungen zum Stoffaustausch in Gas-Flüssig-
Dispersionen in Rührschlaufenreaktor und Blasensäu-
le.
Dissertation an der Abteilung Chemietechnik der Uni-
versität Dortmund.

KOIDE, K.; Y. ORITO; Y. HARA (1974):
Mass Transfer from Single Bubbles in Newtonian
Liquids.
Chemical Engineering Science, Vol. 29, S. 417 - 425.

KOPPE, P.; STOZEK, A. (1986):
Kommunales Abwasser.
Vulkan-Verlag, Essen.

KUMAR, R.; N.R. KULOOR (1967):
Blasenbildung in Flüssigkeiten niedriger Viskosität
unter konstanten Strömungsbedingungen.
Chem. Techn. Nr. 19, S. 78-82.

LANDOLT-BÖRNSTEIN, 1969
Zahlenwerte und Funktionen aus Physik·Chemie·
Astronomie·Geophysik und Technik.
Sechste Auflage, Springer-Verlag, Berlin,
Heidelberg, New York.

LANGE, H.; M.J. SCHWUGER (1980):
Grenzflächeneigenschaften von Alkylethersulfaten.
Colloid and Polymer Science, Vol. 258, No. 11,
S. 1264 - 1270.

LESSARD, R.R.; S.A. ZIEMINSKI (1971):
Bubble Coalescence and Gas Transfer in Aqueous
Electrolytic Solution.
Industrial Engineering Chemical Fundamentals,
Volume 10, S. 260 - 269.

LEVICH, V.G. (1962):
   Physicochemical Hydrodynamics.
   Prentice-Hall, Inc. Englewood Cliffs, N.J.

LIEPE, F. (1988):
   Verfahrenstechnische Berechnungsmethoden.
   Teil 4: Stoffvereinigen in fluiden Phasen: Ausrü-
   stungen und ihre Berechnungen.
   VEB Deutscher Verlag für Grundstoffindustrie,
   Leipzig.

MANCY, K.H.; W.E. BARLAGE (1968):
   Mechansim of Interference of Surface Active Agents
   with Gas Transfer in Aeration Systems.
   in: Advances in Water Quality Improvement.
   Edited by E.F Gloyna und W.W. Eckenfelder,
   University of Texas Press, Austin und London.

MARRUCCI, G. (1969):
   A theory of coalescence.
   Chem. Eng. Sci., 24, S. 975-985.

MEUSEL, W. (1979):
   Einfluß der Partikelkoaleszenz auf den Stoffübergang
   in turbulenten Gas-Flüssig-Systemen.
   Dissertation an der Ingenieurhochschule Köthen.

MORTAJEMI, M.; G.J JAMESON (1978):
   Mass Transfer from small Bubbles - The optimum
   Bubble size for aeration.
   Chemical Engineering Science, 33, S. 1415- 1423.

MORTIMER, C.H. (1981):
   The oxygen content of air-saturated fresh waters
   over ranges of temperature and atmospheric pressure
   of limnological interest.
   Mitt. Internat. Verein Limnol. No. 22, S. 13 ff.

NESTMANN, F. (1984):
   Sauerstoffeintrag durch Blasen und Entwicklung eines
   mechanischen Belüftungsverfahrens.
   Dissertation an der Fakultät für Bauingenieur- und
   Vermessungswesen der Universität Karlsruhe.

NEUMÜLLER, O.-A. (1983):
   Römpps Chemie-Lexikon.
   Achte, neubearbeitete und erweiterte Auflage,
   Franckh'sche Verlagshandlung, Stuttgart.

NITSCH, W.; G. WEBER (1976):
Die Aufhebung der adsorptiven Stoffübergangshemmung
im Bereich der kritischen Mizellbildungskonzentra-
tion.
Chem.-Ing.-Tech. 48 Jhrg. Nr. 8, S. 715.

OBERNOSTERER, G. (1990):
Gasblasenkoaleszenz und Stofftransport in wässrigen
Tensidlösungen.
Vortrag bei der GVC-Fachtagung "Mischvorgänge" im
Mai 1990 in Paderborn.

ÖNORM M 5888 (1979):
Sauerstoffzufuhr-Leistung von Belüftungseinrichtungen - Bestimmung in Reinwasser.

OTAKE, T.; S. TONE; K. NAKAO; Y. MITSUHASHI (1977):
Coalescence and Breakup of Bubbles in Liquids.
Chem. Eng. Sci., Vol.32, S. 377 - 383.

PASVEER, A. (1955):
Oxygenation of Water with Air Bubbles.
Sewage and Industrial Wastes, Vol. 27, S. 1130 -
1146.

PEEBLES, F.N.; J.H. GARBER (1953):
Studies of the motions of gas Bubbles in Liquids.
Chem. Eng. Progr. 49, 2, S. 88-97.

PERRY, R.H.; C.H. CHILTON (1973):
Chemical Engineers' Handbook.
Fifth edition, McCraw-Hill chemical engineering
series.

PETHICA, B.A. (1954):
The adsorption of surface active elektrolytes at the
air/water interface.
Transaction of the Faraday Society, 50, S. 413-42.

PÖPEL, F. (1975):
Lehrbuch für Abwassertechnik und Gewässerschutz.
Deutscher Fachschriften-Verlag, Braun GmbH & Co.KG.

PÖPEL, H.J. (1985):
Grundlagen zur Optimierung der Belüftung und
Energieeinsparung.
7. Wassertechnisches Seminar vom 16.11.1984 "Optimierung der Belüftung und Energieeinsparung in der
Abwassertechnik durch Einsatz neuer Belüftungssysteme, WAR Schriftenreihe, Band 23.
Hrsg.: Verein zur Förderung des Instituts für Wasserversorgung, Abwasserbeseitigung und Raumplanung
der Technischen Hochschule Darmstadt e.V..

PÖPEL, H.J.; M. WAGNER (1988):
Belüftungssysteme.
ATV-Fortbildungskurs F/2, "Abwasserreinigung im
Lichte neuer Forderungen", 2.-4.11.1988 in Fulda.

PÖPEL, H.J.; M. WAGNER (1989):
Grundlagen von Belüftung und Sauerstoffeintrag.
16. Wassertechnisches Seminar vom 10.11.1988
"Belüftungssysteme in der Abwassertechnik -
Fortschritte und Perspektiven", WAR Schriftenreihe,
Band 37.
Hrsg.: Verein zur Förderung des Instituts für Was-
serversorgung, Abwasserbeseitigung und Raumplanung
der Technischen Hochschule Darmstadt e.V.

POGGEMANN, R. (1982):
Stoffaustauschfläche im Strahldüsenreaktor in Abhängigkeit von stofflichen Einflußgrößen.
Dissertation an der Abteilung Chemietechnik der Universität Dortmund.

POSKANZER, A.M.; F.C. GOODRICH (1975):
Surface Viskosity of Sodium Dodecyl Sulfate
Solutions with and without Added Dodecanol.
The Journal of Physical Chemistry, Vol. 79, No. 20,
S. 2122-2126.

PRAPAITRAKUL, W.; A.D. KING (1985):
The solubility of gases in aqueous solutions of
docyltrimethyl- and cetyltrimethylammonium bromide.
J. Colloid interface Sci., 106, S. 186 - 193.

RAHMEN-ABWASSERVWV (1989):
Allgemeine Verwaltungsvorschrift vom 8.9.1989 über
Mindestanforderungen an das Einleiten von Abwasser
in Gewässer, -Rahmen-AbwasserVwV-.
Gemeinsames Ministerialblatt des Auswärtigen Amtes/
des Bundesministers des Innern etc., Herausgegeben
vom Bundesminister des Innern, 40. Jahrgang, Nr. 25,
S. 518-521.

RESNICK, W.; B. GAL-OR (1968):
Gas-Liquid Dispersions.
in: Advances in Chemical Engineering, Volume 7,
Academic Press, New York, London.

RUBIN, E; E.L. GADEN (1962):
Foam Separation.
in: New Chemical Engineering Separation Techniques.
Schoen. H.M. Interscience Publishers, New York,
London.

SAGERT, N.H.; M.J. QUINN, u.a. (1976)
Foams.
Proc. Symp., Ed. by Akers, Academic Press, London,
New York, San Fransisco, S. 147 ff.

SAGERT, N.H.; M.J. QUINN (1978):
The Coalescence of Gas Bubbles in Dilute Aqueous
Solutions.
Chem. Eng. Sci., Vol.33, S. 1087 - 1095.

SCHUBERT, H. (1977):
Mechanische Verfahrenstechnik.
Zweite, überarbeitete Auflage, Deutscher Verlag für
Grundstoffindustrie, Leipzig.

SCHWABE, K. (1986):
Physikalische Chemie.
Akademie-Verlag, Berlin.

SHERWOOD, T.K.; R.L. PIGFORD; C.R. WILKE (1975):
Mass Transfer.
McGraw-Hill Inc. New York.

SONNTAG, H.; K. STRENGE (1979).
Koagulation und Stabilität disperser Systeme.
VEB Deutscher Verlag der Wissenschaften, Berlin.

STACHE, H. (1979):
Tensid-Taschenbuch.
Hanser-Verlag, München, Wien.

STANDARD METHODS (1980):
Standard Methods for the examination of water and
Wastewater.
15th Edition, APHA; AWWA; WPCF.

STEINEMANN, J.; R. BUCHHOLZ (1984):
Application of an Electrical Conductivity Microprobe
for the characterization of Bubble Behaviour in Gas-
Liquid Bubble Flow.
Particle Characterization, I, S. 102-107.

STENSTROM, M.K.; R.G. GILBERT (1981):
Effects Of Alpha, Beta and Theta Factor Upon The
Design, Specification and Operation Of Aeration
Systems.
Water Research, Vol. 15, S. 643-654.

SZTATECSNY, K.; I. VAFOPULOS; F. MOSER (1977):
Der Einfluß von Tensiden auf den Stoffübergang in
begasten Reaktoren.
Chem.-Ing.-Tech. 49, S.583.

UMWELTPOLITIK, (1989):
Bericht der Bundesregierung an den Deutschen Bundes-
tag über die Wirkungen des Wasch- und Reinigungsmit-
telgesetzes vom 19. Dezember 1986.
Drucksache 11/4315, Sachgebiet 753.
Herausgeber: Der Bundesminister für Umwelt, Natur-
schutz und Reaktorsicherheit.

US-NORM (1984):
ASCE-Standard: Measurement of Oxygen Transfer in
Clean Water.
Ausgabe 1984.

US-Norm-Überarbeitung, (1989):
ASCE-Standard: Measurement of Oxygen Transfer in
Clean Water.
Ausgabe 1989.

VOGTLÄNDER, J.G.; F.W. MEIJBOOM (1974):
A New Method for Measuring the Transfer of Oxygen in
Liquids.
Chemical Engineering Science, Volume 29,
S. 799 - 803.

WAGNER, M. (1987):
Vergleich von Meßmethoden und Auswerteverfahren zur
Bestimmung des Sauerstoffzufuhrvermögens.
In: Forschungsseminar Abwasser- und Schlammbehand-
lung, 22./23.5.1987, Mitteilungen der Oswald-
Schulze-Stiftung, Gladbeck, Heft 8, S. 49-75.

WAGNER, R. (1978):
Über das Verhalten von MBAS und BiAS auf einer kommunalen Kläranlage.
in: gwf wasser/abwasser, 119. Jhrg., S. 235-242.

WASSERRECHT (1958):
Handbuch des Deutschen Wasserrechts.
Neues Recht des Bundes und der Länder.
Loseblatt-Textsammlung und Kommentare; Ergänzungs-
sammlung.
Erich Schmidt Verlag.

WEAST, R.C. (1979):
CRC Handbook of Chemistry and Physics, 60th edition,
CRC press, Inc.

WESTPHAL, W. (1956):
Physik.
Achtzehnte und neunzehnte Auflage, Springer-Verlag,
Berlin, Göttingen, Heidelberg.

WETZLER, H. (1985):
Kennzahlen der Verfahrenstechnik.
Dr. Alfred Hüthig Verlag, Heidelberg.

ZIEMINSKi, S.A.; D.R. RAYMOND (1968):
Experimental Study of the Behavior of Single
Bubbles.
Chemical Engineering Science, Volume 23, S. 17 - 23.

ZIEMINSKI, S.A.; R.C. WHITEMORE (1971):
Behavior of gas bubbles in aqueous electrolyte
solutions.
Chem. Eng. Sc., 26, S. 509 - 520.

ZLOKARNIK, M. (1980, a):
Eignung und Leistungsfähigkeit von Volumenbelüftern
für biologische Abwasserreinigungsanlagen.
Korrespondenz Abwasser, 27. Jhrg., Heft 3, S. 194 -
209.

ZLOKARNIK, M. (1980, b):
Koaleszenzphänomene im System gasförmig/flüssig und
deren Einfluß auf den O_2-Eintrag bei der
biologischen Abwasserreinigung.
Korrespondenz Abwasser, 27. Jhrg., Heft 11,
S. 728 - 734.

ANHANG

Tabelle A.1: Schlupfgeschwindigkeiten in Wasser ohne Tensid

	d [mm]	v_S [cm/s]
Destilliertes Wasser	0,368 0,723 0,753 0,778	5,06 17,05 20,16 21,20
Trinkwasser	0,391 0,663 0,754 0,784	4,47 12,85 16,50 18,25

Tabelle A.2.1: Schlupfgeschwindigkeiten in Tensidlösungen (Destilliertes Wasser, Tensidlösung 6 Monate gealtert)

	Tensidtyp					
Konzentration	AT 1		AT 2		NT 1	
$[g/m^3]$	d [mm]	v_S [cm/s]	d [mm]	v_S [cm/s]	d [mm]	v_S [cm/s]
2,5	0,382 0,471 0,516 0,675 0,773 0,869 1,029 –	3,99 4,81 6,04 8,32 10,15 11,80 13,14 –	0,264 0,376 0,391 0,507 0,596 0,694 0,884 1,000	3,57 4,70 4,79 5,69 7,06 8,76 11,04 12,43	0,378 0,473 0,529 0,656 0,688 0,713 0,801 0,856	5,63 6,38 7,14 9,55 9,62 9,37 10,35 11,89
5,0	0,299 0,384 0,626 0,669 0,734 0,746 0,780 0,830 0,938	3,74 4,33 9,47 9,91 10,15 10,43 10,62 10,57 12,28	0,387 0,522 0,609 0,667 0,711 0,752 0,772 0,800 0,874	4,94 7,39 8,03 8,41 8,63 9,28 9,41 10,25 11,55	0,363 0,503 0,745 0,762 0,904 0,985 – – –	5,12 6,54 9,34 10,03 11,94 13,04 – – –

Tabelle A.2.2: Schlupfgeschwindigkeiten in Tensidlösungen (Trinkwasser, 6 Monate gealterte Lösung)

Konzentration	Tensidtyp					
	AT 1		AT 2		NT 1	
	d	v_S	d	v_S	d	v_S
$[g/m^3]$	[mm]	[cm/s]	[mm]	[cm/s]	[mm]	[cm/s]
2,5	0,275	3,09	0,275	4,06	0,491	5,96
	0,370	4,22	0,308	4,14	0,504	6,55
	0,440	4,96	0,590	6,32	0,557	6,74
	0,640	8,98	0,615	8,10	0,629	8,75
	0,880	10,91	0,708	8,44	0,815	10,86
	0,941	12,53	0,726	9,66	0,847	11,51
	–	–	0,865	10,71	0,900	11,71
	–	–	0,941	12,18	0,960	12,25
5,0	0,273	2,75	0,487	5,19	0,231	2,15
	0,330	3,70	0,592	8,13	0,285	2,28
	0,411	4,77	0,773	9,61	0,330	3,49
	0,496	6,07	0,787	9,46	0,642	6,47
	0,566	6,84	0,829	9,66	0,700	9,90
	0,671	8,31	0,861	10,49	0,875	10,87
	0,739	8,54	–	–	0,970	11,35
	0,795	9,22	–	–	–	–
	0,854	9,84	–	–	–	–
	0,898	11,31	–	–	–	–

Tabelle A.2.3: Schlupfgeschwindigkeiten in Tensidlösungen (Destilliertes Wasser, neu hergestellte Lösungen)

Konzentration	Tensidtyp					
	AT 1		AT 2		NT 1	
	d	v_S	d	v_S	d	v_S
$[g/m^3]$	[mm]	[cm/s]	[mm]	[cm/s]	[mm]	[cm/s]
2,5	0,537	6,23	0,572	8,03	–	–
	0,629	7,18	0,656	8,38	–	–
	0,748	9,55	0,751	9,42	–	–
	0,820	10,10	0,853	10,71	–	–
	0,836	10,45	0,932	11,31	–	–
	0,982	10,74	1,028	11,58	–	–
	1,099	12,51	1,137	12,91	–	–
5,0	0,570	7,37	0,667	7,86	–	–
	0,759	8,87	0,724	8,54	–	–
	0,848	9,54	0,826	10,37	–	–
	0,901	10,06	0,875	10,45	–	–
	0,960	11,62	0,903	11,79	–	–
	1,037	12,28	1,165	15,27	–	–
	1,082	12,51	–	–	–	–
	1,105	12,67	–	–	–	–
	1,137	13,30	–	–	–	–

Tabelle A.2.4: Schlupfgeschwindigkeiten in Tensidlösungen (Trinkwasser, neu hergestellte Tensidlösung)

Konzentration	Tensidtyp					
	AT 1		AT 2		NT 1	
	d	v_S	d	v_S	d	v_S
$[g/m^3]$	[mm]	[cm/s]	[mm]	[cm/s]	[mm]	[cm/s]
2,5	0,594	7,12	0,471	5,34	–	–
	0,763	8,37	0,534	6,26	–	–
	0,854	9,31	0,661	8,26	–	–
	0,938	10,28	0,672	8,51	–	–
	0,961	10,69	0,764	9,27	–	–
	1,040	10,70	0,866	10,37	–	–
	–	–	0,869	10,43	–	–
	–	–	0,982	11,40	–	–
	–	–	1,035	12,20	–	–
	–	–	1,076	12,57	–	–
5,0	0,536	6,19	0,682	7,67	–	–
	0,590	7,60	0,684	7,79	–	–
	0,674	8,22	0,710	8,32	–	–
	0,745	8,88	0,789	8,85	–	–
	0,862	9,39	0,832	9,26	–	–
	0,929	10,13	0,862	9,63	–	–
	1,037	12,33	0,940	10,71	–	–
	–	–	0,956	11,97	–	–
	–	–	1,041	12,76	–	–
	–	–	1,073	13,08	–	–
	–	–	1,151	14,21	–	–

Tabelle A.3.1: Oberflächenspannung in Abhängigkeit der Tensidkonzentration

	Tensidkonzentration $[g/m^3]$						
	2,0	2,5	3,0	5,0	7,0	7,5	9,0
AT 1	53,9	52,5	52,1	49,5	48,3	47,7	46,3
AT 2	48,7	47,1	45,6	43,1	41,1	40,7	38,9
AT 3	67,6	63,0	60,5	46,6	39,8	40,0	37,8
AT 4	72,6	72,6	72,6	72,6	72,6	72,6	72,6
AT 5	71,4	71,4	71,4	71,4	71,3	71,3	71,3
NT 1	70,8	70,3	69,9	67,5	65,1	65,0	63,1
NT 2	69,0	68,2	64,3	58,6	54,7	54,0	51,1

bei Tensidkonzentration 2,5 und 7,5 $[g/m^3]$ gerechnete Werte

Gleichungen:

AT1 : y [mN/m] = 57,1366 − 4,7402·(ln x) $[g/m^3]$
AT2 : y [mN/m] = 52,7287 − 6,1000·(ln x) $[g/m^3]$
AT3 : y [mN/m] = 82,2894 − 21,0706·(ln x) $[g/m^3]$
AT4 : y [mN/m] = 72,6 $[g/m^3]$
AT5 : y [mN/m] = 71,4752 − 0,0789·(ln x) $[g/m^3]$
NT1 : y [mN/m] = 74,9452 − 5,0540·(ln x) $[g/m^3]$
AT2 : y [mN/m] = 78,0909 − 12,0983·(ln x) $[g/m^3]$

Tabelle A.3.2:   Oberflächenspannung in Abhängigkeit der Belüftungszeit

Zeit	Oberflächenspannung σ		Zeit	Oberflächenspannung σ
[h]	AT 1 [mN/m]	AT 2 [mN/m]	[min:sec]	AT 3 [mN/m]
0,50	61,1	48,6	5:28	72,5
1,00	61,2	9,9	8:14	63,9
1,50	61,1	49,2	11:00	54,9
2,00	61,3	49,3	13:50	66,2
2,50	61,8	49,8	16:43	69,5
3,00	63,0	50,6	19:33	70,4
3,50	-	51,6	22:21	71,2
4,00	-	52,6	25:09	71,6
			27:58	71,7
			30:46	71,8
			33:34	71,9
			36:23	71,9
			39:12	72,0
			42:01	72,0

Tensidkonzentration: 5 g/m^3

Tabelle A.4.1:   Einfluß des relativen Luftvolumenstroms auf den relativen Luftblasendurchmesser

relativer Luftvolumen- strom [-]	relativer Luft- blasendurchmesser [-]
1,000	1,000
1,992	1,091
3,022	1,187

Tabelle A.4.2: Einfluß des relativen Luftvolumenstroms auf den
mittleren relativen Luftanteil

relativer Luftvolumenstrom [-]	mittlerer relativer Luftanteil [-]
1,000	1,00
1,509	1,67
1,990	2,33
2,636	3,00
2,693	3,33
2,981	3,00

Tabelle A.4.3: Einfluß des relativen Luftvolumenstroms auf den relativen Belüftungskoeffizienten

relativer Luftvolumenstrom [-]	1,000	1,820	2,529	5,196
relativer Belüftungskoeffizient [-]	1,000	1,770	2,590	5,156

Tabelle A.5.1.1: Mittlerer Blasendurchmesser $d_{B,e}$ in Wasser ohne Tensid

	Dest. Wasser	Trinkw.	Trinkw.+ Salz	Trinkw.+ Härte	Trinkw.+ Salz + Härte
Luftvolumen-strom (LVS) [m^3_N/h]	0,530	0,692	0,538	0,670	0,665
$d_{B,e}$ [mm]	2,950	2,680	2,665	2,847	2,564
$d_{B,e}/d_{B,e}$(TW) [-]	1,101	1,00	0,994	1,062	0,957

Tabelle A.5.1.2: Sauterdurchmesser d_S in Wasser ohne Tensid

	Dest. Wasser	Trinkw.	Trinkw.+ Salz	Trinkw.+ Härte	Trinkw.+ Salz + Härte
Luftvolumen-strom (LVS) [m^3_N/h]	0,530	0,692	0,538	0,670	0,665
d_S [mm]	3,714	3,589	3,285	3,705	3,252
d_S/d_S(TW) [-]	1,035	1,000	0,915	1,032	0,906

Tabelle A.5.2: Mittlerer relativer Luftanteil ϵ in Wasser ohne Tensid

	Dest. Wasser	Trinkw.	Trinkw.+ Salz	Trinkw.+ Härte	Trinkw.+ Salz + Härte
Luftvolumenstrom (LVS) $[m^3_N/h]$	0,530	0,692	0,538	0,670	0,665
ϵ [%]	1,4	1,7	1,45	1,7	1,7
ϵ/LVS $[\% \cdot h/m^3_N]$	2,642	2,457	2,695	2,537	2,556
$\dfrac{\epsilon}{LVS} / \dfrac{\epsilon}{LVS(TW)}$ [-]	1,075	1,000	1,097	1,033	1,040

Tabelle A.5.3: spezifische Grenzfläche a in Wasser ohne Tensid

	Dest. Wasser	Trinkw.	Trinkw.+ Salz	Trinkw.+ Härte	Trinkw.+ Salz + Härte
Luftvolumenstrom (LVS) $[m^3_N/h]$	0,530	0,692	0,538	0,670	0,665
a [1/m]	22,618	28,424	26,485	27,532	31,362
a/LVS $[\frac{1 \cdot h}{m \cdot m^3}]$	42,675	41,075	49,229	41,093	47,161
$\dfrac{a}{LVS} / \dfrac{a}{LVS(TW)}$ [-]	1,039	1,000	1,199	1,000	1,148

Tabelle A.5.4:   Belüftungskoeffizient k_La in Wasser ohne Tensid

	Dest. Wasser	Trinkw.	Trinkw.+ Salz	Trinkw.+ Härte	Trinkw.+ Salz + Härte
Luftvolumen- strom (LVS) $[m^3_N/h]$	0,866	1,352	0,819	0,757	0,697
k_La [1/h]	27,627	43,756	28,689	25,016	23,773
k_La/LVS $[\frac{1 \cdot h}{h \cdot m^3}]$	31,902	32,364	35,028	33,046	34,108
$\frac{k_La}{LVS} / \frac{k_La}{LVS(TW)}$ [-]	0,986	1,000	1,082	1,021	1,054

Tabelle A.5.5:   Stoffaustauschkoeffizient k_L in Wasser ohne Tensid

	Dest. Wasser	Trinkw.	Trinkw.+ Salz	Trinkw.+ Härte	Trinkw.+ Salz + Härte
k_La / LVS $[\frac{1 \cdot h}{h \cdot m^3}]$	31,902	32,364	35,028	33,046	34,108
a/LVS $[\frac{1 \cdot h}{m \cdot m^3}]$	42,675	41,075	49,229	41,093	47,162
$k_L = \frac{k_La \cdot LVS}{a \cdot LVS \cdot 3600}$ [m/s]	$2,08 \cdot 10^{-4}$	$2,19 \cdot 10^{-4}$	$1,98 \cdot 10^{-4}$	$2,23 \cdot 10^{-4}$	$2,01 \cdot 10^{-4}$
$k_L/k_{L\ TW}$ [-]	0,950	1,000	0,904	1,018	0,918

Tabelle A.5.6: Sauerstoffsättigungskonzentration unter Versuchsbedingungen $c_{S,10}$ [mg/l] in Wasser ohne Tensid

	Dest. Wasser	Trinkw.	Trinkw.+ Salz	Trinkw.+ Härte	Trinkw.+ Salz + Härte
Luftvolumen-strom (LVS) [m^3_N/h]	0,866	1,352	0,819	0,757	0,697
$c_{S,10}$ [g/m^3]	11,52	11,57	11,60	11,27	11,85
$c_{S,10}/c_{S,10}$(TW)	0,996	1,000	1,003	0,974	1,024

Tabelle A.6.1.1: Mittlerer Luftblasendurchmesser [mm] in Tensidlösungen

	Tensid-konzen-tration [g/m^3]	Dest. Wasser	Trink-wasser	Trinkw. + Salz	Trinkw. + Härte	Trinkw. + Salz + Härte
	2,5	1,52	1,71	1,64	1,72	1,59
AT 1	5,0	1,42	1,66	1,64	1,66	1,57
	7,5	1,47	1,59	1,63	1,61	1,49
	2,5	1,81	1,70	1,65	1,73	1,55
AT 2	5,0	1,84	1,63	1,59	1,68	1,53
	7,5	1,74	1,64	-	-	1,56
	2,5	2,31	2,47	2,38	2,54	2,59
NT 1	5,0	2,31	2,68	2,49	2,63	2,62
	7,5	-	2,56	2,57	2,65	2,60

Tabelle A.6.1.2: Mittlerer Luftblasendurchmesser in Tensidlösungen
bezogen auf den mittleren Luftblasendurchmesser in
Trinkwasser ohne Tensid[-]

	Tensid-konzen-tration [g/m³]	Dest. Wasser	Trink-wasser	Trinkw. + Salz	Trinkw. + Härte	Trinkw. + Salz + Härte
	2,5	0,57	0,64	0,61	0,64	0,59
AT 1	5,0	0,53	0,62	0,61	0,62	0,59
	7,5	0,55	0,59	0,61	0,60	0,56
	2,5	0,68	0,63	0,62	0,65	0,58
AT 2	5,0	0,69	0,61	0,59	0,63	0,57
	7,5	0,65	0,61	-	-	0,58
	2,5	0,86	0,92	0,89	0,95	0,97
NT 1	5,0	0,86	1,00	0,93	0,98	0,98
	7,5	-	0,96	0,96	0,99	0,97

Tabelle A.6.1.3: Mittlerer Luftblasendurchmesser in Tensidlösungen
bezogen auf den mittleren Luftblasendurchmesser im
jeweiligen Wasser ohne Tensid [-]

	Tensid-konzen-tration [g/m³]	Dest. Wasser	Trink-wasser	Trinkw. + Salz	Trinkw. + Härte	Trinkw. + Salz + Härte
	2,5	0,52	0,64	0,62	0,60	0,62
AT 1	5,0	0,48	0,62	0,62	0,58	0,61
	7,5	0,50	0,59	0,61	0,57	0,58
	2,5	0,61	0,63	0,62	0,61	0,61
AT 2	5,0	0,62	0,61	0,60	0,59	0,60
	7,5	0,59	0,61	-	-	0,61
	2,5	0,78	0,92	1,10	1,05	1,15
NT 1	5,0	0,78	1,00	1,14	1,09	1,16
	7,5	-	0,96	1,18	1,10	1,16

Tabelle A.6.1.4: Sauterdurchmesser [mm] in Tensidlösungen

	Tensid-konzen-tration [g/m³]	Dest. Wasser	Trink-wasser	Trinkw. + Salz	Trinkw. + Härte	Trinkw. + Salz + Härte
AT 1	2,5	2,00	2,18	1,94	2,09	1,90
	5,0	1,71	2,03	1,96	1,94	1,86
	7,5	1,82	1,91	1,96	1,86	1,76
AT 2	2,5	2,27	2,15	1,96	2,07	1,87
	5,0	2,40	1,98	1,92	2,15	1,98
	7,5	2,14	1,95	-	-	1,88
NT 1	2,5	2,76	3,15	3,35	3,12	3,30
	5,0	3,05	3,29	3,08	3,39	3,31
	7,5	-	3,16	3,30	3,22	3,31

Tabelle A.6.1.5: Sauterdurchmesser in Tensidlösungen bezogen auf den Sauterdurchmesser in Trinkwasser ohne Tensid [-]

	Tensid-konzen-tration [g/m³]	Dest. Wasser	Trink-wasser	Trinkw. + Salz	Trinkw. + Härte	Trinkw. + Salz + Härte
AT 1	2,5	0,56	0,61	0,54	0,58	0,53
	5,0	0,48	0,57	0,55	0,54	0,52
	7,5	0,51	0,53	0,55	0,52	0,49
AT 2	2,5	0,63	0,60	0,55	0,58	0,52
	5,0	0,67	0,55	0,54	0,60	0,55
	7,5	0,60	0,54	-	-	0,53
NT 1	2,5	0,77	0,88	0,93	0,87	0,92
	5,0	0,85	0,92	0,86	0,95	0,92
	7,5	-	0,88	0,92	0,90	0,92

A-12

Tabelle A.6.1.6: Sauterdurchmesser in Tensidlösungen bezogen auf den Sauterdurchmesser im jeweiligen Wasser ohne Tensid [-]

	Tensid-konzen-tration [g/m³]	Dest. Wasser	Trink-wasser	Trinkw. + Salz	Trinkw. + Härte	Trinkw. + Salz + Härte
AT 1	2,5	0,54	0,61	0,59	0,57	0,58
	5,0	0,46	0,57	0,60	0,52	0,57
	7,5	0,49	0,53	0,60	0,50	0,54
AT 2	2,5	0,61	0,60	0,60	0,56	0,58
	5,0	0,65	0,55	0,59	0,58	0,61
	7,5	0,58	0,55	-	-	0,58
NT 1	2,5	0,74	0,88	1,24	1,05	1,15
	5,0	0,82	0,92	1,13	1,15	1,16
	7,5	-	0,88	1,21	1,09	1,15

Tabelle A.6.2.1: Mittlerer relativer Luftanteil in Tensidlösungen [%]

	Tensid-konzen-tration [g/m³]	Dest. Wasser	Trink-wasser	Trinkw. + Salz	Trinkw. + Härte	Trinkw. + Salz + Härte
AT 1	2,5	2,35	2,90	3,09	2,72	2,52
	5,0	2,53	3,08	3,16	2,75	2,94
	7,5	2,45	2,99	3,19	2,97	3,09
AT 2	2,5	3,10	2,57	2,69	2,82	2,53
	5,0	2,57	2,99	3,00	3,05	2,82
	7,5	2,72	2,93	-	-	2,65
NT 1	2,5	1,97	1,93	1,62	1,85	2,15
	5,0	1,85	2,12	1,98	1,93	1,85
	7,5	-	2,28	1,85	1,67	2,12

Tabelle A.6.2.2: Luftvolumenstrombezogener mittlerer relativer Luftanteil in Tensidlösungen [%·h/m³_N]

	Tensid-konzen-tration [g/m³]	Dest. Wasser	Trink-wasser	Trinkw. + Salz	Trinkw. + Härte	Trinkw. + Salz + Härte
	2,5	4,06	3,47	3,15	2,94	3,00
AT 1	5,0	4,28	3,42	3,24	3,37	3,32
	7,5	5,33	3,32	3,28	3,54	3,84
	2,5	3,35	3,33	2,94	3,07	2,89
AT 2	5,0	3,73	3,46	3,28	3,02	3,06
	7,5	4,01	4,19	-	-	3,30
	2,5	2,93	3,02	4,33	2,22	2,86
NT 1	5,0	2,70	3,23	1,97	4,31	2,49
	7,5	-	2,88	2,48	3,38	2,66

Tabelle A.6.2.3: Luftvolumenstrombezogener mittlerer relativer Luftanteil in Tensidlösungen bezogen auf den luftvolumenstrombezogenen mittleren relativen Luftanteil in Trinkwasser ohne Tensid [-]

	Tensid-konzen-tration [g/m³]	Dest. Wasser	Trink-wasser	Trinkw. + Salz	Trinkw. + Härte	Trinkw. + Salz + Härte
	2,5	1,65	1,41	1,28	1,20	1,22
AT 1	5,0	1,74	1,39	1,32	1,37	1,35
	7,5	2,17	1,35	1,33	1,44	1,56
	2,5	1,36	1,36	1,20	1,25	1,18
AT 2	5,0	1,52	1,41	1,33	1,23	1,25
	7,5	1,63	1,71	-	-	1,34
	2,5	1,18	1,23	1,75	0,90	1,17
NT 1	5,0	1,10	1,30	0,80	1,75	1,02
	7,5	-	-	1,01	1,38	1,10

A-14

Tabelle A.6.2.4: Luftvolumenstrombezogener mittlerer relativer Luftanteil in Tensidlösungen bezogen auf den luftvolumenstrombezogenen mittleren relativen Luftanteil im jeweiligen Wasser ohne Tensid [-]

	Tensid-konzen-tration [g/m³]	Dest. Wasser	Trink-wasser	Trinkw. + Salz	Trinkw. + Härte	Trinkw. + Salz + Härte
AT 1	2,5	1,54	1,41	1,17	1,16	1,17
	5,0	1,62	1,39	1,20	1,33	1,30
	7,5	2,02	1,35	1,22	1,40	1,50
AT 2	2,5	1,27	1,36	1,09	1,21	1,13
	5,0	1,41	1,41	1,22	1,19	1,20
	7,5	1,52	1,71	-	-	1,29
NT 1	2,5	1,10	1,23	1,60	0,87	1,12
	5,0	1,02	1,30	0,73	1,70	0,98
	7,5	-	1,18	0,92	1,34	1,06

Tabelle A.6.3.1: Spezifische Grenzfläche in Tensidlösungen [1/m]

	Tensid-konzen-tration [g/m³]	Dest. Wasser	Trink-wasser	Trinkw. + Salz	Trinkw. + Härte	Trinkw. + Salz + Härte
AT 1	2,5	70,43	79,90	95,57	78,01	79,88
	5,0	88,81	90,93	96,77	85,15	94,73
	7,5	80,92	93,92	97,54	96,05	105,09
AT 2	2,5	82,02	71,84	82,44	81,94	81,08
	5,0	64,27	90,54	119,40	84,95	85,54
	7,5	76,40	90,13	-	-	84,29
NT 1	2,5	42,78	41,95	29,04	35,62	48,40
	5,0	36,37	38,71	44,45	34,07	33,53
	7,5	-	43,09	33,78	31,13	38,48

Tabelle A.6.3.2: Luftvolumenstrombezogene spezifische Grenzfläche
in Tensidlösungen [h/m·m³N]

Tensid-konzen-tration [g/m³]		Dest. Wasser	Trink-wasser	Trinkw. + Salz	Trinkw. + Härte	Trinkw. + Salz + Härte
AT 1	2,5	121,85	95,80	97,43	84,25	94,87
	5,0	150,53	101,03	99,15	104,35	106,80
	7,5	175,92	104,36	100,25	114,34	130,55
AT 2	2,5	88,39	93,06	90,10	89,16	92,77
	5,0	93,28	104,79	130,63	84,11	92,68
	7,5	112,52	128,94	-	-	105,23
NT 1	2,5	63,66	65,76	77,45	42,66	64,37
	5,0	53,10	58,91	44,23	76,21	45,12
	7,5	-	54,54	45,22	63,03	48,29

Tabelle A.6.3.3: Luftvolumenstrombezogene spezifische Grenzfläche
in Tensidlösungen bezogen auf die luftvolumenstrombezogene spezifische Grenzfläche in Trinkwasser ohne Tensid [-]

Tensid-konzen-tration [g/m³]		Dest. Wasser	Trink-wasser	Trinkw. + Salz	Trinkw. + Härte	Trinkw. + Salz + Härte
AT 1	2,5	2,97	2,33	2,37	2,05	2,31
	5,0	3,66	2,46	2,41	2,54	2,60
	7,5	4,28	2,54	2,44	2,78	3,18
AT 2	2,5	2,15	2,27	2,19	2,17	2,26
	5,0	2,27	2,55	3,18	2,05	2,26
	7,5	2,74	3,14	-	-	2,56
NT 1	2,5	1,55	1,60	1,89	1,04	1,57
	5,0	1,29	1,43	1,08	1,86	1,10
	7,5	-	1,33	1,10	1,54	1,18

Tabelle A.6.3.4: Luftvolumenstrombezogene spezifische Grenzfläche in
Tensidlösungen bezogen auf die luftvolumenstrombezogene spezifische Grenzfläche im jeweiligen Wasser
ohne Tensid [-]

	Tensid-konzen-tration [g/m³]	Dest. Wasser	Trink-wasser	Trinkw. + Salz	Trinkw. + Härte	Trinkw. + Salz + Härte
	2,5	2,86	2,33	1,98	2,05	2,01
AT 1	5,0	3,53	2,46	2,01	2,54	2,26
	7,5	4,12	2,54	2,04	2,78	2,77
	2,5	2,07	2,27	1,83	2,17	1,97
AT 2	5,0	2,19	2,55	2,65	2,05	1,97
	7,5	2,64	3,14	-	-	2,23
	2,5	1,49	1,60	1,57	1,04	1,37
NT 1	5,0	1,24	1,43	0,90	1,86	0,96
	7,5	-	1,33	0,92	1,53	1,02

Tabelle A.6.4.1: Belüftungskoeffizient in Tensidlösungen [1/h]

	Tensid konzen-tration [g/m³]	Dest. Wasser	Trink-wasser	Trinkw. + Salz	Trinkw. + Härte	Trinkw. + Salz + Härte
	2,5	17,26	21,37	26,02	25,67	23,49
AT 1	5,0	14,58	22,40	25,25	20,47	22,81
	7,5	11,02	23,86	25,61	21,59	20,11
	2,5	23,30	20,23	24,96	24,10	21,64
AT 2	5,0	16,30	19,65	23,14	22,51	20,62
	7,5	16,09	15,61	-	-	17,49
	2,5	17,08	19,49	19,51	19,31	19,01
NT 1	5,0	14,93	18,72	17,72	17,56	16,59
	7,5	14,46	18,33	16,21	16,47	16,10

Tabelle A.6.4.2: Luftvolumenstrombezogener Belüftungskoeffizient in
Tensidlösungen [h/h·m^3_N]

	Tensid-konzen-tration [g/m^3]	Dest. Wasser	Trink-wasser	Trinkw. + Salz	Trinkw. + Härte	Trinkw. + Salz + Härte
	2,5	28,49	25,86	27,77	26,76	27,52
AT 1	5,0	24,71	24,48	25,59	25,06	25,15
	7,5	23,49	23,30	25,93	25,29	24,73
	2,5	24,37	25,39	27,17	25,88	24,33
AT 2	5,0	23,51	22,36	25,05	21,75	22,04
	7,5	22,66	21,61	-	-	21,59
	2,5	20,92	24,38	24,13	24,07	24,18
NT 1	5,0	18,26	22,81	21,70	21,88	20,86
	7,5	17,65	21,25	20,50	20,59	20,41

Tabelle A.6.4.3: Luftvolumenstrombezogener Belüftungskoeffizient in
Tensidlösungen bezogen auf den luftvolumenstrombezogenen Belüftungskoeffizient in Trinkwasser ohne Tensid [-]

	Tensid-konzen-tration [g/m^3]	Dest. Wasser	Trink-wasser	Trinkw. + Salz	Trinkw. + Härte	Trinkw. + Salz + Härte
	2,5	0,88	0,80	0,86	0,83	0,85
AT 1	5,0	0,76	0,76	0,79	0,77	0,78
	7,5	0,73	0,72	0,80	0,78	0,76
	2,5	0,75	0,78	0,84	0,80	0,75
AT 2	5,0	0,73	0,69	0,77	0,67	0,68
	7,5	0,70	0,67	-	-	0,67
	2,5	0,65	0,75	0,75	0,74	0,75
NT 1	5,0	0,56	0,70	0,67	0,68	0,64
	7,5	0,55	0,66	0,63	0,64	0,63

Tabelle A.6.4.4: Luftvolumenstrombezogener Belüftungskoeffizient in Tensidlösungen bezogen auf den luftvolumenstrombezogenen Belüftungskoeffizient im jeweiligen Wasser ohne Tenside [-]

	Tensid-konzen-tration [g/m³]	Dest. Wasser	Trink-wasser	Trinkw. + Salz	Trinkw. + Härte	Trinkw. + Salz + Härte
	2,5	0,89	0,80	0,79	0,81	0,81
AT 1	5,0	0,77	0,76	0,73	0,76	0,74
	7,5	0,74	0,72	0,74	0,77	0,73
	2,5	0,76	0,78	0,78	0,78	0,71
AT 2	5,0	0,74	0,69	0,72	0,66	0,65
	7,5	0,71	0,67	-	-	0,63
	2,5	0,66	0,75	0,69	0,73	0,71
NT 1	5,0	0,57	0,70	0,62	0,66	0,61
	7,5	0,55	0,66	0,59	0,62	0,60

Tabelle A.6.5.1: Sauerstoffaustauschkoeffizient in Tensidlösungen [m/s·10⁻⁵]

	Tensid-konzen-tration [g/m³]	Dest. Wasser	Trink-wasser	Trinkw. + Salz	Trinkw. + Härte	Trinkw. + Salz + Härte
	2,5	6,49	7,50	7,92	8,82	8,06
AT 1	5,0	4,56	6,73	7,17	6,67	6,54
	7,5	3,71	6,20	7,19	6,14	5,26
	2,5	7,66	7,58	8,38	8,06	7,28
AT 2	5,0	7,00	5,93	5,33	7,18	6,61
	7,5	5,60	4,66	-	-	5,70
	2,5	9,13	10,30	8,65	15,67	10,43
NT 1	5,0	9,55	10,80	13,63	7,98	12,84
	7,5	-	10,80	12,59	9,07	11,74

Tabelle A.6.5.2: Sauerstoffaustauschkoeffizient in Tensidlösungen bezogen auf den Sauerstoffaustauschkoeffizient in Trinkwasser ohne Tenside [-]

	Tensid-konzen-tration [g/m³]	Dest. Wasser	Trink-wasser	Trinkw. + Salz	Trinkw. + Härte	Trinkw. + Salz + Härte
AT 1	2,5	0,30	0,34	0,36	0,40	0,37
	5,0	0,21	0,31	0,33	0,30	0,30
	7,5	0,17	0,28	0,33	0,28	0,24
AT 2	2,5	0,35	0,35	0,38	0,37	0,33
	5,0	0,32	0,27	0,24	0,33	0,30
	7,5	0,26	0,21	-	-	0,26
NT 1	2,5	0,42	0,47	0,40	0,72	0,48
	5,0	0,44	0,49	0,62	0,36	0,59
	7,5	-	0,49	0,58	0,41	0,54

Tabelle A.6.5.3: Sauerstoffaustauschkoeffizient in Tensidlösungen bezogen auf den Sauerstoffaustauschkoeffizient im jeweiligen Wasser ohne Tenside [-]

	Tensid-konzen-tration [g/m³]	Dest. Wasser	Trink-wasser	Trinkw. + Salz	Trinkw. + Härte	Trinkw. + Salz + Härte
AT 1	2,5	0,31	0,34	0,40	0,40	0,40
	5,0	0,22	0,31	0,36	0,30	0,33
	7,5	0,18	0,28	0,36	0,28	0,26
AT 2	2,5	0,37	0,35	0,42	0,36	0,36
	5,0	0,34	0,27	0,27	0,32	0,33
	7,5	0,27	0,21	-	-	0,28
NT 1	2,5	0,44	0,47	0,48	0,70	0,52
	5,0	0,46	0,49	0,69	0,36	0,64
	7,5	-	0,49	0,64	0,41	0,58

Tabelle A.6.6.1: Sauerstoffsättigungskonzentration unter Versuchsbedingungen in Tensidlösungen [g/m³]

Tensid-konzen-tration [g/m³]		Dest. Wasser	Trink-wasser	Trinkw. + Salz	Trinkw. + Härte	Trinkw. + Salz + Härte
AT 1	2,5	9,41	9,28	8,78	9,29	8,90
	5,0	9,05	10,24	8,71	9,16	8,87
	7,5	9,22	10,27	9,25	9,22	9,98
AT 2	2,5	9,96	10,30	8,78	10,00	9,23
	5,0	9,21	10,24	8,76	10,27	10,42
	7,5	9,74	10,13	-	-	10,46
NT 1	2,5	8,96	10,17	10,30	10,39	10,41
	5,0	8,87	10,63	10,25	10,51	10,45
	7,5	9,32	10,52	9,94	10,54	10,44

Tabelle A.6.6.2: Sauerstoffsättigungskonzentration unter Versuchsbedingungen in Tensidlösungen bei 10°C [g/m³]

Tensid-konzen-tration [g/m³]		Dest. Wasser	Trink-wasser	Trinkw. + Salz	Trinkw. + Härte	Trinkw. + Salz + Härte
AT 1	2,5	11,61	11,56	11,57	11,62	11,58
	5,0	11,58	11,51	11,60	11,57	11,63
	7,5	11,52	11,60	11,58	11,62	11,69
AT 2	2,5	11,57	11,58	11,64	11,55	11,75
	5,0	11,57	11,53	11,63	11,58	11,57
	7,5	11,51	11,44	-	-	11,55
NT 1	2,5	12,00	11,57	12,31	11,74	11,77
	5,0	12,03	11,90	11,78	11,77	11,85
	7,5	12,14	12,06	11,91	11,85	11,89

Tabelle A.6.6.3: Sauerstoffsättigungskonzentration unter Versuchsbedingungen in Tensidlösungen (bei 10°C) bezogen auf die Sauerstoffsättigungskonzentration unter Versuchsbedingungen (bei 10°C) in Trinkwasser ohne Tenside [-]

	Tensid-konzentration [g/m³]	Dest. Wasser	Trink-wasser	Trinkw. + Salz	Trinkw. + Härte	Trinkw. + Salz + Härte
AT 1	2,5	1,003	0,999	1,000	1,004	1,001
	5,0	1,001	0,995	1,003	1,000	1,005
	7,5	0,996	1,003	1,001	1,004	1,010
AT 2	2,5	1,000	1,001	1,006	0,998	1,016
	5,0	1,000	0,997	1,005	1,001	1,000
	7,5	0,995	0,989	-	-	0,998
AT 3	2,5	1,037	1,000	1,064	1,015	1,017
	5,0	1,040	1,029	1,018	1,017	1,024
	7,5	1,049	1,042	1,029	1,024	1,028

Tabelle A.7.1: α-Werte bei hohen Tensidkonzentrationen

Tensid-konzentration [g/m³]	AT 1			AT 2			NT 1		
	Q_L [m³/h]	$k_L a/LVS$ [1/m³]	α [-]	Q_L [m³/h]	$k_L a/LVS$ [1/m³]	α [-]	Q_L [m³/h]	$k_L a/LVS$ [1/m³]	α [-]
10	0,791	23,11	0,71	0,888	21,55	0,67	0,808	21,27	0,66
15	0,738	21,78	0,67	0,676	19,58	0,61	0,797	20,21	0,62
20	-	-	-	-	-	-	0,814	21,07	0,65
40	0,823	20,97	0,65	-	-	-	0,822	19,33	0,60
60	0,829	21,28	0,66	-	-	-	0,819	17,79	0,55
80	0,813	21,23	0,66	-	-	-	0,819	16,89	0,52
100	0,683	21,22	0,66	-	-	-	0,813	17,04	0,53

Tabelle A.8.1: Abhängigkeit des pH-Wertes von der Tensidkonzentration

Konzen-tration g/m³	AT 1	AT 2	NT 1	ohne Tensid
0	-	-	-	7,60
1,0	8,14	8,01	-	-
2,0	-	-	8,06	-
3,0	8,23	8,14	8,28	-
5,0	8,29	8,22	8,35	-
7,0	8,32	8,27	8,41	-
9,0	8,33	8,33	8,44	-

Tabelle A.8.2: Einfluß der Oberflächenspannung auf den mittleren Luftblasendurchmesser

	Tensid-konzen-tration [g/m³]	σ [mN/m]	$d_{B,e}$ [mm]
AT 1	2,5	52,3	1,71
	5,0	49,7	1,66
	7,5	43,3	1,59
AT 2	2,5	47,0	1,70
	5,0	43,0	1,63
	7,5	40,7	1,64
NT 1	2,5	70,3	2,46
	5,0	67,5	2,68
	7,5	65,2	2,56
TW	-	73,49	2,68

Tabelle A.8.3: Vorfaktor in Gleichung 4.25

	Tensid-konzen-tration [g/m^3]	Vorfaktor in Glei-chung 4.26
AT 1	2,5	0,701
	5,0	0,738
	7,5	0,759
AT 2	2,5	0,777
	5,0	0,779
	7,5	0,805
NT 1	2,5	0,918
	5,0	1,022
	7,5	0,993
TW	0	0,979
Mittelwert		0,852

Tabelle A.8.4: Einfluß der Oberflächenspannung auf den bezogenen Be-lüftungskoeffizienten (α Wert)

	Tensid-konzen-tration [g/m^3]	Ober-flächen-spannung [mN/m]	α Wert [-]
AT 1	2,5	52,4	0,80
	5,0	49,5	0,76
	7,5	47,6	0,72
AT 2	2,5	47,1	0,78
	5,0	43,3	0,69
	7,5	40,7	0,67
NT 1	2,5	70,5	0,75
	5,0	67,1	0,70
	7,5	65,0	0,66

Tabelle A.8.5: Sauerstoffaustauschkoeffizient k_L in Abhängigkeit vom mittleren Luftblasendurchmesser d_B

	Tensid-konzen-tration [g/m^3]		Dest. Wasser	Trink-wasser	Trinkw. + Salz	Trinkw. + Härte	Trinkw. + Salz + Härte
	2,5	d_B	1,52	1,71	1,64	1,72	1,59
		k_L	0,649	0,750	0,792	0,882	0,806
AT 1	5,0	d_B	1,42	1,66	1,64	1,66	1,57
		k_L	0,456	0,673	0,717	0,667	0,654
	7,5	d_B	1,47	1,59	1,63	1,61	1,49
		k_L	0,371	0,620	0,719	0,614	0,526
	2,5	d_B	1,81	1,70	1,65	1,73	1,55
		k_L	0,766	0,758	0,838	0,806	0,728
AT 2	5,0	d_B	1,84	1,63	1,59	1,68	1,53
		k_L	0,700	0,593	0,533	0,718	0,661
	7,5	d_B	1,74	1,64	–	–	1,56
		k_L	0,560	0,466	–	–	0,570
	2,5	d_B	2,31	2,47	2,38	2,54	2,59
		k_L	0,913	1,030	0,865	1,567	1,043
NT 1	5,0	d_B	2,31	2,68	2,49	2,63	2,62
		k_L	0,955	1,08	1,363	0,798	1,284
	7,5	d_B	–	2,56	2,57	2,65	2,60
		k_L	–	1,08	1,259	0,907	1,174
	ohne Tenside	d_B	2,95	2,68	2,67	2,85	2,56
		k_L	2,08	2,19	1,98	2,23	2,01

d_B in mm; k_L in m/s·10^{-4}

Tabelle A.8.6.1: Einfluß von Natriumsulfat in Tensidlösungen

	Tensid-konzen-tration [g/m^3]	$k_L a/k_L a_O{}'$	$a/a_O{}'$	$k_L/k_{LO}{}'$
	2,5	1,074	1,017	1,056
AT 1	5,0	1,045	0,981	1,065
	7,5	1,113	0,961	1,160
	2,5	1,070	0,968	1,106
AT 2	5,0	1,120	1,247	0,907
	7,5	–	–	–
	2,5	0,990	1,178	0,840
NT 1	5,0	0,951	0,751	1,262
	7,5	0,965	0,829	1,166

Tabelle A.8.6.2: Einfluß von Natriumsulfat in aufgehärteten Tensidlösungen

Tensid-konzen-tration [g/m³]		$k_L a/k_L a_O '$	$a/a_O '$	$k_L/k_{LO} '$
AT 1	2,5	1,028	1,126	0,914
	5,0	1,004	1,023	0,981
	7,5	0,978	1,142	0,857
AT 2	2,5	0,940	1,040	0,903
	5,0	1,013	1,102	0,921
	7,5	-	-	-
NT 1	2,5	1,005	1,509	0,666
	5,0	0,953	0,592	1,609
	7,5	0,991	0,766	1,294

Tabelle A.8.7.1: Einfluß der Wasserhärte in Tensidlösungen ohne Salzzusatz

Tensid-konzen-tration [g/m³]		Wasserhärte								
		0 °dH			17,7 °dH			30 °dH		
		$k_L a/k_L a_O ''$	$a/a_O ''$	$k_L/k_{LO} ''$	$k_L a/k_L a_O ''$	$a/a_O ''$	$k_L/k_{LO} ''$	$k_L a/k_L a_O ''$	$a/a_O ''$	$k_L/k_{LO} ''$
AT 1	2,5	1,000	1,000	1,000	0,908	0,768	1,156	0,939	0,691	1,359
	5,0	1,000	1,000	1,000	0,991	0,671	1,476	1,014	0,693	1,463
	7,5	1,000	1,000	1,000	0,992	0,593	1,671	1,077	0,650	1,655
AT 2	2,5	1,000	1,000	1,000	1,042	1,053	0,990	1,062	1,009	1,052
	5,0	1,000	1,000	1,000	0,951	1,123	0,847	0,925	0,902	1,026
	7,5	1,000	1,000	1,000	0,954	1,146	1,202	-	-	-
NT 1	2,5	1,000	1,000	1,000	1,165	1,033	1,128	1,151	0,670	1,716
	5,0	1,000	1,000	1,000	1,249	1,109	1,131	1,198	1,435	0,836
	7,5	1,000	1,000	1,000	-	-	-	-	-	-

Tabelle A.8.7.2: Einfluß der Wasserhärte in Tensidlösungen mit Salzzusatz

	Tensid-konzentration [g/m³]	Wasserhärte								
		0 °dH			17,7 °dH			30 °dH		
		$k_L a/k_L a_0$	a/a_0	k_L/k_{L0}	$k_L a/k_L a_0$	a/a_0	k_L/k_{L0}	$k_L a/k_L a_0$	a/a_0	k_L/k_{L0}
AT 1	2,5	1,000	1,000	1,000	0,975	0,800	1,220	0,966	0,779	1,242
	5,0	1,000	1,000	1,000	1,036	0,659	1,572	1,018	0,709	1,434
	7,5	1,000	1,000	1,000	1,104	0,570	1,938	1,053	0,742	1,418
AT 2	2,5	1,000	1,000	1,000	1,115	1,019	1,094	0,998	1,050	0,950
	5,0	1,000	1,000	1,000	1,066	1,400	0,761	0,937	0,994	0,944
	7,5	1,000	1,000	1,000	-	-	-	0,953	0,935	1,018
NT 1	2,5	1,000	1,000	1,000	1,153	1,217	0,947	1,156	1,011	1,142
	5,0	1,000	1,000	1,000	1,188	0,833	1,427	1,142	0,850	1,345
	7,5	1,000	1,000	1,000	1,161	-	-	1,156	-	-

Tabelle A.8.8: Veränderung des mittleren Luftblasendurchmessers infolge Tensidzugabe im Vergleich zu destilliertem Wasser

Tensid-konzentration [g/m³]	AT 1	AT 2	NT 1
2,5	1,079	0,912	1,030
5,0	1,155	0,864	1,078
7,5	1,109	-	-

Tabelle A.9.1: Einfluß der Anzahl der Belüftungselemente auf den spezifischen Sauerstoffausnutzungsgrad

	Luftvolu-menstrom $[m^3_N/h]$	spez. Sauerstoff-ausnutzungsgrad $[\%/m]$
vier Elemente	6,00 11,84 20,48 29,68 40,76	5,99 5,14 4,83 4,61 4,54
sechs Elemente	9,06 17,94 30,74 44,88 59,82	6,01 5,72 5,62 5,49 5,35
acht Elemente	12,00 24,08 40,48 61,28	6,67 6,22 6,13 6,12

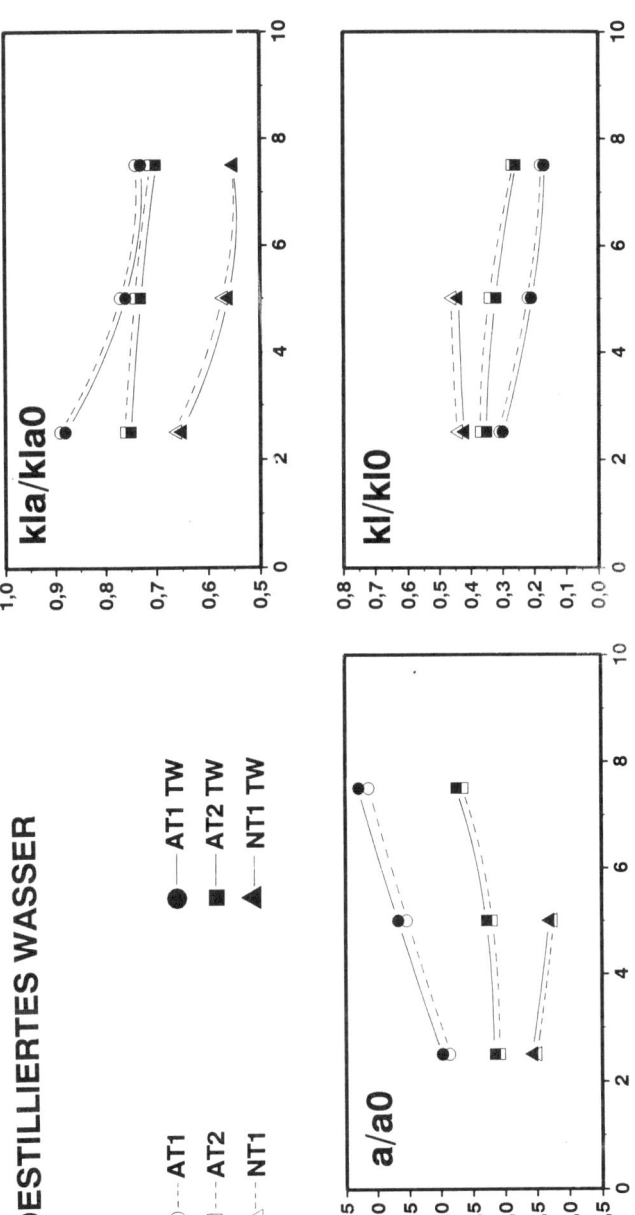

Abbildung A.1: Belüftungskoeffizient, spezifische Grenzfläche und Sauerstoffaustauschkoeffizient in destilliertem Wasser mit Tensiden

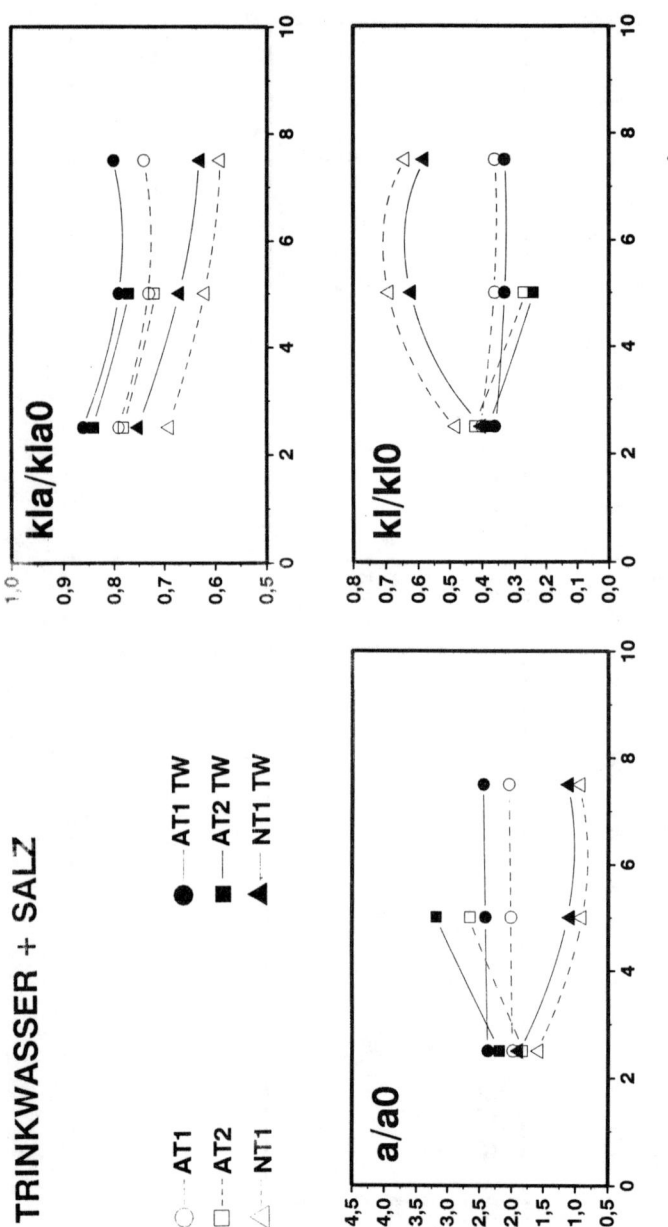

<u>Abbildung A.2:</u> Belüftungskoeffizient, spezifische Grenzfläche und Sauerstoffaustausch-
koeffizient in Trinkwasser + Salz mit Tensiden

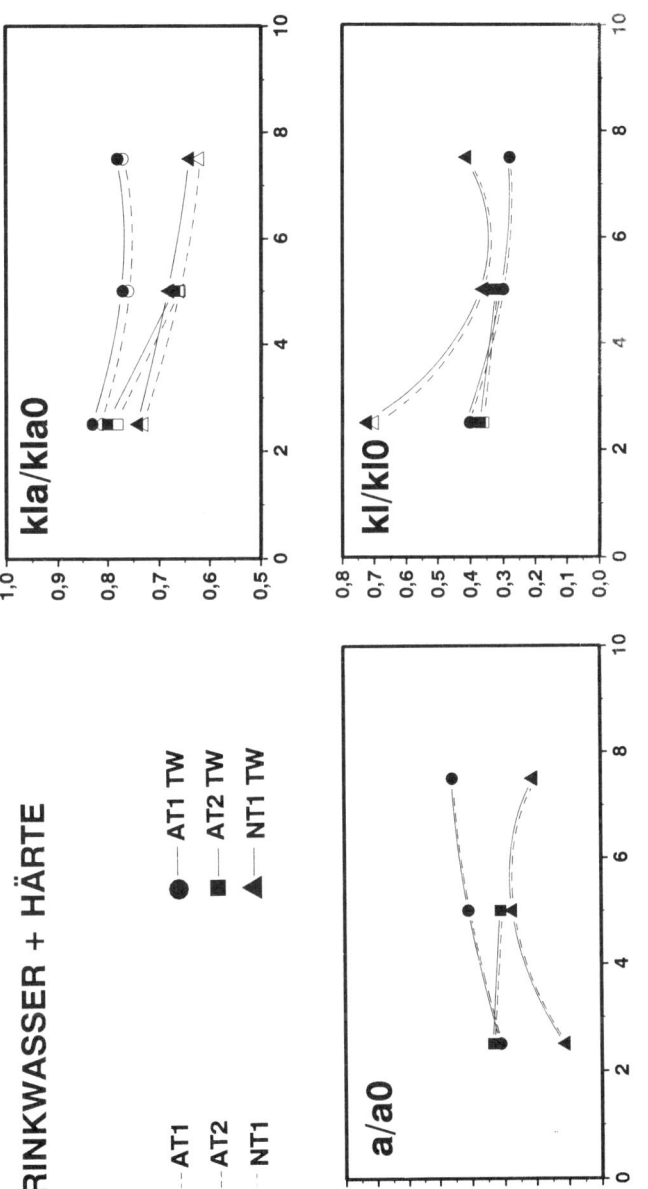

Abbildung A.3: Belüftungskoeffizient, spezifische Grenzfläche und Sauerstoffaustausch-koeffizient in Trinkwasser + Härte mit Tensiden

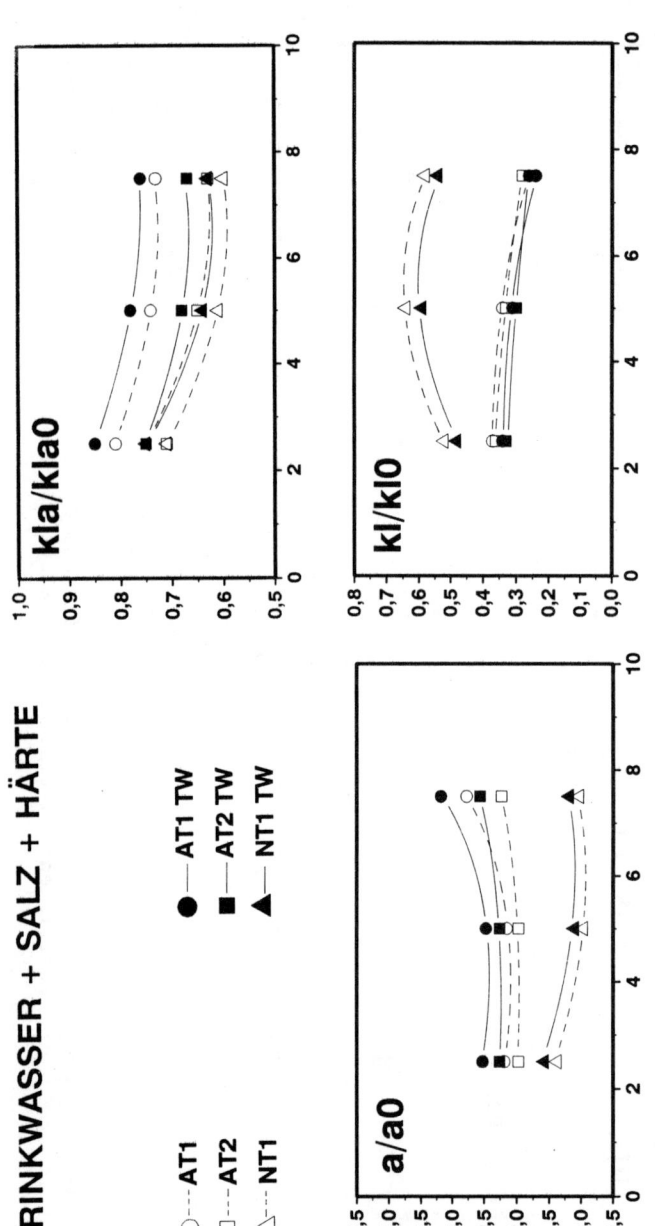

<u>Abbildung A.4:</u> Belüftungskoeffizient, spezifische Grenzfläche und Sauerstoffaustausch-koeffizient in Trinkwasser + Salz + Härte mit Tensiden

In der Schriftenreihe "WAR" sind bisher erschienen:

WAR 1   Brunnenalterung.   20,-- DM
         1. Wassertechnisches Seminar am
         13.10.1978,
         TH Darmstadt, 1980

WAR 2   Festschrift zum 60. Geburtstag von   vergriffen
         Professor Dr.-Ing. Günther Rincke,
         TH Darmstadt, 1979

WAR 3   Gniosdorsch, Lothar Georg: vergriffen
         Ein Beitrag über den Einfluß der in Ab-
         hängigkeit von der verfahrensmäßigen
         Durchführung der biologischen Abwasser-
         reinigung bedingten Schlammeigenschaf-
         ten auf die Schlammentwässerung und an-
         schließende Verbrennung.
         Dissertation, FB 13, TH Darmstadt, 1979

WAR 4   Grundwassergewinnung mittels   40,-- DM
         Filterbrunnen.
         2. Wassertechnisches Seminar am
         11.04.1980,
         TH Darmstadt, 1981

WAR 5   Rudolph, Karl-Ulrich: vergriffen
         Die Mehrdimensionale Bilanzrechnung
         als Entscheidungsmodell der Wasser-
         gütewirtschaft.
         Dissertation, FB 13, TH Darmstadt, 1980

WAR 6   Hantke, Hartmut: 40,-- DM
         Vergleichende Bewertung von Anlagen
         zur Grundwasseranreicherung.
         Dissertation, FB 13, TH Darmstadt, 1981

WAR 7   Riegler, Günther: vergriffen
         Eine Verfahrensgegenüberstellung von
         Varianten zur Klärschlammstabilisierung.
         Dissertation, FB 13, TH Darmstadt, 1981

WAR 8   Technisch-wissenschaftliche Grundlagen   50,-- DM
         für Wasserrechtsverfahren in der öffent-
         lichen Wasserversorgung.
         3. Wassertechnisches Seminar am 5.
         und 6.03.1981,
         TH Darmstadt, 1982

WAR 18   Hill, Stefan: 50,-- DM
         Untersuchungen über die Wechselwirkungen
         zwischen Porenverstopfung und Filterwi-
         derstand mittels Tracermessungen.
         Dissertation, FB 13, TH Darmstadt, 1983

WAR 19   Kaltenbrunner, Helmut: 50,-- DM
         Wasserwirtschaftliche Auswirkungen der
         Kühlverfahren von Kraftwerken und von
         Abwärmeeinleitungen in Fließgewässern.
         Dissertation, FB 13, TH Darmstadt, 1983

WAR 20   Roeles, Gerd: 45,-- DM
         Auswirkungen von Müllverbrennungsanla-
         gen auf die Standortumgebung - Analyse
         der Wahrnehmungen von Störungen und
         Belästigungen.
         Dissertation, FB 13, TH Darmstadt, 1982

WAR 21   Niehoff, Hans-Hermann: vergriffen
         Untersuchungen zur weitergehenden Ab-
         wasserreinigung mit vorwiegend biolo-
         gischen Verfahrensschritten unter be-
         sonderer Berücksichtigung der Grund-
         wasseranreicherung.
         Dissertation, FB 13, TH Darmstadt, 1983

WAR 22   Biologische Verfahren in der   vergriffen
         Wasseraufbereitung.
         6. Wassertechnisches Seminar am
         06.04.1984,
         TH Darmstadt, 1985

WAR 23   Optimierung der Belüftung und Energie-   vergriffen
         einsparung in der Abwassertechnik durch
         Einsatz neuer Belüftungssysteme.
         7. Wassertechnisches Seminar am
         16.11.1984,
         TH Darmstadt, 1985

WAR 24   Wasserverteilung und Wasserverluste.   40,-- DM
         8. Wassertechnisches Seminar am
         30. Mai 1985,
         TH Darmstadt, 1985

WAR 25   Professor Dr.rer.nat. Wolters zum   60,-- DM
         Gedächtnis - 1. Januar 1929 -
         26. Februar 1985
         Beiträge von Kollegen, Schülern
         und Freunden.
         TH Darmstadt, 1986

WAR 26   Naturnahe Abwasserbehandlungsverfah-   vergriffen
         ren im Leistungsvergleich - Pflan-
         zenkläranlagen und Abwasserteiche -.
         9. Wassertechnisches Seminar am
         7.11.1985,
         TH Darmstadt, 1986

WAR 27   Heuser, Ernst-Erich: vergriffen
         Gefährdungspotentiale und Schutzstra-
         tegien für die Grundwasservorkommen in
         der Bundesrepublik Deutschland.
         Dissertation, FB 13, TH Darmstadt, 1986

WAR 28   Rohrleitungen und Armaturen in der   50,-- DM
         Wasserversorgung.
         10. Wassertechnisches Seminar am
         24. April 1986,
         TH Darmstadt, 1986

WAR 29   Bau, Kurt: 50,-- DM
         Rationeller Einsatz der aerob-
         thermophilen Stabilisierung durch
         Rohschlamm-Vorentwässerung.
         Dissertation, FB 13, TH Darmstadt, 1986

WAR 30   Wehenpohl, Günther: vergriffen
         Selbsthilfe und Partizipation bei
         siedlungswasserwirtschaftlichen Maß-
         nahmen in Entwicklungsländern -
         Grenzen und Möglichkeiten in städti-
         schen Gebieten unterer Einkommens-
         schichten.
         Dissertation, FB 13, TH Darmstadt, 1987

WAR 31   Stickstoffentfernung bei der Ab-   vergriffen
         wasserreinigung - Nitrifikation und
         Denitrifikation - .
         11. Wassertechnisches Seminar am
         13.11.1986,
         TH Darmstadt, 1987

WAR 32   Neuere Erkenntnisse beim Bau und   vergriffen
         Betrieb von Vertikalfilterbrunnen.
         12. Wassertechnisches Seminar am
         14.05.1987,
         TH Darmstadt, 1987

WAR 33	Ist die landwirtschaftliche Klärschlamm- verwertung nutzbringende Düngung oder preiswerte Abfallbeseitigung ? - Standpunkte und Argumente - . 13. Wassertechnisches Seminar am 12.11.1987, TH Darmstadt, 1988	60,-- DM
WAR 34	Automatisierung in der Wasserversorgung- auch für kleinere Unternehmen ? 14. Wassertechnisches Seminar am 09.06.1988, TH Darmstadt, 1988	65,-- DM
WAR 35	Erkundung und Bewertung von Altlasten - Kriterien und Untersuchungsprogramme - . 15. Wassertechnisches Seminar am 12.10.1988, TH Darmstadt, 1989	60,-- DM
WAR 36	Bestimmung des Sauerstoffzufuhrver- mögens von Belüftungssystemen in Rein- wasser und unter Betriebsbedingungen. Workshop am 15. u. 16.03.1988, TH Darmstadt, 1989	40,-- DM
WAR 37	Belüftungssysteme in der Abwassertechnik - Fortschritte und Perspektiven - . 16. Wassertechnisches Seminar am 10.11.1988, TH Darmstadt, 1989	vergriffen
WAR 38	Farinha, Joao António Muralha Ribeiro: Die stufenweise Versorgung mit Anlagen der Technischen Infrastruktur in Abhängigkeit von der Entwicklung der sozio-ökonomischen Verhältnisse der Bevölkerung - dargestellt am Beispiel der Bairros Clandestinos der Region Lissabon - . Dissertation, FB 13, TH Darmstadt, 1989	50,-- DM
WAR 39	Sicherstellung der Trinkwasserversorgung Maßnahmen und Strategien für einen wirk- samen Grundwasserschutz zur langfristi- gen Erhaltung der Grundwassergewinnung. 17. Wassertechnisches Seminar am 01.06.1989, TH Darmstadt, 1989	65,-- DM

WAR 40   Regenwassernutzung in privaten und öffent-   60,-- DM
          lichen Gebäuden
          - Qualitative und quantitative Aspekte,
          technische Anlagen -.
          Studie für den Hessischen Minister für
          Umwelt und Reaktorsicherheit
          TH Darmstadt, 1989

WAR 41   Folgenutzungen kontaminierter Betriebs-   60,-- DM
          flächen unter besonderer Berücksichti-
          gung der Sanierungsgrenzen.
          18. Wassertechnisches Seminar am
          11.10.1989,
          TH Darmstadt, 1990

WAR 42   Privatisierung öffentlicher Abwasser-   60,-- DM
          anlagen - Ein Gebot der Stunde ?
          19. Wassertechnisches Seminar am
          09.11.1989,
          TH Darmstadt, 1989

WAR 43   Pöpel, H. Johannes; Joachim Glasenapp;   70,-- DM
          Holger Scheer:
          Planung und Betrieb von Abwasserreini-
          gungsanlagen zur Stickstoffelimination.
          Gutachten f. d. Hessische Ministerium
          für Umwelt und Reaktorsicherheit,
          TH Darmstadt, 1990

WAR 44   Abfallentsorgung Hessen   60,-- DM
          Standpunkte - Gegensätze - Perspektiven.
          Abfallwirtschaftliches Symposium am 31.10.1989,
          TH Darmstadt, 1990

WAR 45   Brettschneider, Uwe: 60,-- DM
          Die Bedeutung von Sulfaten in der Sied-
          lungswasserwirtschaft und ihre Entfernung
          durch Desulfurikation.
          Dissertation, FB 13
          TH Darmstadt, 1990

WAR 46   Grabenlose Verlegung und Erneuerung von   70,-- DM
          nicht begehbaren Leitungen - Verfahren,
          Anwendungsgrenzen, Erfahrungen und Per-
          spektiven -.
          20. Wassertechnisches Seminar am 29.03.1990,
          TH Darmstadt, 1990

WAR 47   Härtel, Lutz: 70,-- DM
          Modellansätze zur dynamischen Simulation
          des Belebtschlammverfahrens
          Dissertation, FB 13,
          TH Darmstadt, 1990